精细化工过程与设备

（修订版）

主　编　杨春晖　郭亚军
副主编　侯丛福　张丽新　陈兴娟
主　审　强亮生　傅宏刚

哈尔滨工业大学出版社

内 容 提 要

本书主要介绍了精细化工生产中常见而又较为重要的化工过程及设备,分析了生产过程对设备型式提出的要求,讨论了设备结构和操作性能,并对工艺及设备的基本计算方法作了较详细的介绍。

全书分上、下两编(共十章)及附录。上编为反应过程与设备,介绍了釜式、管式、塔式和固定床反应器;下编为分离过程与设备,介绍了过滤、精馏、萃取、干燥和膜分离。本书主要章节配置了计算机多媒体辅助教学课件,并在附录中给出了课件的使用说明。在附录中还给出了课程设计的内容。另外,各章编入较多例题和习题。

本书可作为高等院校化学、化工类各专业的专业主干课教材,也可供从事精细化学品生产开发的工程技术人员参考。

图书在版编目(CIP)数据

精细化工过程与设备/杨春晖,郭亚军主编. —2 版.
哈尔滨:哈尔滨工业大学出版社,2005.1(2024.2 重印)
(精细化工系列丛书)
ISBN 978-7-5603-1454-9

Ⅰ.精… Ⅱ.①杨… ②郭… Ⅲ.①精细化工-化
工过程 ②精细化工-化工设备 Ⅳ.①TQ062 ②TQ051

中国版本图书馆 CIP 数据核字(2004)第 141179 号

责任编辑 王桂芝 黄菊英
出版发行 哈尔滨工业大学出版社
社   址 哈尔滨市南岗区复华四道街 10 号 邮编150006
传   真 0451-86414749
网   址 http://hitpress.hit.edu.cn
印   刷 哈尔滨市工大节能印刷厂
开   本 787 mm×1 092 mm 1/16 印张 16.5 字数 413 千字
版   次 2005 年 1 月第 2 版 2024 年 2 月第 10 次印刷
书   号 ISBN 978-7-5603-1454-9
定   价 34.00 元

再 版 前 言

《精细化工过程与设备》一书自 1999 年 11 月出版以来,国内有不少院校的精细化工专业(2001 年专业调整后,已合并于化学工程与工艺专业或改办为应用化学专业)选作专业基础课教材或专业主干课教材,可以说在教学中起到了积极的作用,受到了广大师生的欢迎,更令作者欣慰的是,有不少教师经过教学实践,反馈了本书存在的问题和疏漏,提出了一些合理的建议。为了使本书有更好的实用性和教学可操作性,哈尔滨工业大学出版社建议我们结合广大师生的意见和编者的教学体会修订再版。本次修订再版主要做了以下工作:

(1)修正了一些不正确的名词、术语、符号、量纲和表述方式。

(2)规范了每个单元反应的反应条件。

(3)改正了不合适的体例、文字错误和不确切的说法。

需要说明的是,虽然作者进行了较认真的修订,但难免仍有一些不尽人意之处,恳请读者提出宝贵意见。

编 者

2004 年 12 月

前　言

　　精细化工过程与设备是原精细化工专业的主干课。专业调整后,多数精细化工专业改为应用化学专业,亦有一部分按规定合并于化学工程与工艺专业,但无论怎样,精细化工过程与设备都是其专业主干课(或专业基础课)。本课程设置的目的是使学生在化工原理的基础上,进一步了解化工过程与设备,从而为精细化学品的生产和开发打下必要的工程基础。

　　随着化学工业的发展和全社会对精细化学品需求的日益增长,精细化工已成为一个独立的工业部门,并以惊人的速度发展,急需精细化工专门人才。专业调整前,全国已有近80所本科高校设有精细化工专业,且绝大多数是90年代后新建的,普遍缺乏适用的教材。目前国内虽已出版了几本有关精细化工过程与设备的教材,但大都侧重本校的专业方向,且普遍遵循传统的教学体系和形式,未曾融入CAI这一先进的教学手段。而化工过程和设备的特点是错综复杂的,不借助于计算机辅助教学手段难能收到良好的教学效果。故急需编写一本配有计算机多媒体辅助教学课件的教材。正是为了满足这种需求,我们几所高校的教师与大庆油田的技术人员结合各自的工作经验,联合编写了这本精细化工过程与设备教材,本书为哈尔滨工业大学"九五"重点教材,主要特点是:

　　(1)为体现教材的新颖性,书中主要章节配置了计算机多媒体辅助教学课件。

　　(2)为提高化工类学生运用计算机解决工程问题的能力,部分例题通过编程计算。

　　(3)为增强学生理论联系实际的能力,本书附录部分还给出了课程设计的内容。

　　本书分上、下两编,共十章。该书内容全面,深浅适中,有较大的可操作性(有条件的学校本书可配合计算机多媒体辅助课件使用,无条件的学校,本书可单独使用),既可作为化学、化工类各专业的专业基础课教材(可按50~60学时组织教学),亦可作为广大精细化学品生产开发人员的参考书。

　　本书由哈尔滨工业大学杨春晖、哈尔滨工程大学郭亚军主编,大庆油田化工总厂侯丛福、黑龙江商学院张丽新、哈尔滨工程大学陈兴娟任副主编。参加编写的还有黑龙江育新学校杨秀华同志。杨春晖编写第一、二、三章及附录Ⅱ,郭亚军编写第八(8.1~8.3节)、九、十章,侯丛福编写第四、五(5.1~5.4节)章,张丽新编写第七、八(8.4、8.5节及习题)章,陈兴娟编写第四(习题)、第五(5.1、5.6节及习题)、第六章及附录Ⅰ。全书由杨春晖、郭亚军统编定稿,哈尔滨工业大学强亮生、黑龙江大学傅宏刚主审。

　　本书在编写过程中参考了裴元焘教授主编的《基本有机化工过程与设备》、刘邦孚教授编的《化工原理》的非均相物系分离部分、卢真教授编《化工原理》的干燥部分。在此向三位教授和相应内容的原作者表示深切的谢意。另外,本书在选题确定、内容安排等方面还得到了哈尔滨工业大学教务部、应用化学系、化学教研室以及哈尔滨工程大学化学工程系和大庆石油管理局领导的关心、指导和帮助,在此一并表示感谢。

　　由于作者水平有限,书中不妥之处在所难免,恳请读者提出宝贵意见。

编　者

1999 年 10 月

目　录

上编　反应过程与设备

下编　分离过程与设备

上编 反应过程与设备

反应器是化工生产中的关键设备。一般来说,工业生产中的精细有机合成反应不可能百分之百地完成,也不可能只生成一种产物。但是,人们可以通过各种手段加以控制,在尽可能抑制副反应的前提下,努力提高转化率。这一点在工业生产上是非常重要的。提高转化率、减少副反应,不仅可以提高反应器的生产能力、降低反应过程中的能量消耗,而且可以充分而有效地利用原料,减轻分离装置负荷,降低分离所需能量。一个好的反应器应能保证实现这些要求,并能为操作控制提供方便。

化学反应通常要求适宜的反应条件,如温度、压力、反应物组成等,特别是温度条件较为重要。温度过低,反应速度慢,不利于工业生产;温度过高,会使反应失去控制,副反应增多,收率下降。但要维持最适宜的温度条件并不是一件容易的事,因为化学反应一般均伴有热效应,必须采取有效的换热措施,及时移出或加入热能,才能维持既定的温度水平。因此,反应器内的过程不仅具有化学反应的特征,而且具有传递过程的特征。除了考虑遵循化学反应动力学外,还必须考虑流体动力学、传热和传质,以及这些宏观动力学因素对反应的影响。只有综合考虑反应器内流动、混合、传热、传质和反应等诸多因素,才能做到反应器的正确选型、合理设计、有效放大和最佳控制等。

精细有机化工产品品种繁多,加之反应类型(如氧化、加氢和水合等)、物料聚集状态(气体、液体和固体等)、反应条件(如温度和压力)差异都很大,操作方法又各有不同(如间歇和连续)。因此,与之相适应的反应器是多种多样的。为了便于研究讨论,本编根据反应器的结构型式对其进行介绍,主要包括釜式、管式、塔式、固定床反应器。

第一章 绪 论

1.1 精细化工生产的特点及其对反应设备的要求

精细化学品工业,简称精细化工。包括医药、兽药、农药、染料、涂料、有机颜料、油墨、催化剂、试剂、香料、粘合剂、表面活性剂、合成洗涤剂、化妆品、感光材料、橡胶助剂、增塑剂、稳定剂、塑料添加剂、石油添加剂、饲料添加剂、高分子凝结剂、工业杀菌防霉剂、芳香消臭剂、纸浆及纸化学品、汽车化学品、脂肪酸及其衍生物、稀土金属化合物、电子材料、精密陶瓷、功能树脂、生命体化学品和化学促进生命物质等行业。这些精细化学品的生产涉及的化学反应多、工艺流程复杂,是高技术密集度行业,其主要特点如下:

(1)多品种 如前所述,精细化工包括 30 多个行业,在每个行业中,其品种也很繁多。例如染料,据《染料索引》1976 年第 3 版统计,不包括已淘汰和重复品种,不同化学结构的染料品种有 5 232 个,其中已公布化学结构的有 1 536 个。又如表面活性剂,国外有 5 000 多个品种,日本三洋化学工业公司就生产 1 500 种,并且以每年增加 100 个新品种的速度扩大其生产品种。

(2)化学反应复杂 一个品种的生产往往要经过一连串化学反应,例如 H 酸的生产,涉及化学反应的单元操作就有 8 个。有些反应本身常常是复杂反应,如平行反应、串联反应、可逆反应、链反应等。一个反应有时生成多种异构物,生成主产物的同时还伴随有副产物生成。

(3)反应物料相态多样化 在精细化工生产中,较少遇见均相物料体系,经常是非均相物料体系。例如,苯、甲苯硝化反应是液液相体系,β-氯蒽醌氨化反应是液固相体系,甲苯液相氧化反应是气液相体系,邻二甲苯、蒽催化氧化反应是气固相体系,硝基物催化加氢是气液固三相体系。

(4)反应介质腐蚀性强 在各种精细化学品生产中,经常使用强腐蚀性介质,如硫酸、硝酸、盐酸、氯磺酸、有机酸和高温浓碱、湿氯化氢、二氧化硫、氯气等腐蚀性气体。

(5)高技术密集度 首先,在实际应用中,精细化学品是以商品的综合功能出现的,这就需要在化学合成中筛选不同的化学结构,在剂型生产中充分发挥精细化学品自身功能及与其他配合物质的协同作用,完成从剂型到商品化的复配过程。以染料为例,图 1.1 表示出了它们的应用性能与外界条件的关联。这些内在的和外在的因素既互相联系,又互相制约,这是形成精细化学品高技术密集度的一个重要因素。其次,技术开发成功率低、时间长、费用高。据报导,美国和德国的医药、农药新品种开发成功率为 1/10 000,日本为 1/10 000 ~ 1/30 000。染料新品种开发成功率为 1/6 000 ~ 1/8 000。另外,表面活性剂、功能树脂、电子材料等品种技术开发成功率也都很低。

由于精细化工产品技术开发的成功率低、时间长、费用大,其结果必然导致技术垄断性强,销售利润高。就技术密集度而言,机械制造工业的技术密集指数为 100,化学工业为 248,精细化工中的医药、油脂和涂料分别为 340 和 279。

精细化工生产的这些特点,对反应设备的选型和设计提出如下基本要求:

反应器内要有良好的传质和传热条件;建立合适的浓度、温度分布体系;对于强放热或吸

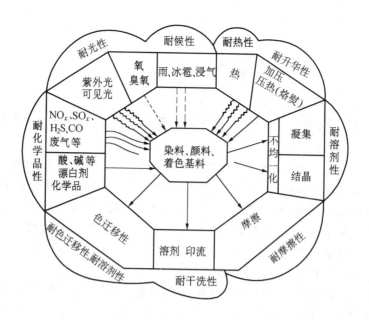

图 1.1　染料应用性能与外界条件关联图

热反应要保证足够快的传热速率和可靠的热稳定性;根据操作温度、压力和介质的腐蚀性能,要求设备材料、型式和结构具有可靠的机械强度和抗腐蚀性能。

1.2　反应器类型

　　根据精细化工生产特点,所采用的反应设备必然是多样化的。为便于分析研究各种反应设备的特点、基本原理、操作特性和进行反应器选型、设计,需将反应设备进行科学分类。根据反应器的不同特性,有不同的分类方法。可以根据反应器内物料相态、操作方式、结构型式进行分类,也可按照换热方式分类。其中按结构型式的特点,可将反应器分为如下几种类型,图1.2即为各类反应器结构型式示意图。

　　(1)管式反应器　管式反应器的特征是,长度远较管径大,内部中空,不设置任何构件,如图1.2(a)所示。它多用于均相反应,例如,由轻油裂解生产乙烯所用的裂解炉便属此类反应器。

　　(2)釜式反应器　釜式反应器又称反应釜或搅拌反应器,其高度一般与其直径相等或稍高,如图1.2(b)所示。釜内设有搅拌装置及挡板,并可根据不同的情况,在釜外或釜内安装传热构件,以维持所需反应温度。釜式反应器是精细化工行业中应用十分广泛的一类反应器,一般用于进行均相反应,也可用于进行多相反应,如气液反应、液液反应、液固反应以及气液固反应。许多酯化反应、硝化反应、磺化反应以及氯化反应等,都在釜式反应器中进行。

　　(3)塔式反应器　塔式反应器的高度一般为直径的数倍以至十余倍,内部设有为了增加两相接触的构件如填料、筛板等。图1.2(c)为板式塔,图1.2(d)为填料塔。塔式反应器主要用于两种流体相反应的过程,如气液反应和液液反应。鼓泡塔(图1.2(e))也是塔式反应器的一种,用以进行气液反应,它内部不设置任何构件,气体以气泡形式通过液层。喷雾塔也属于塔式反应器(图1.2(f)),用于气液反应,液体呈雾滴状分散于气体中,情况正好与鼓泡塔相反。无论哪一种型式的塔式反应器,参与反应的两种流体可以逆流,也可以并流,视具体情况而定。

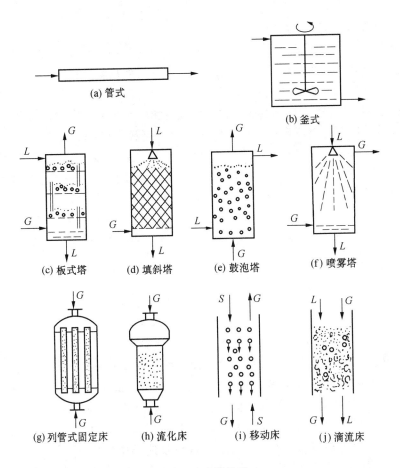

图 1.2 反应器类型

（4）固定床反应器　固定床反应器的特征为反应器内填充有固定不动的固体颗粒,这些固体颗粒可以是固体催化剂,也可以是固体反应物。固定床反应器是一种被广泛采用的多相催化反应器,如氨合成、甲醇合成、苯氧化以及邻二甲苯氧化反应都是在这种反应器中进行的。图 1.2(g)所示为一列管式固定床反应器,管内装催化剂,反应物料自上而下通过床层,管间的载热体与管内的反应物料进行换热,以维持所需的温度条件。对于放热反应,往往使用冷的原料作为载热体,借此将其预热至反应所要求的温度,然后再进入床层,这种反应器称为自热反应器。此外,也有在绝热条件下进行反应的固定床反应器。除多相催化反应外,固定床反应器还用于气固及液固非催化反应。

（5）流化床反应器　流化床反应器是一种有固体颗粒参与的反应器,与固定床反应器不同,这些颗粒处于运动状态,且其运动方向是多种多样的。流化床反应器内流体与固体颗粒所构成的床层犹如沸腾的液体,故又称沸腾床反应器。因为这种床层具有与液体相类似的性质,有人又把它叫做假液化层。图 1.2(h)是这种反应器的示意图,反应器下部设有分布板,板上放置固体颗粒,流体自分布板下送入,均匀地流过颗粒层。当流体速度达到一定数值后,固体颗粒开始松动,再增大流速即进入流化状态。反应器内一般都设置有挡板、换热器以及流体与固体分离装置等内部构件,以保证得到良好的流动状态和所需的温度条件,以及反应后的物料分离。流化床反应器可用于气-固、液-固以及气-液-固催化或非催化反应,是工业生产中较广泛使用的反应器,典型的例子是催化裂解反应装置,还有一些气-固-相催化反应,如萘氧化、丙烯氨氧化和丁烯氧化脱氢等也采用此反应器。流化床反应器用于固相加工也是十分典型的,如黄铁矿和闪锌矿、石灰石的煅烧等。

(6)移动床反应器　移动床反应器也是一种固体颗粒参与的反应器,与固定床反应器相似,不同之处是固体颗粒自反应器顶部连续加入,自上而下移动,由底部卸出,如固体颗粒为催化剂,则用提升装置将其输送至反应器顶部返回反应器内。反应流体与颗粒成逆流,此种反应器适用于催化剂需要连续进行再生的催化反应过程和固相加工反应,图 1.2(i)为其示意图。

(7)滴流床反应器　滴流床反应器又称涓流床反应器,如图 1.2(j)所示。从某种意义说,这种反应器也属于固定床反应器,用于使用固体催化剂的气液反应,如石油馏分加氢脱硫用的就是此种反应器。通常反应气体与液体自上而下成并流流动,有时也采用逆流操作。

以上简要地介绍了化学反应器的主要类型,由于反应器是各式各样的,显然不可能都一一包括在内。例如,用于气-固反应和固相反应的回转反应器,靠反应器自身的转动而将固相物料连续地由反应器一端输送到另一端,也是有自身特征的一类反应器,而上面并未提及,只能择其要而加以阐述。

1.3　反应器操作方式

工业反应器有间歇、连续、半连续(或半间歇)三种操作方式。

(1)间歇操作　间歇操作的特点是将进行反应所需的原料一次装入反应器内,然后在其中进行反应,经一定时间后,达到所要求的反应程度便卸出全部反应物料,其中主要是反应产物以及少量未被转化的原料。接着是清理反应器,继而进行下一批原料的装入、反应和卸料。

间歇反应过程是一个非定态过程,反应器内物系的组成随时间而变,这是间歇过程的基本特征。图 1.3 系间歇反应器中反应物系的浓度随时间而变的示意图。随着时间的增加,反应物 A 的浓度从开始反应时的起始浓度 C_{A0} 逐渐降低至零(不可逆反应),若为可逆反应,则降至极限浓度,即平衡浓度。对于单一反应,反应产物 R 的浓度则随时间的增长而增高。若反应物系中同时存在多个化学反应,反应时间越长,反应产物的浓度不一定就越高,连串反应 A→R→S 便属于这种情况,产物 R 的浓度随着时间的增加而升高,达一极大值后又随时间而降低。所以说,不是反应时间越长就越好,须作具体分析。

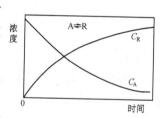

图 1.3　间歇反应过程反应物系浓度与时间的关系

间歇反应器在反应过程中既没有物料的输入,也没有物料的输出,即不存在物料的流动。整个反应过程都是在恒容下进行的。反应物系若为气体,则必充满整个反应器空间,体积不变自不待言;若为液体,虽不充满整个反应器,由于压力的变化而引起液体体积的改变通常可以忽略,因此按恒容处理也足够准确。

采用间歇操作的反应器几乎都是釜式反应器,其余类型均极罕见。间歇反应器适用于速率慢的化学反应及产量小的化学品生产过程。对于那些批量少而产品的品种又多的企业尤为适宜,例如,医药工业往往就属于这种情况。

(2)连续操作　连续操作的特征是连续地将原料输入反应器,反应产物也连续地从反应器流出。采用连续操作的反应器叫做连续反应器或流动反应器。前边所述的各类反应器都可采用连续操作,对于工业生产中某些类型的反应器,连续操作是惟一可采用的操作方式。

连续操作多属于定态操作,此时反应器内任何部位的物系参数,如浓度、温度等均不随时间而改变,但却随位置而变,图 1.4 表示反应器内反应物系浓度随反应器轴向距离而变化的情况。反应物 A 的浓度从入口处的浓度 C_{A0} 沿着反应物料流动方向而逐渐降低至出口处的浓度 C_{Af}。与此相反,反应产物 R 的浓度则从入口处的浓度(通常为零)逐渐升高至出口处的浓度 C_{Rf}。对于可逆反应,无论 C_{Af} 或 C_{Rf} 均以其平衡浓度为极限,但要达到平衡浓度,反应器需无穷长。对于不可逆反应,反应物 A (不过量)虽可转化殆尽,但某些反应同样需要无限长的反应器才能办到。图 1.4 与图 1.3 有些类似,但一个是随时间而变,另一个是随位置而变,这反映了两种操作方式的根本区别。

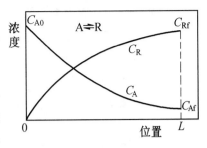

图 1.4　连续反应器中反应物系浓度随轴向距离的变化

大规模工业生产的反应器绝大部分都是采用连续操作,因为它具有产品质量稳定、劳动生产率高、易实现机械化和自动化等优点。这些都是间歇操作无法与之相比的。当然连续操作系统一旦建成,要改变产品品种是十分困难的事,有时甚至要较大幅度地改变产品产量也不易办到。

(3)半连续操作　原料与产物只要其中的一种为连续输入或输出而其余则为分批加入或卸出的操作,均属半连续操作,相应的反应器称为半连续反应器或半间歇反应器。例如,由氯气和苯生产一氯苯的反应器就有采用半连续操作方式的。苯一次加入反应器内,氯气则连续通入反应器,未反应的氯气连续从反应器排出,当反应物系的产品分布符合要求时,停止通氯气,卸出反应产物。

由此可见,半连续操作同时具有连续操作和间歇操作的某些特征。有连续流动的物料,这点与连续操作相似;也有分批加入或卸出的物料,因而生产是间歇的,这反映了间歇操作的特点。由于这些原因,半连续反应器的反应物系组成必然既随时间而改变,也随反应器内的位置而改变。管式、釜式、塔式以及固定床反应器都有采用半连续方式操作的。

1.4　反应器计算基本方程式

反应器计算的主要任务是根据给定的生产任务,计算一定条件下反应所需要的体积,以此确定反应器的主要尺寸。

反应器计算中所应用的基本方程式是物料衡算式、热量衡算式和反应动力学方程式。反应过程如有较大的压力降,并因而影响反应速度时,还要加上动量衡算式。反应器的计算也就是上述方程组的联合求解。

1.4.1　反应动力学方程式

对于均相反应,且反应混合物已经混合均匀,反应时不存在扩散阻力,这时反应过程的总速度只取决于化学反应速度。

反应速度常用下述定义

$$r_A = \pm \frac{dn_A}{V_R d\tau} \tag{1.1}$$

式中　　r_A——以组分 A 表示的化学反应速度($kmol \cdot m^{-3} \cdot h^{-1}$);

V_R——反应器有效体积(m^3);

n_A——组分 A 的物质的量(kmol);

τ——反应时间(h)。

当组分 A 为反应物时,式(1.1)取负号。对于均相反应,反应器的有效体积就是反应器内反应混合物体积,又称反应体积。

对于管式流动反应器,由于反应物浓度和反应速度等随位置而变化,又常用单位反应体积中反应物的物质的量流量的改变来表示反应速度

$$r_A = \pm \frac{\mathrm{d}F_A}{\mathrm{d}V_R} \tag{1.2}$$

式中　F_A——组分 A 的流量($kmol \cdot h^{-1}$)。

影响均相反应速度的因素主要是温度、压力和反应物浓度,表示反应速度与影响因素间函数关系的式子称为反应动力学方程式,或称反应速度方程式。如反应 A→R 为 n 级不可逆反应,其动力学方程式可写成

$$r_A = -\frac{1}{V_R}\frac{\mathrm{d}n_A}{\mathrm{d}\tau} = kC_A^n \tag{1.3}$$

式中　k——反应速度常数($m^{3(n-1)} \cdot h^{-1} \cdot kmol^{1-n}$);

n——反应级数;

C_A——反应物 A 的浓度($kmol \cdot m^{-3}$)。

上述反应若为气相反应,动力学方程式又常以组分分压表示

$$r_A = -\frac{1}{V_R}\frac{\mathrm{d}n_A}{\mathrm{d}\tau} = k_p p_A^n \tag{1.4}$$

式中　k_p——以反应物压力表示的反应速度常数($kmol \cdot m^{-3} \cdot h^{-1} \cdot Pa^{-n}$);

p_A——体系内组分 A 的分压(Pa)。

如果反应气体可看做理想气体,k_p 与 k 有如下关系

$$k_p = \frac{k}{(RT)^n} \tag{1.5}$$

式中　R——气体状态常数;

T——体系温度(K)。

对于大多数液相和反应前后物质的量无变化的气相反应,反应前后物料密度改变不大,可视为等容过程。反应速度又可表示为

$$r_A = -\frac{\mathrm{d}C_A}{\mathrm{d}\tau} = kC_A^n \tag{1.6}$$

$$r_A = -\frac{\mathrm{d}p_A}{\mathrm{d}\tau} = k_p' p_A^n \tag{1.7}$$

式中　k_p'——反应速度常数($h^{-1} \cdot Pa^{1-n}$)。

$$k_p' = k(RT)^{1-n} = k_p RT \tag{1.8}$$

在应用上述各式时,必须注意各种反应速度常数的适用场合、单位和相互换算关系,以免混淆。

反应动力学方程式通常需由实验确定。

1.4.2 物料衡算式

对于简单化学反应,如

$$aA + bB = lL + mM$$

只需要对我们所着眼的一个反应物列出物料衡算式,其余的反应物和产物的量就可由化学计量关系确定。

由于反应器内温度和反应物浓度等参数随空间或时间而变,化学反应速度也随之改变,因而,必须选取上述参数不变的微元体积 dV_R 和微元时间 $d\tau$ 作为物料衡算的空间基准和时间基准。

对一个反应物写出适用于任何型式和操作方式的反应器的物料衡算通式为

$$\begin{bmatrix} 微元时间内进 \\ 入 微 元 体 积 \\ 的 反 应 物 量 \end{bmatrix} - \begin{bmatrix} 微元时间离开 \\ 微 元 体 积 的 \\ 反 应 物 量 \end{bmatrix} - \begin{bmatrix} 微元时间、微 \\ 元体积内转化 \\ 掉的反应物量 \end{bmatrix} = \begin{bmatrix} 微元时间、微元 \\ 体 积 内 反 应 \\ 物 的 积 累 量 \end{bmatrix} \qquad (1.9)$$

$$\qquad\qquad Ⅰ \qquad\qquad\qquad Ⅱ \qquad\qquad\qquad Ⅲ \qquad\qquad\qquad Ⅳ$$

上式中第Ⅰ、Ⅱ项表示微元时间 $d\tau$ 内进入和离开反应器微元体积 dV_R 的着眼反应物量,第Ⅲ项决定于微元时间 $d\tau$ 和微元体积 dV_R 内的温度和反应物浓度条件下的化学反应速度,如着眼反应物为 A,可以写成 $r_A dV_R d\tau$,r_A 为反应物 A 的反应速度,可由反应动力学方程式求得。第Ⅳ项表示由于其他三项而造成的在微元时间 $d\tau$、微元体积 dV_R 内反应物改变量。

物料衡算式给出了反应物浓度或转化率随反应器内位置或时间变化的函数关系。

1.4.3 热量衡算式

反应均有显著的热效应,因此随着化学反应的进行,物系的温度也有所变化,而温度变化又会影响反应速度,所以,必须进行热量衡算,以计算反应器内各点温度(或各个时间的温度),从而进一步确定该点(或该时间)的化学反应速度。

与物料衡算一样,应选取温度和浓度等参数不变的微元时间和微元体积为基准。热量衡算通式为

$$\begin{bmatrix} 微元时间内进入 \\ 微 元 体 积 的 物 料 \\ 所 带 进 的 热 量 \end{bmatrix} - \begin{bmatrix} 微元时间内离开 \\ 微 元 体 积 的 物 \\ 料 带 走 的 热 量 \end{bmatrix} + \begin{bmatrix} 微元时间、微元 \\ 体积内由于反应 \\ 产 生 的 热 量 \end{bmatrix} -$$

$$\qquad\qquad Ⅰ \qquad\qquad\qquad\qquad Ⅱ \qquad\qquad\qquad\qquad Ⅲ$$

$$\begin{bmatrix} 微元时间内微元 \\ 体 积 传 递 至 环 境 \\ 或 载 热 体 的 热 量 \end{bmatrix} = \begin{bmatrix} 微元时间、微 \\ 元 体 积 内 热 量 \\ 的 \quad 积 \quad 累 \end{bmatrix} \qquad (1.10)$$

$$\qquad\qquad Ⅳ \qquad\qquad\qquad\qquad V$$

上式中第Ⅰ、Ⅱ项是微元时间 $d\tau$ 内,进入和离开反应器微元体积 dV_R 的总物料带入或带出的热量,计算热量时,同一热量衡算式内各项热量计算应取同一基准温度。第Ⅲ项是化学反应放出或吸收的热量,等压反应可写成 $r_A dV_R d\tau(-\Delta_r H)$,$\Delta_r H$ 是化学反应焓变。

热量衡算式给出了温度随反应器内位置或时间变化的函数关系。

物料衡算式、热量衡算式和反应动力学方程式是相互依存、紧密联系的。如单元体积内的化学反应速度取决于反应物浓度和温度,反应物浓度由物料衡算式确定,温度由热量衡算式确

定,温度、浓度对反应速度的影响则由反应动力学方程式确定。对于等温过程,因为温度不随时间、空间的改变而发生变化,只需各联立解动力学方程式和物料衡算式。对于非等温过程,则是上述三个方程式联立求解。

在物料衡算和热量衡算联立方程时,必须知道反应器内物料流动混合状况,因为流动混合状况影响着反应器内的浓度和温度分布。但在实际反应器中,流动混合状况往往难以确知。为使问题简化,我们首先讨论流型已经肯定了的理想反应器的计算,在此基础上,再讨论非理想流动反应器。

1.5 理想反应器

理想反应器是指流体的流动混合处于理想状况的反应器。对于流动混合,有两种理想极限情况,即理想混合和理想置换。理想混合流型和理想置换流型如图 1.5 和图 1.6 所示。

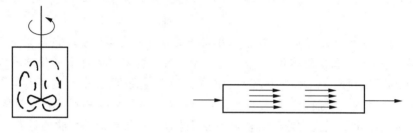

图 1.5 理想混合流型 　　　　　　　　　图 1.6 理想置换流型

理想混合是指反应器内物料达到了完全的混合,各点浓度、温度完全均一。釜式反应器内,物料经强烈搅拌,可以看成达到了理想混合。

搅拌良好的釜式反应器可以间歇(或半间歇)和连续操作。间歇(半间歇)操作时,物料处于封闭式流动状态,反应器内浓度、温度均一,仅随反应时间改变。连续操作时,物料一进入反应器,立即与反应器内物料完全混合,反应器内浓度、温度均一,且与出料口的浓度、温度相同,不随时间改变。搅拌良好的釜式反应器可以认为是理想混合反应器。

理想置换是指在与流动方向垂直的截面上,各点的流速和流向完全相同,就像活塞平推一样,故又称"活塞流"。由于这种流动特征,流体的浓度和温度在与流动方向垂直的截面上,处处相等,不随时间改变,而沿着流动方向,随浓度和温度的变化而不断变化。在流动方向上不存在流体的混合,所有流体质点在反应器内停留的时间相等。细长型的管式流动反应器可近似地看成理想置换反应器。

两种理想流型反应器内,进行反应 A→R 时,反应物 A 和产物 R 浓度变化示意见图 1.7。

由于理想反应器计算比较简单,工业生产中许多装置又可以近似地按理想状况处理,故常以理想反应器的设计计算作为实际反应器设计的基础。

上面两节对反应器基本方程建立的基本思路和依据作了概括性的介绍,然而由于反应过程极其错综复杂,要如实地建立起反映整个反应过程所有方面的基本方程是困难的,甚至是不可能的,事实上也没有必要,只要基本方程能反映过程的实质就可以了,丢掉一些次要的东西并无损于大局。具体来说,就是对过程作出合理简化,抓住主要矛盾,建立起描述反应过程实质的物理模型。然后以此物理模型为依据,建立各类基本方程,这就是反应器的数学模型。在

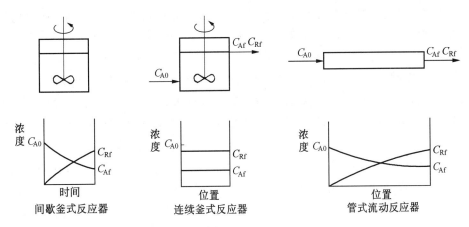

图 1.7　两种理想流型反应器内物料浓度的变化

C—浓度；下标:A—反应物；R—产物；0—初始状况；f—终止状况

以后的各个章节里,将要介绍各式各样的模型,但其模型方程的建立仍共同遵循这里所阐明的基本思路与原则。

1.6　工业反应器放大

一个新的化学产品从实验室研究成功到工业规模生产,一般都要经历几个阶段,即需进行若干次不同规模的试验。显然,随着规模的增加,反应器也要相应地增大,但到底要增到多大才能达到所预期的效果,这便是工业反应器放大的问题。工业反应器放大的问题是一个十分重要而又困难的化学工程问题。化学加工过程不同于物理加工过程,前者规模的变化不仅仅是量变,同时还产生质变;而后者规模的改变往往只发生量变。对于只发生量变的过程,按比例放大在技术上不会发生什么问题,只不过是数量上的重复。

以相似理论和因次分析为基础的相似放大法,在许多行业中的应用是卓有成效的,如造船、飞机制造和水坝建筑等。但是,这种方法用于反应器放大则无能为力。因为要保证反应器同时做到扩散相似、流体力学相似、热相似和化学相似是不可能的。例如,保持化学相似就必须保持反应器的长度与反应混合物线速度之比为定值。对于流体力学和扩散相似,则要求反应器的长度与反应混合物线速度的乘积为定值。显然,要同时满足这两个条件是不可能的。还可以举出其他与相似准则不相容的例子。所以,长期以来反应器放大采取的是逐级经验放大方法。

所谓逐级经验放大,就是通过小型反应器进行工艺试验,优选出操作条件和反应器型式,确定所能达到的技术经济指标。据此再设计和制造规模稍大一些的装置,进行所谓模型试验。根据模型试验的结果,再将规模增大,进行中间试验,由中间试验的结果,放大到工业规模的生产装置。如果放大倍数太大而无把握时,往往还要进行多次不同规模的中间试验,然后才能放大到所要求的工业规模。由此可见,逐级放大既费事又费钱,不是一种满意的放大方法。这种放大方法的主要依据是实验,是每种规模的宏观实验结果,而没有深入到事物的内部,没有把握住规律性的东西,所以是经验性的,难以做到高倍数放大。

20 世纪 60 年代发展起来的数学模型方法是一种比较理想的反应器放大方法。其实质是通过数学模型来设计反应器,预测不同规模的反应器工况,优化反应器操作条件。所建立的数学模型是否适用,取决于对反应过程实质的认识,而认识又来源于实践。因此,实验仍然是数学模型法的主要依据。但是,这与逐级经验放大实验无论是方法还是目的都迥然不同。

数学模型法一般包括下列步骤:①实验室规模试验,这一步骤包括新产品的合成、新型催化剂的开发和反应动力学的研究等。这一阶段的工作属于基础性的,着重过程的化学问题。②小型试验,仍属于实验室规模,但要比上一步实验来得大,且反应器的结构大体上与将来工业装置要使用的接近,例如,采用列管式固定床反应器时,就可采用单管试验。这一阶段的目的在于考察物理过程及工业原料等对化学反应的影响。③大型冷模试验,目的是探索传递过程的规律。前已指出,化学反应过程总是受到各种传递过程的干扰,而传递过程的影响往往又是随着设备规模而改变的。④中间试验,这一阶段的试验不但在于规模上的增大,而且在流程及设备型式上都与生产车间十分接近。其目的一方面是对数学模型的检验与修正,提供设计大厂的有用信息;另一方面要对催化剂的寿命、使用过程中的活性变化进行考察,研究设备材料在使用过程中的腐蚀情况,是需要经过长时间考察的项目。⑤计算机试验,这一步贯穿在前述四步之中,对各步的试验结果进行综合与寻优,检验和修正数学模型,预测下一阶段的反应器性能,最终导致能够预测大型反应器工况数学模型的建立,从而完成工业反应器的设计。

数学模型法的核心是数学模型的建立,而模型的建立并不是一蹴而就的。上述各阶段实验的最终目的也就是为了获得可用于工业反应器设计的数学模型。图1.8为反应器模型实际建立的程序框图。由图可见,根据实验室试验所得到的信息和有关资料提出反应过程的化学模型和物理模型,然后进行综合和按上一节所述的原则建立反应器的数学模型。通过小型试验的验证,对模型进行修改和完善,构成了新的数学模型。这个新的模型再通过中间试验的考验,根据反馈的信息进一步对数学模型作修改和完善,最后建立设计大厂所需的数学模型。

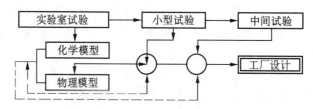

图1.8 反应器模型建立程序框图

数学模型法系建立在广泛的实验基础上的一种反应器放大方法,不实践就无法认识反应过程的本质,但更离不开反应工程理论的指导,否则将是盲目的实践。另外通过计算机进行大量的计算和比较,以去伪存真,择优舍劣。所以,反应器的数学模型应是理论、实验和计算三者的结晶。

前面提到的几个实验阶段是就一般反应器而言的。对于某些具体反应也许不需做这么多次试验。有过不经中试而由小试结果实现高倍数放大的报道,丙烯二聚制异戊二烯的反应器就是这样的例子,放大倍数高达17 000倍。但这毕竟是凤毛麟角,而更普遍存在的情况是由于反应过程的极其错综复杂,纵使采用数学模型法放大也还会存在这样或那样的问题,甚至会以失败而告终。当然,这不能归罪于数学模型法,因为这个方法本身是建立在可靠的科学基础上的。

最后再次指出,工业反应器的设计应以经济效益和社会效益最大为前提,对反应器进行投入产出分析,建立经济衡算式,对投资、原料成本、操作费用、产品成本及利润等作核算。忽视社会效益,盲目地追求经济效益的设计是不允许的。对于化学品的生产,首先要考虑的问题是生产过程中产生的有害物质和噪声对环境的污染。设计过程中应采取有效的措施,使排放的有害物质浓度完全符合环保要求,所产生的噪声降低到允许的程度。此外,反应器的安全操作也是一个十分重要的问题。设计者需要妥善选择安全的操作条件,考虑各种防火和防爆措施。总之,实际反应器的设计所要考虑的问题是多种多样的,本书只侧重技术方面的考虑。

第二章 釜式反应器

2.1 概　述

2.1.1 釜式反应器构型

精细化工生产中经常遇到气-液、液-液和液-固相反应,应用最为广泛的一类反应设备就是釜式反应器。图 2.1 表示的是一种标准釜式反应器,它由钢板卷焊制成圆筒体,再焊接上由钢板压制的标准釜底,并配上封头、夹套、搅拌器等零部件。按工艺要求,可选用不同型式的搅拌器和传热构件。标准釜底一般为椭圆形,有时根据工艺上的要求,也可以采用其他形式的釜底,如平底、半球底、锥形底等。图 2.2 所示为锥形底釜式反应器。

图 2.1　标准釜式反应器　　　　图 2.2　锥形底釜式反应器

2.1.2 釜式反应器的特点及其应用

釜式反应器的特点是,结构简单、加工方便,传质、传热效率高,温度浓度分布均匀,操作灵活性大,便于控制和改变反应条件,适合于多品种、小批量生产。适应各种不同相态组合的反应物料(如:均液相、非均液相、液固相、气液相、气液固相等),几乎所有有机合成的单元操作(如:氧化、还原、硝化、磺化、卤化、缩合、聚合、烷化、酰化、重氮化、偶合等),只要选择适当的溶剂作为反应介质,都可以在釜式反应器内进行。因此,釜式反应器的应用是很广泛的。

但釜式反应器间歇操作时,辅助时间有时占的比例大,尤其是压热釜,升温和降温时间很长,降低了设备生产能力,对于大吨位产品,需要多台反应器同时操作,增加产品成本。近年来,釜式反应器趋向于设备大型化、操作机械化、控制自动化,使劳动生产率大为提高。

本章将扼要介绍釜式反应器及其搅拌器、传热装置等附件的构型和特性,并详细讨论间歇操作和连续操作釜式反应器的工艺计算。

2.2 间歇操作釜式反应器工艺计算

釜式反应器内设有搅拌装置,在搅拌良好的情况下,可以看成理想釜式反应器,釜内物料达到完全混合,浓度、温度均一,反应器内各点的化学反应速度也都相同。当采用间歇操作时,则是一个不稳定过程,随着反应的进行,釜内物料浓度、温度和反应速度要随时间而变化。

釜式反应器内常设有换热装置,间歇操作时,根据反应的要求,可以改变换热条件(如传热面积、载热体流量和温度等),维持等温操作或非等温操作。釜式反应器主要用于液相和液固相反应。液体和固体在反应前后密度变化不大,可视为等容过程。

进行间歇釜式反应器体积计算时,必须先求得为达到一定转化率所需的反应时间,然后,结合非生产时间和每小时要求处理的物料量,计算反应器体积。

2.2.1 反应时间

对间歇釜式反应器列出物料衡算式,就可推导出反应时间计算式。

①由于反应器内浓度、温度均一,不随位置而变,故可对整个反应器有效体积(反应体积)进行物料衡算。

②由于间歇操作,物料衡算通式(1.9)中进料项Ⅰ和出料项Ⅱ为零,因而得到理想间歇釜式反应器物料衡算式为

$$-\begin{bmatrix} 微元时间、反应 \\ 体积内转化掉的 \\ 反 \ 应 \ 物 \ 量 \end{bmatrix} = \begin{bmatrix} 微元时间、反应 \\ 体积内反应物的 \\ 积 \ 累 \ 量 \end{bmatrix}$$

即
$$- r_A V_R d\tau = dn_A \tag{2.1}$$

上式一般常以反应物 A 的转化率形式表示,因为

$$n_A = n_{A0}(1 - x_A)$$

所以
$$dn_A = - n_{A0}dx_A$$

式中　n_A——任一瞬间釜内反应物 A 的物质的量(kmol);

　　　n_{A0}——反应开始时,釜内反应物 A 的物质的量(kmol);

　　　τ——反应时间(h);

　　　x_A——任一瞬间反应物 A 的转化率。

代入上述关系后,得

$$r_A V_R d\tau = n_{A0}dx_A$$

$$d\tau = \frac{n_{A0}dx_A}{V_R r_A}$$

积分,得
$$\tau = n_{A0}\int_0^{x_{Af}} \frac{dx_A}{r_A V_R} \tag{2.2}$$

式(2.2)为间歇釜式反应器反应时间计算式,x_{Af}为反应终止时反应物 A 的转化率。它是间歇釜式反应器的基础设计方程式,无论是等温、非等温、等容和变容过程均可应用此式。对于变容和非等温过程,特别是非等温过程,式(2.2)求解是比较复杂的,可以参考理想管式流动反应器变容和非等温过程的计算方法。以下只讨论简单的等温等容过程计算。

在等容情况下,反应过程 V_R 不变,故式(2.2)中的 V_R 可移至积分号外,且因

$$\frac{n_{A0}}{V_R} = C_{A0} \tag{2.3}$$

得

$$\tau = C_{A0} \int_0^{x_{Af}} \frac{dx_A}{r_A} \tag{2.4}$$

式中　C_{A0}——反应开始时反应物 A 的浓度(kmol·m³)。

由式(2.4)可以看出,达到一定转化率所需要的反应时间只与反应物初始浓度和反应速度有关,与处理物料量大小无关,因此通过小试验找出一定初始浓度和一定温度下的转化率和反应时间的关系,如果大生产装置在搅拌和换热方面能保持和小装置相同的条件,就可以简单地计算出大生产装置的尺寸。

利用式(2.4)计算反应时间时,尚需找出反应速度与转化率之间的函数关系,以便进行积分。

对于一级反应 A→R,反应速度方程式为

$$r_A = kC_A$$

式中　k——反应速度常数(h^{-1})。

在等容情况下,$C_A = C_{A0}(1 - x_A)$,则

$$r_A = kC_{A0}(1 - x_A)$$

代入式(2.4),得

$$\tau = C_{A0} \int_0^{x_{Af}} \frac{dx_A}{kC_{A0}(1 - x_A)}$$

在等温情况下,k 为常数,可移至积分号外,故

$$\tau = \frac{1}{k} \int_0^{x_{Af}} \frac{dx_A}{1 - x_A} = \frac{1}{k} \ln \frac{1}{1 - x_{Af}} \tag{2.5}$$

对于二级反应,2A→C + D 或 A + B→C + D, $n_{A0} = n_{B0}$。反应速度方程式为

$$r_A = kC_{A0}^2(1 - x_A)^2$$

式中　k——反应速度常数($m^3 \cdot kmol^{-1} \cdot h^{-1}$)。

$$\tau = C_{A0} \int_0^{x_{Af}} \frac{dx_A}{kC_{A0}^2(1 - x_A)^2} = \frac{1}{kC_{A0}} \int_0^{x_{Af}} \frac{dx_A}{(1 - x_A)^2} = \frac{x_{Af}}{kC_{A0}(1 - x_{Af})} \tag{2.6}$$

2.2.2　反应器有效体积 V_R

间歇釜式反应器由于是分批操作,每处理一批物料都需要有出料、清洗和加料等非生产时间,故处理一定量物料所需要的有效体积不但与反应时间有关,还与非生产时间有关。

$$V_R = V_0(\tau + \tau') \tag{2.7}$$

式中　V_R——反应器有效体积,即物料所占有的体积,亦叫反应体积(m^3);

　　　　V_0——平均每小时需要处理的物料体积($m^3 \cdot h^{-1}$);

　　　　τ——达到要求转化率所需的反应时间(h);

　　　　τ'——非生产时间(h)。

非生产时间由经验确定。为了提高间歇釜式反应器的生产能力,应设法减少非生产时间。

决定反应器的实际体积,应考虑装料系数 ϕ。

$$V = \frac{V_R}{\phi} \tag{2.8}$$

装料系数 ϕ 一般为 0.4～0.85。对于不起泡、不沸腾的物料,ϕ 取 0.7～0.85;对于起泡、沸腾的物料,ϕ 取 0.4～0.6。装料系数的选择还应考虑搅拌器和换热装置之体积。

例 2.1　在搅拌良好的间歇操作釜式反应器中,用乙酸和丁醇生产乙酸丁酯,反应式为

$$CH_3COOH + C_4H_9OH \Longrightarrow CH_3COOC_4H_9 + H_2O$$

反应在等温下进行,温度为 100℃,进料配比为乙酸/丁醇 = 1∶4.97(物质的量比),以少量硫酸为催化剂。当使用过量丁醇时,其动力学方程式为

$$r_A = kC_A^2$$

下标 A 表示乙酸。在上述条件下,反应速度常数 k 为 $1.04 m^3 \cdot kmol^{-1} \cdot h^{-1}$,反应物密度 ρ 为 $750 kg \cdot m^{-3}$,并假设反应前后不变。每天生产 2 400 kg 乙酸丁酯(不考虑分离过程损失),如要求乙酸转化率为 50%,每批非生产时间为 0.5 h,试计算反应器的有效体积。

解 (1) 计算反应时间 因是二级反应,由式(2.6)知

$$\tau = \frac{x_{Af}}{kC_{A0}(1 - x_{Af})}$$

乙酸和丁醇的相对分子质量分别为 60 和 74,故知

$$C_{A0} = \frac{1 \times 750}{1 \times 60 + 4.97 \times 74} = 1.75 \ kmol \cdot m^{-3}$$

所以

$$\tau = \frac{0.5}{1.04 \times 1.75 \times (1 - 0.5)} = 0.55 \ h$$

(2) 计算有效体积 V_R 每天生产 2 400 kg 乙酸丁酯,则每小时乙酸用量为

$$\frac{2 \ 400}{24 \times 116} \times 60 \times \frac{1}{0.5} = 103 \ kg \cdot h^{-1}$$

上式中的 116 为乙酸丁酯的相对分子质量。

每小时处理总原料量为

$$103 + \left(\frac{103}{60} \times 4.97 \times 74 \right) = 734 \ kg \cdot h^{-1}$$

每小时处理原料体积为

$$V_0 = \frac{734}{750} = 0.98 \ m^3 \cdot h^{-1}$$

故反应器有效体积为

$$V_R = V_0(\tau + \tau') = 0.98(0.55 + 0.5) = 1.04 \ m^3$$

例 2.2 在搅拌良好的间歇釜式反应器内,以盐酸作为催化剂,用乙酸和乙醇生产乙酸乙酯,反应式为

$$CH_3COOH + C_2H_5OH \Longleftrightarrow CH_3COOC_2H_5 + H_2O$$

$$\quad A \qquad\qquad B \qquad\qquad R \qquad\quad S$$

已知 100℃时,反应速度方程式为

$$r_A = k_1 C_A C_B - k_2 C_R C_S$$

正反应速度常数 k_1 为 $4.76 \times 10^{-4} m^3 \cdot kmol^{-1} \cdot min^{-1}$,逆反应速度常数 k_2 为 $1.63 \times 10^{-4} m^3 \cdot kmol^{-1} \cdot min^{-1}$。反应器内装入 $0.378 \ 5 \ m^3$ 水溶液,其中含有 90.8 kg 乙酸,181.6 kg 乙醇。物料密度为 $1 \ 043 \ kg \cdot m^{-3}$,假设反应过程不改变。试计算反应 2 h 以后乙酸的转化率。

解 乙酸的初始浓度

$$C_{A0} = \frac{90.8}{60 \times 0.378 \ 5} = 4.0 \ kmol \cdot m^{-3}$$

乙醇的初始浓度

$$C_{B0} = \frac{181.6}{46 \times 0.378 \ 5} = 10.4 \ kmol \cdot m^{-3}$$

水的初始浓度

$$C_{S0} = \frac{0.378\,5 \times 1\,043 - (90.8 + 181.6)}{18 \times 0.378\,5} = 18 \text{ kmol} \cdot \text{m}^{-3}$$

设 x_A 为乙酸的转化率,则各组分的瞬时浓度与转化率的关系为

$$C_A = 4(1 - x_A)$$
$$C_B = 10.4 - 4x_A$$
$$C_R = 4x_A$$
$$C_S = 18 + 4x_A$$

代入反应速度方程式,则得

$$r_A = 4.76 \times 10^{-4} \times 4(1 - x_A)(10.4 - x_A) - 1.63 \times 10^{-4} \times 4x_A(18 + 4x_A) =$$
$$8 \times 10^{-2}(0.248 - 0.49x_A + 0.063x_A^2)$$

所以

$$\tau = C_{A0}\int_0^{x_{Af}} \frac{dx_A}{r_A} = \frac{4}{8 \times 10^{-2}}\int_0^{x_{Af}} \frac{dx_A}{0.248 - 0.49x_A + 0.063x_A^2} =$$

$$\frac{50}{0.422}\ln\frac{0.125x_A - 0.490 - 0.422}{0.125x_A - 0.490 + 0.422}\bigg|_0^{x_{Af}} =$$

$$\frac{50}{0.422}\ln\frac{0.125x_{Af} - 0.912}{0.125x_{Af} - 0.068} \cdot \frac{0.068}{0.912}$$

当 $\tau = 120$ min,用上式算得 $x_{Af} = 0.356$,即 35.6% 的乙酸转化成乙酸乙酯。

在求得反应所需设备总体积后,可查设备系列标准,从而决定单个设备的体积与设备台数。按设计任务需用的设备台数

$$m = \frac{V}{V_a} \tag{2.9}$$

式中 V_a——单个设备的体积。由公式(2.9)计算出的 m 值,往往不是整数,需对其取整 m_p ($m_p \geqslant m$)。因此,实际设备总生产能力比设计任务提高了,其提高的程度称为设备的后备系数,用 δ 表示,即

$$\delta = \frac{m_p - m}{m} \times 100\% \tag{2.10}$$

从提高劳动生产率和降低设备投资考虑,选用个数少而体积大的设备要比选个数多而体积小的设备有利。但大体积设备加工、检修和厂房条件要求高,操作工艺和生产控制程序复杂,所以要作全面比较。

2.3 连续操作釜式反应器工艺计算

在搅拌良好的釜式反应器内进行连续操作,可近似地看成是理想连续釜式反应器。它可以单釜操作,也可以多釜串联操作——多段连续釜式反应器。由于连续操作,产品质量稳定,易于自动控制,节省劳动力,比较适合于大规模生产。

理想连续釜式反应器内,物料达到了完全的混合,温度、浓度、反应速度处处均一,不随时间改变,并与出料的浓度、温度相同。由于这一特点,新鲜原料一进入反应器,瞬间之内即与釜内物料完全混合,反应物浓度立即被稀释至出料时的浓度,整个化学反应过程都在较低的反应物浓度下进行。如与理想管式流动反应器相比,相同温度下进行相同的反应,达到同样转化率

时,理想管式流动反应器内反应物浓度是由高到低,逐渐变化的,反应速度也由大逐渐变小,出口处反应速度最小。而理想连续釜式反应器内整个反应过程的反应速度不变,都与理想管式流动反应器出口处最小反应速度相同。由此清楚看出,为完成同样的反应,达到相同的转化率,理想连续釜式反应器需要的反应时间大于理想管式流动反应器的反应时间,或者说,为完成相同产量,理想连续釜式反应器所需体积大于理想管式流动反应器所需体积。

连续釜式反应器采用多段串联操作,可以对上述缺点有所克服。例如一个体积为 V_R 的理想连续釜式反应器,以三个体积各为 $\frac{V_R}{3}$ 的理想釜式反应器串联操作代替之,当二者的反应物初始浓度、终了浓度和反应温度相同时,多段连续釜式反应器内只有第三台的反应物浓度 C_{A3} 与原来体积为 V_R 的连续釜式反应器内浓度 C_{Af} 相同,而其余二台的浓度均较之为高。如图 2.3 所示。

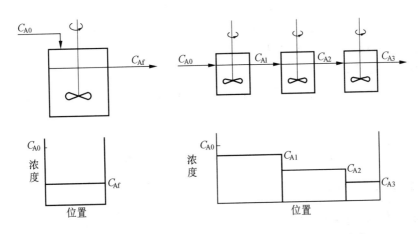

图 2.3 单段和多段理想连续釜式反应器内反应物浓度变化

由此可见,以三段串联操作,较单段操作时反应速度快,因而完成同样的反应,体积相同时,三段串联操作处理量可以增加,反之,如处理量相同,三段串联操作反应器体积可以减小。也可推知,串联的段数愈多,反应器内反应物浓度的变化愈接近理想管式流动反应器,当段数为无穷多时,多段理想连续釜式反应器内浓度变化与理想管式流动反应器内相同,为完成相同的任务,二者所需体积相等。随着段数的增多而造成设备投资和操作费用的增加,将超过因反应器总体积减少而省的费用,因此,实际采用的段数一般不超过四段。

2.3.1 单段连续釜式反应器

理想连续釜式反应器内温度均一,不随时间而变,为等温反应器。在选定的操作温度下进行反应器体积计算时,只需列出物料衡算式。

由于釜内浓度均一,不随时间改变,故可对全釜有效体积和任意时间间隔作物料衡算。衡算式中釜内物料累积量为零,反应速度应按出口处浓度和温度计算。图 2.4 为单段理想连续釜式反应器物料衡算示意图。

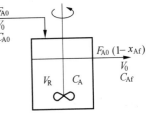

图 2.4 理想连续釜式反应器物料衡算

物料衡算式为

$$F_{A0}\Delta\tau - F_{A0}(1 - x_{Af})\Delta\tau - r_A V_R \Delta\tau = 0$$

流入量　　　　流出量　　　　转化量　　　积累量

$$F_{A0} x_{Af} = r_A V_R$$

$$V_R = F_{A0} \frac{x_{Af}}{r_A}$$

$$\bar{\tau} = \frac{V_R}{V_0} = \frac{C_{A0} x_{Af}}{r_A} \tag{2.11}$$

式中 $\bar{\tau}$——物料在釜内的平均停留时间。

对于等容一级反应

$$\bar{\tau} = \frac{V_R}{V_0} = \frac{C_{A0} x_{Af}}{k C_{A0}(1 - x_{Af})} = \frac{x_{Af}}{k(1 - x_{Af})} \tag{2.12}$$

对于等容二级反应

$$\bar{\tau} = \frac{V_R}{V_0} = \frac{C_{A0} x_{Af}}{k C_{A0}^2 (1 - x_{Af})^2} = \frac{x_{Af}}{k C_{A0}(1 - x_{Af})^2} \tag{2.13}$$

例2.3 在搅拌良好的釜式反应器内连续操作生产乙酸丁酯,反应条件和产量与例2.1相同,试计算连续釜式反应器的有效体积。

解 由例2.1已计算出

$$V_0 = 0.98 \text{ m}^3 \cdot \text{h}^{-1}, \ x_{Af} = 0.5, \ C_{A0} = 1.75 \text{ kmol} \cdot \text{m}^{-3}, \ k = 1.04 \text{ m}^3 \cdot \text{kmol}^{-1} \cdot \text{h}^{-1}$$

代入式(2.13),得

$$V_R = \frac{V_0 x_{Af}}{k C_{A0}(1 - x_{Af})^2} = \frac{0.98 \times 0.5}{1.04 \times 1.75 \times (1 - 0.5)^2} = 1.08 \text{ m}^3$$

2.3.2 多段连续釜式反应器

多段理想连续釜式反应器的计算是基于各釜内均为理想混合,而段间不存在混合的假设。对于液相反应,通常可以忽略因反应和温度改变引起的密度变化,而认为 $V_0 = V_{01} = V_{02} = \cdots = V_{0N}$。图2.5为多段理想连续釜式反应器物料衡算示意图,如对第 i 段釜衡算

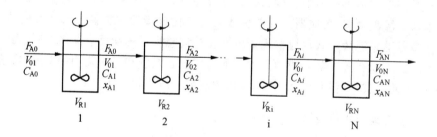

图 2.5 多段理想连续釜式反应器物料衡算

$$F_{Ai-1} = F_{Ai} + r_{Ai} V_{Ri}$$

即

$$F_{A0}(1 - x_{Ai-1}) = F_{A0}(1 - x_{Ai}) + r_{Ai} V_{Ri}$$

$$\bar{\tau}_i = \frac{V_{Ri}}{V_0} = \frac{C_{A0}(x_{Ai} - x_{Ai-1})}{r_{Ai}} \tag{2.14}$$

或改写成

$$\bar{\tau}_i = \frac{V_{Ri}}{V_0} = \frac{C_{Ai-1} - C_{Ai}}{r_{Ai}} \tag{2.15}$$

计算多段理想连续釜式反应器的目的,主要是根据处理的物料量决定达到一定转化率所

需釜段数、各段釜体积和相应转化率等。计算方法有解析法和图解法。

（1）解析法　用单段理想连续釜式反应器的计算方法依次进行各段计算，直至达到要求的转化率为止。现以一级不可逆反应为例说明。

由式(2.15)得

$$C_{Ai} + k_i C_{Ai} \bar{\tau} = C_{Ai-1}$$

即

$$C_{Ai} = \frac{C_{Ai-1}}{1 + k_i \bar{\tau}_i}$$

第一段

$$C_{A1} = \frac{C_{A0}}{1 + k_1 \bar{\tau}_1}$$

第二段

$$C_{A2} = \frac{C_{A1}}{1 + k_2 \bar{\tau}_2} = \frac{C_{A0}}{1 + k_1 \bar{\tau}_1} \frac{1}{1 + k_2 \bar{\tau}_2}$$

第三段

$$C_{A3} = \frac{C_{A2}}{1 + k_3 \bar{\tau}_3} = \frac{C_{A0}}{1 + k_1 \bar{\tau}_1} \frac{1}{1 + k_2 \bar{\tau}_2} \frac{1}{1 + k_3 \bar{\tau}_3}$$

$$\vdots$$

第 N 段为

$$C_{AN} = \frac{C_{AN-1}}{1 + k_N \bar{\tau}_N} = \frac{C_{A0}}{(1 + k_1 \bar{\tau}_1)(1 + k_2 \bar{\tau}_2) \cdots (1 + k_N \bar{\tau}_N)} \tag{2.16}$$

如各段反应器体积和温度相同，即

$$\bar{\tau}_1 = \bar{\tau}_2 = \bar{\tau}_3 = \cdots = \bar{\tau}_N = \bar{\tau}$$

$$k_1 = k_2 = k_3 = \cdots = k_N = k$$

则第 N 段为

$$C_{AN} = \frac{C_{A0}}{(1 + k\bar{\tau})^N} \tag{2.17}$$

或

$$x_N = 1 - \frac{1}{(1 + k\bar{\tau})^N} \tag{2.18}$$

运用式(2.16)~(2.18)就可以进行段数、各段体积和转化率等计算。对于二级反应，同样可以推导出

$$\bar{\tau}_i = \frac{V_{Ri}}{V_0} = \frac{C_{Ai-1} - C_{Ai}}{k_i C_{Ai}^2}$$

如各段等温、等体积，则

$$\bar{\tau} = \frac{C_{AN-1} - C_{AN}}{k C_{AN}^2}$$

$$C_{AN} = \frac{-1 + \sqrt{1 + 4k\bar{\tau} C_{AN-1}}}{2k\bar{\tau}} \tag{2.19}$$

由于浓度 C_{AN} 不可能是负值，故弃去方程的负根。于是

第一段

$$C_{A1} = \frac{-1 + \sqrt{1 + 4k\bar{\tau} C_{A0}}}{2k\bar{\tau}}$$

第二段

$$C_{A2} = \frac{-1 + \sqrt{1 + 4k\bar{\tau} \left(\dfrac{-1 + \sqrt{1 + 4k\bar{\tau} C_{A0}}}{2k\bar{\tau}} \right)}}{2k\bar{\tau}}$$

由解析法可以进行各种类型反应的计算，且计算结果准确度高，是连续釜式反应器的主要计算方法，不足之处是计算繁杂。

例 2.4　用二段连续釜式反应器生产乙酸丁酯，第一段乙酸的转化率 x_{A1} 为 32.3%，第二

段转化率 x_{A2} 为 50%，反应条件和产量同例 2.1。计算各段反应器的有效体积。

解 用解析法计算

第一段反应器

$$\frac{V_{R1}}{V_0} = \frac{x_{A1}}{kC_{A0}(1 - x_{A1})^2}$$

$$V_{R1} = \frac{0.98 \times 0.323}{1.04 \times 1.75(1 - 0.323)^2} = 0.38 \ \text{m}^3$$

第二段反应器

$$V_{R2} = \frac{V_0(x_{A2} - x_{A1})}{kC_{A0}(1 - x_{A2})^2} = \frac{0.98(0.5 - 0.323)}{1.04 \times 1.75(1 - 0.5)^2} = 0.38 \ \text{m}^3$$

$$V_R = V_{R1} + V_{R2} = 0.38 + 0.38 = 0.76 \ \text{m}^3$$

（2）图解法　目前已提出多种图解方法，现将常用的一种介绍如下。

首先，根据动力学方程式或实验数据作出操作温度下的 $r_A \sim C_A$ 的关系曲线。然后在同一图上，作出相同温度下由某段反应器物料衡算式所表示的 $r_A - C_A$ 操作线，由式（2.15）知，此为一直线，如图 2.6 所示。

$$\bar{\tau} = \frac{C_{Ai-1} - C_{Ai}}{r_{Ai}}$$

即

$$r_{Ai} = -\frac{1}{\bar{\tau}_i}C_{Ai} + \frac{1}{\bar{\tau}_i}C_{Ai-1}$$

直线斜率为 $-\frac{1}{\bar{\tau}_i}$，即 $-\frac{V_0}{V_{Ri}}$，横坐标轴上截距为 C_{Ai-1}。上

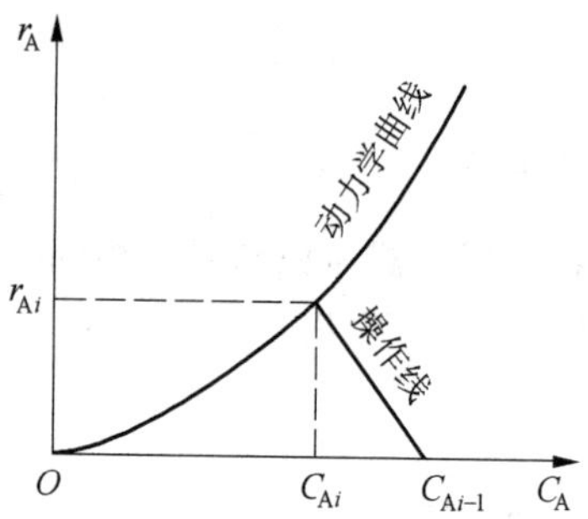

图 2.6　理想连续釜式反应器图解法

述曲线与直线的交点，同时满足动力学方程式和物料衡算式，故交点所对应的坐标值即为某段反应器内的反应速率 r_{Ai} 和出口浓度 C_{Ai}。

按上法，如采用都等于 V_R 的釜式反应器串联连续操作，已知初始浓度 C_{A0} 和要求的最终转化率 x_{Af} 及物料处理量 V_0，即可在 $r_A - C_A$ 图上求出串联段数。其步骤是：先作出动力学方程曲线，然后从横轴上点 C_{A0} 出发，作斜率为 $-\frac{V_0}{V_R}$ 的直线，与动力学曲线相交，在横轴上得点 C_{A1}，从 C_{A1} 出发，再作斜率为 $-\frac{V_0}{V_R}$ 的平行直线，与动力学曲线相交得 C_{A2}。重复上述做法，直至与动力学曲线所得交点的浓度小于或等于最终转化率相对应的浓度 C_{Af} 为止。这时所作的平行直线数就是所求段数，如图 2.7 所示。

如已知处理量 V_0、初始浓度 C_{A0} 和要求的终止浓度 C_{Af}，要确定段数和各釜体积，也可以在图上试算。当各釜体积相同时，在 C_{A0} 和 C_{Af} 之间可以作出多组有不同斜率和不同段数的平行直线，表示段数 N 和各釜体积 V_R 值的不同组合关系。通过技术经济比较，其中最优的一组为所求的解。如段数 N 也已选定，只要在图上调整平行线的斜率，使之同时满足 C_{A0}、C_{Af} 和 N，由平行线斜率即可求得 V_R。

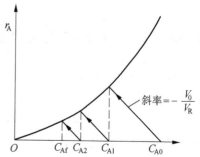

图 2.7　图解法求多段理想连续釜式反应器的段数

如各段反应器操作温度不同就需要作出各种操作温度下的动力学曲线,结合相同温度的操作线求交点。

上述图解法只在动力学方程式可用一种反应浓度函数关系表示时才适用。

例 2.5 以三段连续釜式反应器生产乙酸丁酯,反应条件和产量同例2.1,用图解法(见图2.8)求反应釜有效体积。

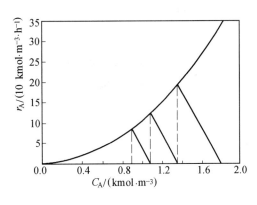

图 2.8

解 按 $r_A = kC_A^2$ 作出动力学曲线,因等容过程 $C_A = C_{A0}(1 - x_A)$,$C_{A0} = 1.75$ kmol·m^{-3},用上述数值作图,由图读出斜率为 -4.45,因已知 $V_0 = 0.98$ m^3·h^{-1},故

$$V_{Ri} = \frac{V_0}{4.45} = \frac{0.98}{4.45} = 0.22 \text{ m}^3$$

三段总体积为

$$V_R = 3 \times 0.22 = 0.66 \text{ m}^3$$

2.4 搅 拌 器

搅拌在化工生产中的应用非常广泛,精细化学工艺的许多过程都是在有搅拌机构的釜式反应器中实现的。搅拌的目的是:① 使互溶的两种或两种以上液体混合均匀;② 形成乳浊液或悬浮液;③ 促进化学反应和加速物理变化过程,如促进溶解、吸收、吸附、萃取、传热等过程。实际操作中,搅拌可以同时达到上述几种目的。例如,在液体的催化加氢反应中,采用搅拌操作,一方面能使固体催化剂颗粒保持悬浮状态,另一方面能将反应生成的热量迅速移除。同时,还能使气体均匀地分散于液相中。

不同的生产过程对搅拌程度有不同的要求。在有些生产过程中,例如,炼油厂大型油罐内原油的搅拌,只要求罐内原油宏观上混匀,这样的搅拌任务比较容易达到;而在另一些过程中,如两液体的快速反应,不但要求混合物宏观上混匀,而且希望在小尺度上也获得快速均匀的混合,从而对搅拌操作提出了更高的要求。针对不同的搅拌目的,选择恰当的搅拌器构型和操作条件,才能获得最佳的搅拌效果。

搅拌的方法很多,使用最早,且仍在广泛使用的方法是机械搅拌(或称叶轮搅拌)。在某种特殊场合下,有时也采用气流搅拌、射流搅拌和管道混合等。

本节主要讨论机械搅拌,包括搅拌器类型、操作特性及搅拌功率等问题。

2.4.1 搅拌器类型

实现搅拌操作的机械称为搅拌器,其主要部件是叶轮。针对不同的物料系统和不同的搅拌目的,出现了许多结构型式的叶轮。常用叶轮的结构型式及有关数据列于表2.1中。应指出,螺旋桨式搅拌器的几何尺寸 s 是指当液体与叶片间无滑动时,叶片旋转一周将液体在轴面向上推进的距离。

表 2.1 常用叶轮的型式及有关数据

型式		常见尺寸及外圆周速度	结 构 简 图
涡 轮 式	圆盘平直叶	$d:l:w = 20:5:4$ $z = 6$(叶片数) 外缘圆周速度一般为 $3 \sim 8 \ \mathrm{m \cdot s^{-1}}$	
	圆盘弯曲叶	$d:l:w = 20:5:4$ $z = 6$ $3 \sim 8 \ \mathrm{m \cdot s^{-1}}$	
	开启平直叶	$d:w = 5 \sim 8$ $z = 6$ $3 \sim 8 \ \mathrm{m \cdot s^{-1}}$	
	开启弯叶	$d:w = 5 \sim 8$ $z = 6$ $3 \sim 8 \ \mathrm{m \cdot s^{-1}}$	

型　式	常见尺寸及外圆周速度	结　构　简　图
螺旋桨叶	$s:d = 1:1$ $z = 3$ 一般 $5 \sim 15 \mathrm{~m \cdot s^{-1}}$ 最大 $25 \mathrm{~m \cdot s^{-1}}$	
桨式　平直叶 / 折叶	$d:w = 4 \sim 10$ $z = 2$ $1.5 \sim 3 \mathrm{~m \cdot s^{-1}}$	
锚式	$d':D = 0.05 \sim 0.08$ $d' = 25 \sim 50 \mathrm{~mm}$ $w:D = 1:12$ $0.5 \sim 1.5 \mathrm{~m \cdot s^{-1}}$ d'—搅拌器外缘与釜内壁的距离； D—反应釜内径	
框式		
螺带式	$\dfrac{s}{d} = 1$，$\dfrac{w}{D} = 0.1$ $z = 1 \sim 2$（2 指双螺带） 外缘尽可能与釜内壁接近	

叶轮的作用是通过其自身的旋转将机械能传送给液体,使叶轮附近区域的流体湍动,同时所产生的高射流推动全部液体在器内沿一定途径作循环流动。考虑釜型、挡板及叶轮在釜中位置等因素对流体流型的影响,一般以液体流入、流出叶轮的方式来区分叶轮。当液体从叶轮轴向流入并流出时,此叶轮称为轴向叶轮;液体从叶轮轴向流入、从半径方向流出时,此叶轮称为径向叶轮,如图2.9所示。

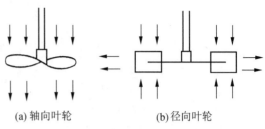

(a) 轴向叶轮　　　　(b) 径向叶轮

图 2.9　轴向叶轮与径向叶轮

(1) 径向叶轮　六个平片的涡轮叶轮是径向叶轮的代表。其工作时,叶轮的叶片对液体施以径向离心力,液体在惯性离心力作用下沿叶轮的半径方向流出并在釜内循环。由于涡轮的转速高,叶片比较宽,除了能对液体产生较高的剪切作用外,还能在釜内造成较大的液体循环量。正是由于这种特点,涡轮叶轮能有效地完成几乎所有的化工生产过程对搅拌操作的要求,并能处理粘度范围很广的液体。

平叶片桨式搅拌器也属于径向流叶轮,其叶片长、转速慢、液体的径向速度小、产生的压头也较低,适用于以宏观调匀为目的的搅拌过程,如简单的液体混合、固体溶解、结晶和沉淀等操作。锚式搅拌器、框式搅拌器实际上是平叶片桨式搅拌器的变形,但转动半径更大。这几种搅拌器不产生高速液流,适用于较高粘度的液体的搅拌。

(2) 轴向叶轮　螺旋桨式叶轮是一种高速旋转且能引起轴向流动的搅拌器,其工作原理与轴流泵的叶轮相似。具有流量大、压头低的特点。液体在器内作轴向和切向运动,产生高度湍动。由于液流能持久且渗及远方,因此对搅拌低粘度的大量液体有良好效果。它主要用于互溶液体混合、釜内传热等。螺带式搅拌器的工作原理与螺旋桨式相似。风扇形涡轮或有两个倾斜叶片桨式叶轮,除产生轴向流动外,还造成一定程度上的径向流动。

当搅拌器置于容器中心搅拌粘度不高的液体时,只要叶轮旋转速度足够高,液体便会在离心力的作用下形成旋涡。叶轮转速愈大,旋涡愈深,不发生轴向的混合作用,且当物料是多相系统时,还会发生分层或分离,甚至产生从表面吸进气体的现象,使被搅拌物料的表观密度和搅拌效率降低,加剧了搅拌器的振动,因此必须制止这种打旋现象的产生。

可在釜内装设挡板,使切向流动变为轴向和径向流动,同时增大液体湍动的程度,可消除打旋,改善搅拌效果。挡板安装的方式见图2.10。

对于低粘度液体的搅拌,可将挡板垂直纵向地安装在釜的内壁上,挡板宽度 W_b 一般为釜径 D 的 1/10,四块均布。对于中等粘度液体的搅拌,挡板与器壁间距为 0.1 ~ 0.15 板宽,用以防止固体在挡板后积聚和形成停滞区。对于高粘度液体,可使挡板离开釜壁并与壁面倾斜。

挡板下端伸到釜底,上端伸出液面。对锥形釜底,当使用径向流叶轮时,若叶轮位置较低,需把挡板伸到锥形部分内,宽度减半。

由于液体的粘性力可抑制打旋,因此当液体的粘度在 5 ~ 12 Pa·s 时,可减少挡板宽度,当粘度大于 12 Pa·s 后,不需安装挡板。

对于低粘度液体挡板装在壁上

流入

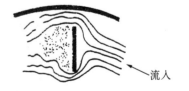

对于中等粘度液体挡板离开釜壁

流入

对高粘度液体挡板离开釜壁成一定角度

流入

图 2.10　挡板安装方式

2.4.2 搅拌功率

搅拌机构的传动系统由电动机、机械传动机构、联结机构、中间轴和支承件等组成。电动机、变速箱和传动基座等安装在反应器的盖子上,搅拌器轴穿过盖子装在传动基座内的滚动轴承上,通过联轴器与电动机变速箱的输出轴相连,或可与电动机直接相连,叶轮装在搅拌器的轴上。

釜内液体运动的能量来自叶轮,搅拌时叶轮功率消耗的大小是液体搅拌程度和运动状态的量度,亦是选择匹配电动机功率的依据。搅拌所需要的功率取决于所期望的流型和湍动程度,即搅拌功率是叶轮形状、大小、转速和叶轮位置及液体性质、反应釜尺寸与内部构件的函数,功率消耗可表达为 $P = f(N, d, \rho, \mu, g)$。用因次分析法推导得到的液-液系统功率关联式

$$N_P = KRe^x Fr^y \tag{2.20}$$

$$N_P = \frac{P}{\rho N^3 d^5}$$

$$Re = d^2 N \rho / \mu$$

$$Fr = \frac{N^2 d}{g}$$

式中 N_P——功率准数;

      Re——雷诺数;

      Fr——弗劳德数;

      P——功率消耗(W);

      g——重力加速度($\mathrm{m \cdot s^{-2}}$);

      N——叶轮转速($\mathrm{r \cdot s^{-1}}$);

      d——叶轮直径(m);

      ρ——液体密度($\mathrm{kg \cdot m^{-3}}$);

      μ——液体粘度($\mathrm{Pa \cdot s}$);

      K——系统几何构型的总形状系数。

将式(2.20)改变为

$$\Phi = \frac{N_P}{Fr^y} = KRe^x = \frac{\dfrac{P}{\rho N^3 d^5}}{\left(\dfrac{N^2 d}{g}\right)^y} \tag{2.21}$$

式中 Φ——功率函数。

对于不打旋的系统,可忽略重力的影响,指数 $y = \dfrac{\alpha - \lg Re}{\beta} = 0$,即 $Fr^y = 1$,则 $\Phi = N_P$,式(2.21)变为

$$\Phi = N_P = KRe^x = \frac{P}{\rho N^3 d^5} \tag{2.22}$$

将 Φ 或 N_P 对 Re 值在双对数坐标上作图,便可得到一条功率曲线,此曲线与搅拌器的大小无关,只与反应釜的几何构形有关。几何构形相同的搅拌器可采用同一条功率曲线;几何构形不同的搅拌器所作的功率曲线见图 2.11。

若对于给定构形的搅拌系统,有现成的功率曲线可用,则可由搅拌条件下叶轮的雷诺数查得功率函数或功率准数,据此算出不同转数、液体粘度和密度下的搅拌功率,再进行几何尺寸影响的校正。

由图 2.11 可以看出,在低雷诺数下,当 $Re < 10$ 时,不同型式搅拌器的功率曲线均为一段

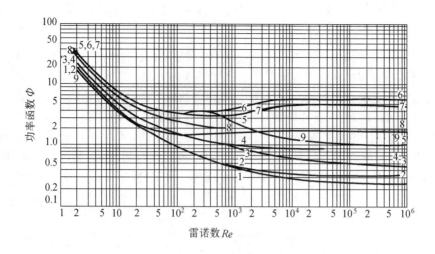

图 2.11 不同型式搅拌器的功率曲线

1—螺旋桨,螺距等于直径,无挡板;2—螺旋桨,螺距等于直径,4 块宽度为 0.1D
的挡板;3—螺旋桨,螺距等于 2 倍直径,无挡板;4—螺旋桨,螺距等于 2 倍直径,4
块宽度为 0.1D 的挡板;5—六平叶片涡轮,无挡板;6—六平叶片涡轮,4 块宽度为
0.1D 的挡板;7—六弯叶片涡轮,4 块宽度为 0.1D 的挡板;8—扇形涡轮,D/d =
3,8 个叶片,w/d = 0.25,45°角,4 块宽度为 0.1D 的挡板;9—平桨,2 个叶片,4 块
宽度为 0.1D 的挡板

直线,线的斜率为 −1,且对同一型式的叶轮,有挡板与无挡板的功率消耗相同。由此表明:层
流搅拌条件下所有叶轮的行为一致;而在湍流搅拌条件下,当 $Re > 10^4$ 时,对同一型式的叶轮,
有挡板比无挡板时的功率消耗多,且不同型式的叶轮中涡轮式比螺旋桨式功率消耗大,带有
斜叶片的涡轮居中。从图 2.11 中曲线 6、7 看出,六叶片涡轮式搅拌器在湍流区和层流区的功
率消耗相差不大,这类叶轮具有较平坦的功率曲线,表明它们在固定转速和有挡板情况下操作
时,可用来处理粘度范围很广的多种液体。除功率曲线外,亦可用下述公式计算功率。

在层流搅拌条件下($Re < 10$)

$$P = K_1 \mu N^2 d^3 \qquad (2.23)$$

在湍流搅拌条件下($Re > 10^4$),对于有挡板的系统

$$P = K_2 \rho N^3 d^5 \qquad (2.24)$$

式(2.23)表明,在任一搅拌速度下,功率消耗与液体的粘度成正比。式(2.23)、(2.24)中常数
K_1 和 K_2 的数值列于表 2.2 中。当无挡板而 $Re > 300$ 的搅拌系统,不能忽略重力影响时,应表
示为

$$y = \frac{\alpha - \lg Re}{\beta} \qquad (2.25)$$

式(2.25)中 α 和 β 的值列于表 2.3 中。

表 2.2 搅拌器的 K 值

搅 拌 器	K_1	K_2	搅 拌 器	K_1	K_2
螺旋桨式,三叶片,螺距 = d = 2d	41.0	0.32	双叶单平桨式,d/w = 4	43.0	2.25
	43.5	1.00	d/w = 6	36.5	1.60
涡轮式,四个平片	70.0	4.50	d/w = 8	33.0	1.15
六个平片	71.0	6.10	四叶双平桨式,d/w = 6	49.0	2.75
六个弯片	70.0	4.80	六叶三平桨式,d/w = 6	71.0	3.82
扇形涡轮	70.0	1.65			

表 2.3　$Re > 300$ 时搅拌器的 α 和 β 值

d/D	螺　旋　桨　式					六弯叶片涡轮式	六平片涡轮式
	0.48	0.37	0.33	0.30	0.20	0.30	0.33
α	2.6	2.3	2.1	1.7	0	1.0	1.0
β	18.0	18.0	18.0	18.0	18.0	40.0	40.0

对于功率曲线的应用,见例 2.6。

例 2.6　有一六平片涡轮式搅拌器,直径 0.5 m,位于反应釜中心,转速 100 r·min^{-1}。釜径为 1.5 m,平底无挡板。釜内液深 1.5 m,叶轮距釜底 0.5 m,液体粘度 0.2 Pa·s,密度 945 kg·m^{-3}。试计算搅拌功率。

解　(1) 计算 Re

$$Re = \frac{d^2 N \rho}{\mu} = \frac{0.5^2 \times \dfrac{100}{60} \times 945}{0.2} = 1\,970 > 300$$

(2) 由式(2.21)计算功率 P　由图 2.11 曲线 5 查得 $\Phi = 2$,由表 2.3 查得 $\alpha = 1, \beta = 40$。

$$Fr = \frac{N^2 d}{g} = \frac{\left(\dfrac{100}{60}\right)^2 \times 0.5}{9.81} = 0.141 \quad y = \frac{1.0 - 1g\,1\,970}{40.0} = -0.057\,4$$

$$P = \Phi Fr^y \rho N^3 d^5 = 2 \times (0.141)^{-0.057\,4} \times (945) \times \left(\frac{100}{60}\right)^3 \times (0.5)^5 = 306 \text{ W}$$

现在就形状因子对搅拌功率的影响及其他搅拌系统功率的计算,分别讨论如下:

(1) 形状因子对搅拌功率的影响　实际使用的搅拌器形式多种多样,其功率曲线往往不能从文献上查到,但搅拌器的各项尺寸和叶轮直径等都有一定的比例关系,此比值称为形状因子或几何因子。若已知形状因子对功率准数的关系,便可根据构型相近的搅拌器的功率曲线加以校正,估算出该装置的功率值,省却了实验测定。

① 叶轮直径与器径比 $\left(\dfrac{d}{D}\right)$。对径向流叶轮(平桨、涡轮),湍流态下

$$N_P \propto \left(\frac{d}{D}\right)^{-1.2} \tag{2.26}$$

对轴向流叶轮,湍流态下

$$N_P \propto \left(\frac{d}{D}\right)^{-0.9} \tag{2.27}$$

② 叶片宽度 w、叶片数目 n_b 和形状。对平桨和涡轮

$$N_P \propto \left(\frac{w}{d}\right)^{0.3 \sim 0.4} \tag{2.28}$$

对六叶片盘式涡轮 $\left(\dfrac{w}{d} = 0.2 \sim 0.5 \text{ 时}\right)$

$$N_P \propto \left(\frac{w}{d}\right)^{0.67} \tag{2.29}$$

涡轮 n_b 的影响:

湍流搅拌　　　　　　　　　　　$N_P \propto n_b^{0.495}$ $\tag{2.30}$

层流搅拌　　　　　　　　　　　$N_P \propto n_b^{0.327}$ $\tag{2.31}$

以六叶片涡轮为基准

$$N_P \propto \left(\frac{n_b}{6}\right)^{(0.7 \sim 0.8)} \tag{2.32}$$

随叶片数目的减少,平叶片涡轮的排液量降低,而弯叶片涡轮排液量降低不多,但功率消耗降低。在层流时弯叶片涡轮与平直叶片涡轮的功率消耗相同,但在湍流时弯叶片的功率消耗低于平直叶片。

③ 液层深度 H

$$N_P \propto \left(\frac{H}{D}\right)^{0.6} \tag{2.33}$$

对高粘度液体,式(2.33)的指数近似于0,功率消耗与液深无关。

④ 叶轮距釜底高度 H_j。对低、中粘度液体,叶轮安装高度 H_j 对功率无影响;对高粘度液体,叶轮近液面($H_j = 0.9D$)时功率消耗低,反之高。

⑤ 多个叶轮。各种涡轮搅拌器轮间距离 s 对功率输入的影响见图2.12。

由曲线看出,当两平叶片涡轮的间距大于 $1.5d$ 后,总功率将为单个叶轮时功率值的1.9倍。当间距为 $0.35d$ 时,总功率将为单个叶轮时功率值的2.4倍。但曲线3表明,对双斜叶片涡轮,双叶轮的功率消耗却低于单叶轮。

釜型对搅拌功率的影响不大,但对循环流型有很大的影响。消除打旋现象后,将搅拌器从釜侧壁插入或偏心安装,所消耗的功率与在挡板釜中对中安装时所消耗功率相近。

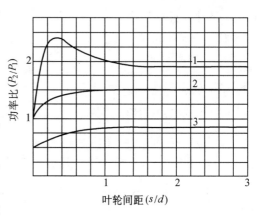

图2.12 双涡轮系统的搅拌功率与叶轮间距的关系

P_1—六平片涡轮的搅拌功率;P_2—多叶轮系统的功率;

1—双平片涡轮;2—平与斜叶片涡轮;3—双斜叶片涡轮

例2.7 双叶轮搅拌器各有四个与旋转平面成45°倾角的平直叶片,叶片宽度是轮径的1/5,叶轮直径(0.4 m)是反应器器径的1/4,反应器为圆筒形,液深是器径的1.5倍,两叶轮分别位于1/3和2/3液深处。器内分布四块挡板,宽为器径的1/10。液体密度为 $1\,000$ kg·m^{-3},粘度为0.002 Pa·s,叶轮转速为150 r·min^{-1},试求所需搅拌功率。

解 以图2.11中曲线8为依据进行推算,其对应的几何条件是单叶轮、八个平直叶片,$\frac{d}{D} = 1/4$,$\frac{w}{d} = 1/5$,$\frac{W_b}{D} = 1/10$,$\frac{H}{D} = 1.5$。

(1)计算操作条件下叶轮的雷诺数

$$Re = \frac{d^2 N \rho}{\mu} = \frac{(0.4)^2 \times \left(\frac{150}{60}\right) \times 1\,200}{2 \times 10^{-3}} = 2.4 \times 10^5$$

图2.11中曲线8上与 Re 值对应的 $\Phi = N_P = 2.1$。

(2)对各项不同条件逐一进行校核

① 校正 $\frac{d}{D}$ 比的影响

$$N_{P_{12}} = N_{P_1} = \left[\frac{\left(\frac{d}{D}\right)_2}{\left(\frac{d}{D}\right)_1}\right]^{-1.2} = 2.1\left(\frac{0.25}{0.33}\right)^{-1.2} = 2.94$$

② 校正叶片宽度 w 与叶片数目 n_b 的影响

$$N_{P_{13}} = N_{P_{12}}\left[\frac{\left(\frac{w}{d}\right)_2}{\left(\frac{w}{d}\right)_1}\right]^{0.35} = 2.94\left(\frac{0.20}{0.25}\right)^{0.35} = 2.723$$

$$N_{P_{14}} = N_{P_{13}}\left(\frac{n_{b_2}}{n_{b_1}}\right)^{0.495} = 2.723\left(\frac{4}{8}\right)^{0.495} = 1.934$$

③ 校正液深的影响

$$N_{P_{15}} = N_{P_{14}}\left[\frac{\left(\frac{H}{D}\right)_2}{\left(\frac{H}{D}\right)_1}\right]^{0.6} = 1.934 \times (1.5)^{0.6} = 2.467$$

④ 校正叶轮数目的影响 $s = \frac{H}{3}$、$H = 1.5D$，则 $s/d = \frac{1.5D/3}{1/4D} = 2$，则查图 2.12 曲线 3 得，$N_{P_2}/N_{P_1} = 0.84$，所以 $N_{P_2} = 0.84 \times 2.467 = 2.074$。

(3)计算搅拌功率

$$P = N_P \rho N^3 d^5 = 2.074 \times 1\,200 \times \left(\frac{150}{60}\right)^3 \times (0.4)^5 = 397.68 \text{ W}$$

(2) 固体悬浮系统的搅拌功率　对在固-液悬浮系统中达到指定悬浮状态所需搅拌功率，分作两种情况讨论如下：

① 临界悬浮状态。在临界悬浮状态下，各种粘度的固体颗粒在垂直方向上刚好全部离开反应器底部，有效相际表面不再增加，此状态下的搅拌速度称为临界悬浮速度。当搅拌速度大于此值后，功率消耗剧增，而产生的效果却很小。涡轮搅拌器和六叶片以下平桨达到临界悬浮状态所需功率消耗的计算式

$$P_C = 0.092 g V u_t (\rho_s - \rho_L) e^{5.3\frac{H_j}{D}\left(\frac{D}{d}\right)}\sqrt{\frac{1-\varepsilon}{\varepsilon}} \tag{2.34}$$

式中　P_C——达到临界悬浮所需功率(W)；

V——悬浮液体的总体积(m^3)；

u_t——固体颗粒的最大沉降速度(m·s^{-1})；

ρ_s、ρ_L——固体、液体密度(kg·m^{-3})；

ε——按反应器体积计算的液体体积(%)；

g——重力加速度，$g = 9.81 \text{ m·s}^{-2}$。

公式适用的范围是：$Re > 10^3$，$0.36 < \frac{d}{D} \leqslant 0.43$，$\frac{H-H_j}{D} > 0.5$。

② 完全均匀悬浮状态。使悬浮液在 H_s 深度内达到均匀悬浮状态，即每个取样点的悬浮百分数均为 100%时所需搅拌功率的计算式

$$P_S = g\rho_m V_m u_t (1-\varepsilon)^{2/3}\left(\frac{D}{d}\right)^{1/2} e^{4.35\left(\frac{H_s - H_j}{D} - 0.1\right)} \tag{2.35}$$

式中 P_S——在 H_S 深度内达到均匀悬浮所需功率(W);

ρ_m——悬浮液平均密度($kg\cdot m^{-3}$);

V_m——悬浮界面以下悬浮液体积(m^3);

u_t——颗粒沉降速度,$u_t = \dfrac{d_p^2 g(\rho_S - \rho_L)}{18\mu}$($m\cdot s^{-1}$);

d_p——颗粒直径(m)。

悬浮高度为固-液物料系统中有固体悬浮的液层深度。

$$w(悬浮物) = 取样点固体质量分数/器内固体的总平均质量分数 \times 100\%$$

公式适用范围:$Re > 2.5 \times 10^4$,$\dfrac{H_S - H_j}{D} > 0.5$,$\dfrac{H}{d} \geq 0.5$,$\dfrac{d}{D} < 0.5$。当 $\dfrac{H}{d} = 0.2$ 时,e 的指数中系数为 3.70;当 $Re < 2.5 \times 10^4$ 时,计算值偏低。

对于固体悬浮系统,悬浮的固体颗粒会使传热系数值减小,降低的程度与颗粒浓度成正比,如质量分数 20% 的悬浮液,可使传热系数降低 20%。

例 2.8 反应釜直径为 1.8 m,内盛 20℃ 的水 4 100 kg 和 150 目萤石粉 1 360 kg,萤石粉相对密度 3.18,采用六平叶片涡轮搅拌器,叶轮直径 0.6 m,距釜底 0.6 m。

求:(1)临界悬浮功率和均匀悬浮到 1.5 m 深的功率;(2)在上述两种条件下的叶轮转速。

解 (1)计算临界悬浮功率 20℃ 水的相对密度取 1,则釜内液体体积为 4.1 m^3;固体粉末达悬浮态下体积 1 360/3 180 = 0.428 m^3;被搅拌悬浮液体积 V = 4.10 + 0.428 = 4.528 m^3;液体所占体积分数 φ = 4.10/4.528 = 0.905;150 目颗粒粒径 $d_p = 1 \times 10^{-4}$ m,则 $u_t = 1 \times 10^{-2}$ $m\cdot s^{-1}$。

达到临界悬浮状态所需搅拌功率

$$P_C = 0.092 \times (9.81 \times 4.528 \times 0.01 \times 2\,180) \times e^{5.3\frac{0.6}{1.8}} \times \left(\frac{1.8}{0.6}\right)\sqrt{\frac{1 - 0.905}{0.905}} = 505 \text{ W}$$

在 1.5 m 深处,均匀悬浮所需搅拌功率:

悬浮液体积 $V_m = \dfrac{\pi}{4} \times 1.8^2 \times 1.5 = 3.815$ m^3;液体在悬浮液中体积 V = 3.815 - 0.428 = 3.387 m^3;

悬浮液密度 $\rho_m = \dfrac{1\,360 + 3\,387}{3.815} = 1\,244$ $kg\cdot m^{-3}$;液体体积分数 $\varphi = \dfrac{L}{V_m} = \dfrac{3.387}{3.815} = 0.888$。

$$P_S = (9.81 \times 1\,244 \times 3.815 \times 0.01) \times (1 - 0.888)^{\frac{2}{3}} \times$$

$$(3)^{\frac{1}{2}} e^{4.35\left(\frac{1.5 - 0.6}{1.8} - 0.1\right)} = 1\,070 \text{ W} > P_C$$

(2)叶轮转速 假设在高度湍流下操作,$Re \geq 10^4$,则 $P = K_2\rho N^3 d^5$,查表 2.2,$K_2 = 6.1$

$$N_C = \left(\frac{505}{6.1 \times 1\,000 \times 0.6^5}\right)^{1/3} = 1.02 \text{ r}\cdot s^{-1} = 61.25 \text{ r}\cdot min^{-1}$$

$$N_S = \left(\frac{1\,070}{6.1 \times 1\,000 \times 0.6^5}\right)^{1/3} = 1.308 \text{ r}\cdot s^{-1} = 78.4 \text{ r}\cdot min^{-1}$$

校验 Re 值,$Re = \dfrac{(0.6)^2 \times 1 \times 1\,000}{1 \times 10^{-3}} = 3.6 \times 10^5 > 10^4$,计算合理。

(3)气液悬浮系统的搅拌功率 在发酵、废液处理和抗菌素等生产中,采用的机械搅拌槽需用气体处理悬浮液或乳浊液,多为间歇操作,以使液体彻底混合。对此系统搅拌功率的计算:一是考虑通入气体造成的搅拌功率的变化;二是为达到一定的气体分散程度所需搅拌功率。

① 通入气体搅拌时,由于气体在液体中的鼓泡,降低了被搅拌液体的有效密度,因此使搅拌功率降低。气体表观气速对搅拌功率的影响见图 2.13 和图 2.14。

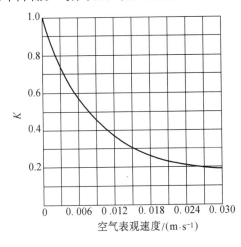 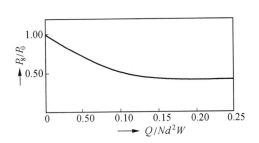

图 2.13　气-液接触搅拌功率与表观气速的关系　　　图 2.14　通气量对搅拌功率的影响

$$K = \frac{通气后的搅拌功率}{不通气时的搅拌功率} \qquad \frac{d}{D} = \frac{1}{3}$$

此时搅拌功率的计算式为

$$P_g = 353.9 \left(\frac{P_0^2 N d^3}{Q^{0.56}} \right)^{0.45} \qquad (2.36)$$

式中　P_0——不通入气体情况下的搅拌功率(W);

　　　Q——通入气体的体积流量($m^3 \cdot s^{-1}$)。

② 对于气液间的化学反应,当化学反应速度控制过程速率时,希望在尽可能长的接触时间下操作,此时达到指定的两相接触时间,所需搅拌功率的计算式为

$$Q = C \left(\frac{P_g}{V v_s} \right)^{0.47} \qquad (2.37)$$

式中　Q——每米液深的接触时间(s);

　　　V——不通入气体时的液体体积(m^3);

　　　v_s——表观气速($m \cdot s^{-1}$);

　　　P_g——搅拌功率(W);

　　　C——常数。

当初始液深等于器径、叶轮浸没深度为总液深2/3 时,C 为 0.655;当叶轮浸没深度达总液深 1/2 时,C 为 0.577。

③ 当通入气量增大到一定程度,叶轮被大量气体包围,不能再有效地操作,即达到液-汽点时,则需稍稍减小气量,方使液体又能循环流动,并使气泡分散,将此操作点称做"再分散点",由此确定了通气量的上限 Q_{max},单位为 $m^3 \cdot s^{-1}$

$$Q_{max} = 0.194 N d^3 Fr^{0.75} \qquad (2.38)$$

最大通气量时的搅拌功率 $P_{g,max}$,单位为 W

$$P_{g,max} = 1.36 Fr^{-0.56} \rho_L N^3 d^5 \qquad (2.39)$$

式中　ρ_L——不通气时的液体密度($kg \cdot m^{-3}$)。

例 2.9 在直径为 2 m 且装有挡板的反应釜中,放置直径为 0.667 m 的涡轮搅拌器,涡轮转速为 180 r·min^{-1}。釜内盛 20℃水,在大气压力下每小时向水中通入 100 m³ 空气。试求:

(1) 搅拌功率和单位液体体积的功率输入;

(2) 最大通气量;

(3) 最大通气量时的搅拌功率。

解 (1)不通气时搅拌功率 P_0

$$Re = \frac{Nd^2\rho_L}{\mu} = \frac{3 \times 0.667^2 \times 10^3}{10^{-3}} = 1.33 \times 10^6$$

查功率曲线 $\Phi = 6.3$,则

$$P_0 = \Phi N^3 d^5 \rho = 6.3 \times 3^3 \times 0.667^5 \times 10^3 = 22\,500 \text{ W} = 22.5 \text{ kW}$$

通气时搅拌功率 P_g

$$P_g = 353.9(P_0^2 Nd^3/Q^{0.56})^{0.45} = 353.9(22.5^2 \times$$
$$3 \times 0.667^3/0.027\,8^{0.56})^{0.45} = 13.6 \text{ kW}$$

单位液体体积的功率消耗 P_g/V:

不通气时液体体积

$$V = \frac{\pi}{4}D^2 H = \frac{\pi}{4}D^3 = 6.25 \text{ m}^3$$

$$P_g/V = 2\,170 \text{ W} \cdot \text{m}^{-3}$$

表观气速

$$v_s = \frac{Q}{A} = \frac{0.027\,8}{3.142} = 0.008\,85 \text{ m} \cdot \text{s}^{-1}$$

(2) 最大通气量 Q_{max}

$$Fr = \frac{N^2 d}{g} = \frac{3^2 \times 0.667}{9.81} = 0.612$$

$$Q_{max} = 0.194 Nd^3 Fr^{0.75} = 0.194 \times 3 \times 0.667^3 \times 0.612^{0.75} =$$
$$0.119\,5 \text{ m}^3 \cdot \text{s}^{-1} = 430 \text{ m}^3 \cdot \text{h}^{-1}$$

(3)最大通气量时搅拌功率 $P_{g,max}$

$$P_{g,max} = 1.36\,Fr^{-0.56}\rho_L N^3 d^5 = 1.36 \times 0.612^{-0.56} \times \frac{10^3 \times 3^3 \times 0.667^5}{10^3} = 6.38 \text{ kW}$$

(4)电动机功率的确定 搅拌装置的设计应恰当地确定驱动搅拌器的电动机功率。若电动机容量小,则达不到所要求的搅拌效果,甚至使电动机烧坏;若容量过大,则使投资费用和操作成本增高。电动机额定功率是根据预定操作条件下所需最大搅拌功率确定。

湍流时 $P \propto N^3 d^5$,层流时 $P \propto N^2 d^3$,显然湍流时的功率消耗大。湍流态下 $P = K_2\rho N^3\rho^5$,流体粒度对搅拌功率无影响,而层流态下 $P = K_1\mu N^2 d^3$,搅拌功率与粘度成正比,但最大流体粘度时的搅拌功率亦只接近于充分挡板化湍流搅拌条件下的最大搅拌功率。同时叶轮在静止流体中开始转动时的启动功率亦只等于充分挡板化湍流条件下的最大搅拌功率。因此以充分挡板化条件下所需搅拌功率为最大搅拌功率。叶轮距釜底的高度 H_j 对最大搅拌功率 P_{max} 的影响不大,但叶片宽度 w 和 d/D 值影响 P_{max}。

所计算的搅拌功率为搅拌器的轴功率,即单位时间内流体需得到的能量,为电动机输入功率的 80%。此外还应考虑搅拌器轴承密封件的机械摩擦、减速箱中的摩擦损失及电动机中电流损失等,将匹配电动机的额定功率进一步放大。

2.5 传 热 装 置

釜式反应器大多设有传热装置,以满足加热或冷却的需要。传热方式、传热结构形式和载热体的选择,主要决定于所需控制温度、反应热、传热速率和工艺上要求等。

2.5.1 传热装置构型

当传热速率要求不高和载热体工作压力低于 600 kPa(158℃饱和水蒸气压力)时,常用夹套传热结构。当夹套内载热体工作压力大于 600 kPa,夹套必须采取加强措施。图 2.15 表示一种用支撑短管加强的"蜂窝夹套",可用 1 000 kPa 饱和水蒸气加热至 180℃。图 2.16 表示为冲压式蜂窝夹套,可耐更高的压力。另一种耐压加热结构是用角钢焊在釜的外壁上,如图 2.17 和图 2.18 所示。

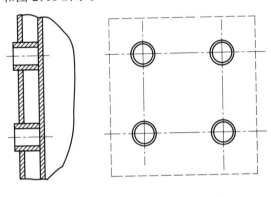

图 2.15 短管加强蜂窝夹套

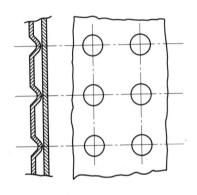

图 2.16 冲压式蜂窝夹套

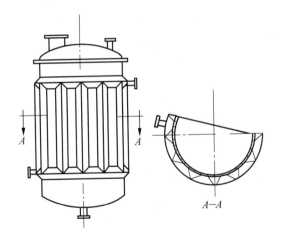

图 2.17 角钢夹套构型之一

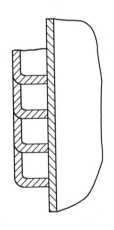

图 2.18 角钢夹套构型之二

当需要强化传热速率或者釜内壁衬有非金属材料时,不能用夹套传热,可在釜内设置插入式传热构件,例如蛇管、套管、D 形管等。图 2.19 所示为插入式传热构件的几种形式。插入式结构给检修带来方便,因为容易在传热表面产生污垢的场合,采用插入式构件较为合适。

大型搅拌反应釜需要高速传热时,可在釜内安装列管式换热器(图 2.20)。例如在 30 m³ 的反应釜内,安装多组列管式换热器,总传热面可达 110 m²。

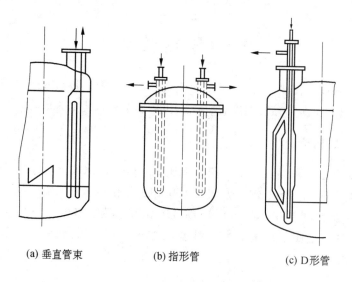

(a) 垂直管束　　　　(b) 指形管　　　　　(c) D形管

图 2.19　几种插入式传热构件

在沸点下进行的放热反应,反应热量可使挥发性反应物料或溶剂蒸发并通过回流冷凝器移除热量。

2.5.2　常用热源

加热温度不超过 150℃,用热水和低压饱和蒸汽作载热体就可满足要求。160℃以上的高温加热常常需要考虑高温热源的选择问题。化工生产中常用到以下高温热源。

(1)高压饱和水蒸气　指蒸汽压力大于 600 kPa 表压的饱和水蒸气。用高压蒸汽作为热源,需采用高压管道输送蒸汽,建设投资费用大。但如果车间内部能设置利用反应热的废热锅炉产生高压蒸汽供给本车间使用时,则较为合理。

(2)高压汽水混合物　图 2.21 表示一种高压汽水混合物作为热源的流程示意图。从加热炉到加热设备这一段管道内,蒸汽比例高,而水的比例低;从冷却器返回加热炉这一段管道内,蒸汽比例较少,而水的比例大,于是形成一个自然循环系统。循环速率的大小决定于加热设备与加热炉之间的高位差及汽水比例。

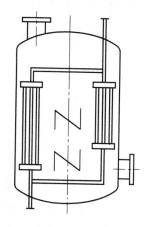

图 2.20　内部安装列管传热
　　　　的反应釜

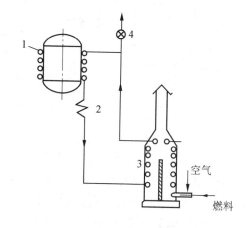

图 2.21　高压汽水混合物加热装置
1—加热蛇管;2—空气冷却器;
3—加热炉;4—排气阀

这种高温加热装置可用于温度为 200～250℃ 的加热。当汽水混合物的温度为250℃时,管内压力达 20 000 kPa。汽水混合物的给热系数可达 $3.7 \times 10^4 \sim 4.2 \times 10^4$ kJ·m^{-2}·h^{-1}·K^{-1},加热炉可利用气体或液体燃料加热,炉温达 800～900℃,炉内加热蛇管必须采用耐热合金钢材。

(3)联苯混合物(道生油) 联苯混合物是一种目前应用较普遍的高温有机载热体。它是质量分数为 26.5% 联苯、73.5% 二苯醚的低共熔和低共沸混合物,熔点 12.3℃,沸点 258℃,能在较低的压力下得到较高的加热温度。在同样的温度下,它的饱和蒸汽压力只有水蒸气压力的 1/30～1/60。表 2.11 给出了联苯混合物的饱和蒸汽压力。

表 2.11 联苯混合物的饱和蒸汽压力

	饱和蒸汽压力 kPa				
	200℃	250℃	300℃	350℃	400℃
联苯混合物	25	90	240	530	1 060
水	1 600	4 100	5 760	16 900	—

当加热温度在 250℃ 以下时,可采用液体联苯混合物加热,有三种加热方案:① 液体联苯混合物自然循环加热(图 2.22),加热设备与加热炉之间要保证一定的高位差,才能使液体有良好的自然循环,其给热系数约为 800～2 000 kJ·m^{-2}·h^{-1}·K^{-1}。② 液体联苯混合物强制循环加热,可采用屏蔽泵或者用液下泵使液体作强制循环,其给热系数可提高至 2 000～8 000 kJ·m^{-2}·h^{-1}·K^{-1}。③ 夹套内盛联苯混合物,将管状电热器插入液体内加热。这种方法简便,适用于传热速率要求不高的场合(图 2.23)。

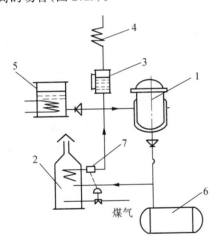
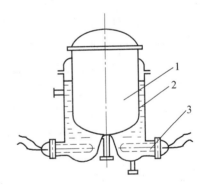

图 2.22 液体联苯混合物自然循环加热装置
1—加热设备;2—加热炉;3—膨胀器;
4—回流冷凝器;5—熔化槽;6—事故槽;
7—温度自控装置

图 2.23 液体联苯混合物夹套浴电加热装置
1—加热设备;2—加热夹套;
3—管式电热器

当加热温度超过 250℃ 时,可采用联苯混合物的蒸汽加热,其给热系数约为 4 000～8 000 kJ·m^{-2}·h^{-1}·K^{-1},根据其冷凝液回流方法的不同,也分为自然循环与强制循环两种方案,自然循环法设备简单,但要求加热器与加热炉之间有一定的位差,以保证冷凝液的自然循环。位差的高低决定于循环系统的阻力的大小,一般可取 3～5 m。如厂房高度不够时,可以适当放大循环液管径,减少阻力。

当受条件限制不能达到自然循环要求时,或者在加热设备较多,操作中容易产生相互干扰等情况下,可用强制循环流程。

另一种较为简易的联苯混合物蒸汽加热装置,是将蒸汽发生器直接附在加热设备上面。用电热棒加热液体联苯混合物,使它沸腾生成蒸汽(见图2.24)。

(4)电加热　电加热是一种热效率高、操作简单、便于实现自控和遥控的高温加热方法。常用的电加热方法可分为以下三种类型:

① 电阻加热。电流通过电阻产生热量实现加热,可采用以下几种结构形式:

ⅰ 辐射加热法。电阻丝暴露在空气中,借辐射和对流传热直接加热反应釜,此种方法只能用于非易燃和易爆的操作过程。

ⅱ 电阻夹布加热法。将电阻丝夹在用玻璃纤维织成的布中,包扎在受加热的设备外壁,这样可避免电阻丝暴露在大气中,从而减少引起火灾的危险性。但必须注意的是电阻夹布不允许被水浸湿,否则将引起漏电和短路的危险事故。

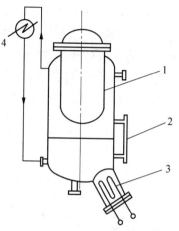

图2.24　联苯混合物蒸汽夹套浴加热装置
1—加热设备;2—液面计;
3—电加热棒;4—回流冷凝器

ⅲ 插入式加热。将管式或棒状电热器插入被加热的介质中或在夹套浴中实现加热(图2.23、2.24),这种方法仅适用于小型设备的加热。

电阻加热可采用可控硅电压调节器自动调节加热温度,实现较为平稳的温度控制。

② 感应电流加热。交流电引起的磁通量变化在被加热体中感应产生的涡流损耗而变为热能,感应电流在加热体中透入的深度与设备的形状以及电流的频率有关。在化工生产上应用较方便的是用普通的工业交流电产生感应电流加热,称为工频感应电流加热法。它适用于壁厚5~8 mm以上圆筒形设备的加热,加热温度在500℃以下。工频感应加热近年来在化工生产中(如医药、化纤、石油化工等部门)已推广应用,如已被用于间苯二磺酸钠碱熔(340℃)、癸二酸氢化(280℃)、绵纶聚合(290℃)、尼龙66聚合(240℃)等反应釜的加热。

③ 短路电流加热。将低压的交流电直接通到被加热的设备上,利用短路电流产生的热量进行高温加热。这种电加热法适用于加热细长的管式反应器或塔式反应器。

(5)烟道气加热　用煤气、天然气、石油加工废气或燃料油等燃烧时产生的高温烟道气作为热源加热设备,可用于300℃以上的高温加热。烟道气加热效率低、给热系数小、温度不易控制。

习　题

2.1　在等温间歇反应器中进行乙酸乙酯皂化反应

$$CH_3COOC_2H_5 + NaOH \longrightarrow CH_3COONa + C_2H_5OH$$

该反应对乙酸乙酯和氢氧化钠均为一级。反应开始时乙酸乙酯及氢氧化钠的浓度均为0.02 mol·L^{-1}。反应速率常数等于5.6 L·mol^{-1}·min^{-1}。要求最终转化率达到95%。试问:

(1)当反应器的反应体积为1 m^{3}时,需要多长的反应时间?

(2) 若反应器的反应体积为 2 m³, 所需的反应时间又是多少?

2.2　拟在等温间歇反应器进行氯乙醇的皂化反应

$$\begin{array}{c} CH_2\!-\!CH_2 \\ |\quad\quad| \\ Cl\quad\ OH \end{array} + NaHCO_3 \longrightarrow \begin{array}{c} CH_2\!-\!CH_2 \\ |\quad\quad| \\ OH\quad OH \end{array} + NaCl + CO_2$$

以生产乙二醇, 产量为 20 kg·h⁻¹。使用质量分数为 15% 的 NaHCO₃ 水溶液及质量分数为 50% 氯乙醇的水溶液作原料, 反应器装料中氯乙醇和碳酸氢钠的摩尔比为 1:1, 混合液的相对密度为 1.02。该反应对氯乙醇和碳酸氢钠均为一级, 在反应温度下反应速率常数等于 5.2 L·mol⁻¹·h⁻¹。要求转化率达到 95%。

(1) 若辅助时间为 0.5 h, 试计算反应器的有效体积。

(2) 若装料系数取 0.75, 试计算反应器的实际体积。

2.3　丙酸钠与盐酸的反应

$$C_2H_5COONa + HCl \rightleftharpoons C_2H_5COOH + NaCl$$

为二级可逆反应(对丙酸钠及盐酸均为一级), 在实验室中用间歇反应器于 50℃ 等温下进行该反应的试验。反应开始时两反应物的摩尔比为 1。为了确定反应进行的程度, 在不同的反应时间下取出 10 ml 反应液用 0.515 L·mol⁻¹ 的 NaOH 溶液滴定, 以确定未反应的盐酸浓度。不同反应时间下, NaOH 的溶液的用量如下表所示。

时间/min	0	10	20	30	50	∞
NaOH 用量/ml	52.5	32.1	23.5	18.9	14.4	10.5

现拟用与实验室反应条件相同的间歇反应器生产丙酸, 产量为 500 kg·h⁻¹, 且丙酸钠的转化率要达到平衡转化率的 90%。试计算反应器的反应体积。假定(1)原料装入以及加热至反应温度(50℃)所需时间为 20 min, 且在加热过程中不进行反应; (2)卸料及清洗时间为 10 min; (3)反应过程中反应物料密度恒定。

2.4　在间歇反应器中进行液相反应

$$A + B \longrightarrow C \qquad r_A = k_1 C_A C_B$$
$$C + B \longrightarrow D \qquad r_D = k_2 C_A C_B$$

A 的初始浓度为 0.1 kmol·m⁻³, C、D 的初始浓度为零, B 过量, 反应时间为 τ_1 时, $C_A = 0.055$ kmol·m⁻³, $C_C = 0.038$ kmol·m⁻³, 而反应时间为 τ_2 时, $C_A = 0.01$ kmol·m⁻³, $C_C = 0.042$ kmol·m⁻³, 试求:

(1) k_2/k_1。

(2) 产物 C 的最大浓度。

(3) 对应 C 的最大浓度时 A 的转化率。

2.5　在等温间歇反应器中进行液相反应

$$A_1 \underset{k_2}{\overset{k_1}{\rightleftharpoons}} A_2 \overset{k_3}{\longrightarrow} A_3$$

这三个反应均为一级反应, 起初的反应物料中不含 A_2 和 A_3, A_1 的浓度为 2 mol·L⁻¹。在反应温度下 $k_1 = 4.0$ min⁻¹, $k_2 = 3.6$ min⁻¹, $k_3 = 1.5$ min⁻¹。试求:

(1) 反应时间为 1.0 min 时, 反应物系的组成。

(2) 反应时间无限延长时, 反应物系的组成。

(3) 将上述反应改为

$$A_1 \xrightarrow{k_1} A_2 \underset{k_3}{\overset{k_2}{\rightleftharpoons}} A_3$$

反应时间无限延长时,反应物系的组成。

2.6 拟设计一反应装置等温进行下列液相反应

$$A + 2B \longrightarrow R \qquad r_R = k_1 C_A C_B^2$$

$$2A + B \longrightarrow S \qquad r_S = k_1 C_A^2 C_B$$

目的产物为 R,B 的价格远较 A 为高且又不易回收。试问:

(1) 如何选择原料配比?

(2) 若采用多段釜式反应器串联,何种加料方式最好?

(3) 若用半间歇反应器,加料方式又如何?

2.7 在一个体积为 300 L 的反应器中,86℃等温下将浓度为 3.2 kmol·m^{-3} 的过氧化氢异丙苯溶液分解

以生产苯酚和丙酮。该反应为一级反应,反应温度下反应速率常数等于 0.08 s^{-1}。最终转化率达 98.9%,试计算苯酚的产量。

(1) 如果反应器是间歇操作反应器,并设辅助操作时间为 15 min。

(2) 如果是连续釜式反应器。

(3) 试比较(1)、(2)问的计算结果。

(4) 若过氧化氢异丙苯浓度增加 1 倍,其他条件不变,结果怎样?

2.8 在间歇反应器中等温进行下列液相均相反应

$$A + B \longrightarrow R \qquad r_R = 1.6 C_A \ \text{kmol·m}^{-3}\text{·h}^{-1}$$

$$2A \longrightarrow D \qquad r_D = 8.2 C_A^2 \ \text{kmol·m}^{-3}\text{·h}^{-1}$$

r_D 及 r_R 分别为 D 及 R 的生成速率。反应用的原料为 A 与 B 的混合液,其中 A 的浓度等于 2 kmol·m^{-3}。

(1) 计算 A 的转化率达 95% 时所需的反应时间。

(2) A 的转化率为 95% 时,R 的收率是多少?

(3) 若反应温度不变,要求 D 的收率达 70%,能否办到?

(4) 改用连续釜式反应器操作,反应温度与原料组成均不改变,保持平均停留时间与(1)的反应时间相等,A 的转化率是否可达到 95%?

(5) 在连续釜式反应器操作时,A 的转化率如仍要求达到 95%,其他条件不变,R 的收率是多少?

(6) 若采用半间歇操作,B 先放入反应器内,A 按(1)计算的时间匀速加入反应器内进行反应。假定 B 的量为 1 m^3,A 为 0.4 m^3。试计算 A 加完时,组分 A 所能达到的转化率及 R 的收率。

2.9 在反应体积为 490 cm^3 的连续釜中进行氨与甲醛生成乌洛托品的反应

$$4NH_3 + 6HCHO \longrightarrow (CH_2)_6N_4 + 6H_2O$$

(A) (B)

反应速率方程为

$$r_A = k c_A c_B^2 \ \mathrm{mol \cdot L^{-1} \cdot s^{-1}}$$

式中,$k = 1.42 \times 10^3 \exp(-3\,090/T)$。

氨水和甲醛水溶液的浓度分别为 4.06 mol·L^{-1}和 6.32 mol·L^{-1},各自以 1.50 cm^3·s^{-1}的流量进入反应器,反应温度可取为 36℃,假设该系统密度恒定,试求氨的转化率及反应器出口物料中氨和甲醛的浓度。

2.10 在一多釜串联系统中,2.2 kg·h^{-1}的乙醇和 1.8 kg·h^{-1}的醋酸进行可逆反应。每个反应釜的反应体积均为 0.01 m^3,反应温度为 100℃,酯化反应的速率常数为 4.76×10^{-4} L·mol^{-1}·min^{-1},逆反应(酯的水解)的速率常数为 1.63×10^{-4} L·mol^{-1}·min^{-1}。反应混合物的密度为 864 kg·m^{-3},欲使醋酸的转化率达 60%,求此串联系统釜的数目。

2.11 等温下进行 1.5 级液相不可逆反应

$$A \longrightarrow B + C$$

反应速率常数等于 0.158 m$^{1.5}$·mol$^{-0.5}$·h^{-1},A 的浓度为 2 kmol·m^{-3}的溶液进入反应装置的流量为 1.5 m^3·h^{-1}。试分别计算下列情况下 A 的转化率达 95% 时所需的反应体积:(1)一个连续釜;(2)两个等体积的连续釜串联。

2.12 原料以 0.5 m^3·min^{-1}的流量连续通入反应体积为 20 m^{3}的釜式反应器中进行液相反应

$$A \longrightarrow R \qquad r_A = k_1 C_A$$

$$2R \longrightarrow D \qquad r_D = k_2 C_R^2$$

C_A 和 C_R 为组分 A 及 R 的浓度。r_A 为组分 A 的转化速率,r_D 为 D 的生成速率。原料中 A 的浓度等于 0.1 kmol·m^{-3}。反应温度下,k_1 等于 0.1 min^{-1},k_2 等于 1.25 L·mol^{-1}·min^{-1},试计算反应器出口处 A 的转化率及 R 的收率。

2.13 在连续釜式反应器中等温进行下列液相反应

$$2A \underset{k_2}{\overset{k_1}{\rightleftharpoons}} B \qquad r_B = k_1 C_A^2 - k_2 C_B$$

$$A + C \overset{k_3}{\longrightarrow} D \qquad r_D = k_3 C_A C_B$$

进料速率为 360 L·h^{-1},其中含 $w(A) = 25\%$、$w(C) = 5\%$,料液密度等于 0.69 g·cm^{-3}。若出料中 A 的转化率为 92%,试计算:

(1) 所需的反应体积;

(2) B 及 D 的收率。

已知操作温度下,$k_1 = 6.85 \times 10^{-5}$ L·mol^{-1}·s^{-1},$k_2 = 1.296 \times 10^{-9}$ L·mol^{-1}·s^{-1},$k_3 = 1.173 \times 10^{-5}$ L·mol^{-1}·s^{-1},B 的相对分子质量为 140,D 的相对分子质量为 140。

2.14 在连续釜中,于 55℃等温下进行下述反应

$$C_6H_6 + Cl_2 \xrightarrow[k_2]{k_1} C_6H_5Cl + HCl$$

$$C_6H_5Cl + Cl_2 \longrightarrow C_6H_4Cl_2 + HCl$$

$$C_6H_4Cl_2 + Cl_2 \xrightarrow{k_3} C_6H_3Cl_3 + HCl$$

这三个反应对各自的反应物均为一级。55℃时,$k_1/k_2 = 8$,$k_2/k_3 = 30$。进入反应器中的液体物料中苯的浓度为 10 kmol·m^{-3},反应过程中液相内氯与苯的浓度比等于 1.4。若保持 $k_1 \tau = 1$ L·mol^{-1},试

计算反应器出口的液相中苯、一氯苯、二氯苯及三氯苯的浓度。

2.15 根据习题 2.3 所规定的反应及给定数据,现拟把间歇操作改为连续操作。试问:

(1) 在操作条件均不变时,丙酸的产量是增加还是减少? 为什么?

(2) 若丙酸钠的转化率及丙酸产量不变,所需平均停留时间为多少? 能否直接应用习题 2.3 中的动力学数据直接估算所需时间?

(3) 若把单釜连续操作改为三釜串联,每釜平均停留时间为(2)中单釜操作时平均停留时间的 1/3,试预测所能达到的转化率。

2.16 根据习题 2.7 所规定的反应和数据,在单个连续釜式反应器中转化率为 98.9%,如果再有一个相同大小的反应釜进行串联或并联,要求达到同样的转化率时,生产能力各增加多少?

第三章　管式反应器

3.1　概　述

3.1.1　管式反应器构型

管式反应器是应用较多的一种连续操作反应器,常用的管式反应器有以下几种类型:

(1) 水平管式反应器　图 3.1 给出的是进行气相或均液相反应常用的一种管式反应器,由无缝管与 U 形管连接而成。这种结构易于加工制造和检修。高压反应管道的连接采用标准槽对焊钢法兰,可承受 1 600 ~ 10 000 kPa 压力。如用透镜面钢法兰,承受压力可达10 000 ~ 20 000 kPa。

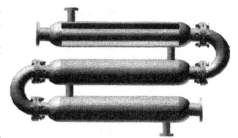

图 3.1　水平管式反应器

(2) 立管式反应器　图 3.2 给出几种立管式反应器。图 3.2(a)为单程式立管式反应器,图 3.2(b)为带中心插入管的立管式反应器。有时也将一束立管安装在一个加热套筒内,以节省地面,如图 3.2(c)所示。立管式反应器被应用于液相氨化反应、液相加氢反应、液相氧化反应等工艺中。

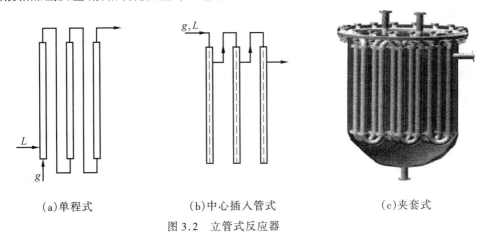

(a)单程式　　　　　　(b)中心插入管式　　　　　　(c)夹套式

图 3.2　立管式反应器

(3)盘管式反应器　将管式反应器做成盘管的形式,设备紧凑,节省空间,但检修和清刷管道比较麻烦。图 3.3 所示的反应器由许多水平盘管上下重叠串联而成。每一个盘管是由许多半径不同的半圆形管子相连接成螺旋形式,螺旋中央留出 $\phi400$ mm 的空间,便于安装和检修。

(4)U 形管式反应器　U 形管式反应器的管内设有多孔挡板或搅拌装置,以强化传热与传质过程。U 形管的直径大,物料停留时间增长,可应用于反应速率较慢的反应。例如带多孔挡板的 U 形管式反应器,被应用于己内酰胺的聚合反应。带搅拌装置的 U 形管式反应器适用于非均液相物料或液固相悬浮物料,如甲苯的连续硝化、蒽醌的连续磺化等反应。图3.4是一种内部设有搅拌和电阻加热装置的U形管式反应器。

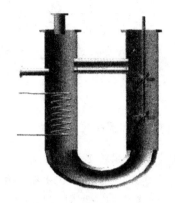

图3.3　盘管式反应器　　　　图3.4　U形管式反应器

管式反应器的加热或冷却可采用各种方式:① 套管或夹套传热,如图3.1、3.2(a)、3.2(b)等所示反应器,均可用套管或夹套传热结构;② 套筒传热,如图3.2(c)、3.3所示反应器可置于套筒内进行换热;③ 短路电流加热,将低电压、大电流的电源直接通到管壁上,使电能转变为热能。这种加热方法升温快、加热温度高、便于实现遥控和自控。短路电流加热已应用于邻硝基氯苯的氨化和乙酸热裂解制乙烯酮等管式反应器上;④ 烟道气加热,利用气体或液体燃烧产生的烟道气辐射直接加热管式反应器,可达数百度的高温,此法在石油化工中应用较多。图3.5表示一种采用烟道气加热圆筒式管子炉。

3.1.2　管式反应器特点及应用

管式反应器结构简单、加工方便;耐高压、传热面积大,特别适合于强烈放热和加压下的反应;易实现自动控制、节省动力、生产能力高。为保证管式反应器内具有良好的传热与传质条件,使之接近于理想置换反应器,一般要求流体在管内作高速湍流运动。

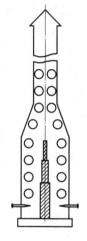

图3.5　圆筒式管子炉

管式反应器可用于气相、均液相、非均液相、气液相、气固相、固相等反应。例如:乙酸裂解制乙烯酮、乙烯高压聚合、对苯二甲酸酯化、邻硝基氯苯氨化制邻硝基苯氨、氯乙醇氨化制乙醇胺、椰子油加氢制脂肪醇、石蜡氧化制脂肪酸、单体聚合以及某些固相缩合反应均已采用管式反应器进行工业化生产。

3.2　管式反应器计算基础方程式

生产实际中,细长型的管式流动反应器,可以近似地看成理想置换反应器。管式流动反应器可用于液相反应和气相反应,当用于液相反应和反应前后物质的量无改变的气相反应时,反应前后物料的密度变化不大,可视为等容过程;当用于反应前后物质的量改变的气相反应时,就必须考虑物料密度的变化,按变容过程处理。温度也有类似情况,如反应过程中利用适当的调节手段能使温度维持基本不变,则为等温操作,否则即为非等温操作。等温等容过程计算比较简单,但在实际过程中必须考虑变容和非等温情况。因此,在导出理想管式流动反应器的计算基础方程式后,还需要对各种情况进行分别讨论。

3.2.1 计算基础方程式

对理想管式流动反应器建立物料衡算式,可以得到理想管式流动反应器的基础设计方程式。物料在管式流动反应器(图 3.6)内进行理想置换流动时,物料衡算式有如下特点:

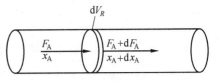

图 3.6　理想管式流动反应器物料衡算图

① 物料流动处于稳定状态,反应器内各点物料浓度、温度和反应速度均不随时间而变,故可取任意时间间隔进行衡算。

② 沿流动方向物料浓度、温度和反应速度改变。

③ 稳定状态下,微元时间、微元体积内反应物的积累量为零。因而理想管式流动反应器物料衡算式为

$$\begin{bmatrix} 微元时间内进 \\ 入微元体积的 \\ 反\ 应\ 物\ 量 \end{bmatrix} - \begin{bmatrix} 微元时间内离 \\ 开微元体积的 \\ 反\ 应\ 物\ 量 \end{bmatrix} - \begin{bmatrix} 微元时间、微 \\ 元体积内转化 \\ 掉的反应物量 \end{bmatrix} = 0$$

即

$$F_A d\tau - (F_A + dF_A)d\tau - r_A dV_R d\tau = 0$$

因为

$$F_A = F_{A0}(1 - x_A)$$

所以

$$dF_A = -F_{A0} dx_A$$

代入上式,得

$$F_{A0} dx_A = r_A dV_R$$

积分,得

$$V_R = F_{A0} \int_0^{x_{Af}} \frac{dx_A}{r_A} \tag{3.1}$$

此式又可改写成

$$V_R = C_{A0} V_0 \int_0^{x_{Af}} \frac{dx_A}{r_A}$$

$$\tau_C = \frac{V_R}{V_0} = C_{A0} \int_0^{x_{Af}} \frac{dx_A}{r_A} \tag{3.2}$$

式中　τ_C——管式流动反应器的空间时间(h);

　　　F_{A0}——入口处反应物 A 的物质的量流量(kmol·h^{-1});

　　　F_A——任一截面反应物 A 的物质的量流量(kmol·h^{-1});

　　　V_0——物料进口处流量(m^3·h^{-1})。

式(3.1)、(3.2)即为理想管式流动反应器的计算基础方程式。

3.2.2 空间时间和空间速度

空间时间和它的倒数空间速度二者都可用来表示管式流动反应器的生产能力,例如空间时间 2 s 就表示每 2 s 所处理的原料体积与反应器的体积相等。进料体积流量一定时,空间时间愈小,表明所需反应器体积愈小,反应器的生产能力愈大。又如空间速度5 h^{-1},表示反应器每小时处理的原料体积为反应器体积的 5 倍。空速愈高,反应器生产能力愈大。

必须注意的是,由于反应过程物料的密度可能会发生改变,体积流量也随之变化,空间时间往往不等于物料在反应器内停留的时间。只有在等密度(即等容)过程,空间时间才与物料

停留时间相等,并为管式流动反应器内物料的反应时间。

3.3 液相管式反应器

对于液相反应,反应前后物料密度变化不大,可视为等容过程。

3.3.1 等温液相管式反应器

(1) 反应器体积计算 由上节计算基础方程式结合等温等容条件,就可以计算出达到一定转化率所需要的反应器体积或空间时间。

一级反应 $\qquad r_A = kC_A$

在等容情况下 $\qquad C_A = C_{A0}(1 - x_A)$

代入式(3.2),得

$$\tau_C = \frac{V_R}{V_0} = C_{A0} \int_0^{x_{Af}} \frac{dx_A}{kC_{A0}(1 - x_A)}$$

$$\tau_C = \frac{V_R}{V_0} = \frac{1}{k} \ln \frac{1}{1 - x_{Af}} \tag{3.3}$$

二级反应 $2A \longrightarrow C + D$ 或 $A + B \longrightarrow C + D, n_{A0} = n_{B0}, r_A = kC_A^2 = kC_{A0}^2(1 - x_A)^2$

$$\tau_C = \frac{V_R}{V_0} = C_{A0} \int_0^{x_{Af}} \frac{dx_A}{kC_{A0}^2(1 - x_A)^2}$$

$$\tau_C = \frac{V_R}{V_0} = \frac{x_{Af}}{kC_{A0}(1 - x_{Af})} \tag{3.4}$$

对于比较复杂的反应,往往不容易求得解析解而采用图解积分或数值积分法求得近似解。

对比式(3.2)~(3.4)和式(2.4)~(2.6),可以看出二者完全相同。也就是说,等温等容过程,同一反应在相同条件下,为达到相同转化率,在间歇釜式反应器内所需要的反应时间和在管式流动反应器内所需要的空间时间是相等的。因为在这两种反应器内,反应物浓度经历了相同的变化过程,只是在间歇釜式反应器内浓度随时间变化,在管式流动反应器内浓度随位置变化而已。这也说明了就反应过程而言,间歇釜式反应器和管式流动反应器具有相同的效率,只因间歇釜式反应器存在非生产时间,故生产能力低于管式流动反应器。

例 3.1 在管式流动反应器中生产乙酸丁酯,操作条件和产量同例 2.1,试计算所需反应器体积。

解 (1) 按理想管式流动反应器计算反应器体积 由例 2.1 已知 $C_{A0} = 1.75 \text{ kmol·m}^{-3}$, $V_0 = 0.98 \text{ m}^3 \cdot \text{h}^{-1}, x_{Af} = 0.50$,代入式(3.4),得

$$V_R = \frac{V_0 x_{Af}}{kC_{A0}(1 - x_{Af})} = \frac{0.98 \times 0.5}{1.04 \times 1.75(1 - 0.5)} = 0.54 \text{ m}^3$$

把例 2.1、2.3~2.5、3.1 计算结果列于表 3.1 进行比较。

表 3.1 反应器有效体积比较

乙酸转化率50%,乙酸丁酯产量 2 400 kg·d^{-1}

反应器类型	有效体积/m^3	体 积 比
管式流动反应器	0.54	1.00
三段连续釜式反应器	0.66	1.22
二段连续釜式反应器	0.76	1.41
单段连续釜式反应器	1.08	2.00
间歇釜式反应器	1.03	1.91

（2）管径与管长计算　确定反应器体积 V_R 后，可进一步计算管径与管长。

① 先规定流体运动的雷诺数 Re，确定管径 d，再根据 V_R，计算管长 l。

$$Re = \frac{u\rho d}{\mu}$$

将 $u = \dfrac{V_0}{\dfrac{\pi}{4}d^2}$ 代入上式，得

$$d = \frac{4V_0\rho}{\pi Re\mu} \tag{3.5}$$

$$l = \frac{4V_R}{\pi d^2} \tag{3.6}$$

② 根据已有管材规格，计算管长 l，最后验算雷诺数 Re，看其是否属于湍流流动。

例 3.2　邻硝基氯苯连续氨化管式反应器进料量：氨水 0.48 $m^3 \cdot h^{-1}$，质量分数 35%，密度 881 $kg \cdot m^{-3}$；邻硝基氯苯 0.08 $m^3 \cdot h^{-1}$，质量分数 98%，密度 $1\ 350$ $kg \cdot m^{-3}$。混合物粘度 0.15×10^{-3} $Pa \cdot s$。反应动力学方程式 $r_A = kC_A C_B$（C_A——硝基物浓度；C_B——氨水浓度）。$230\ ℃$ 时，k 为 1.98×10^{-2} $m^3 \cdot kmol^{-1} \cdot min^{-1}$，若按等温反应计算，要求邻硝基氯苯转化率为 98%，计算水平管式反应器的管径与管长。现有规格 $\phi 24$ $mm \times 6$ mm、$\phi 35$ $mm \times 9$ mm、$\phi 43$ $mm \times 10$ mm 的三种管子，试选一种。

解　（1）计算不同直径管内流体 Re 值

已知 $V_0 = 0.48 + 0.08 = 0.56$ $m^3 \cdot h^{-1}$，即 1.56×10^{-4} $m^3 \cdot s^{-1}$，则

$$\rho = \frac{881 \times 0.48 + 1\ 350 \times 0.08}{0.48 + 0.08} = 950\ kg \cdot m^{-3}$$

$\phi 24$ $mm \times 6$ mm 管，内径 $d = 0.024 - 0.012 = 0.012$ m，则

$$Re = \frac{4V_0\rho}{\pi d\mu} = \frac{4 \times 1.56 \times 10^{-4} \times 950}{\pi \times 0.012 \times 0.15 \times 10^{-3}} = 10.5 \times 10^4$$

同样计算 $\phi 35$ $mm \times 9$ mm 管，内径 $d = 0.035 - 0.018 = 0.017$ m，即得 $Re = 7.4 \times 10^4$；

$\phi 43$ $mm \times 10$ mm 管，内径 $d = 0.043 - 0.02 = 0.023$ m，即得 $Re = 5.5 \times 10^4$。

（2）计算空间时间

$$r_A = kC_{A0}(1 - x_A)(C_{B0} - 2C_{A0}x_A)$$

$$\tau_C = C_{A0}\int_0^{x_{Af}} \frac{dx_A}{r_A} = C_{A0}\int_0^{x_{Af}} \frac{dx_A}{kC_{A0}(1 - x_A)(C_{B0} - 2C_{A0}x_A)} =$$

$$\frac{1}{k(2C_{A0} - C_{B0})}\ln \frac{1 - x_{Af}}{1 - 2\dfrac{C_{A0}}{C_{B0}}x_{Af}}$$

已知 $C_{A0} = \dfrac{0.08 \times 1\ 350 \times 0.98}{157.6 \times 0.56} = 1.2$ $kmol \cdot m^{-3}$，$C_{B0} = \dfrac{0.48 \times 881 \times 0.35}{17 \times 0.56} = 15.6$ $kmol \cdot m^{-3}$，

则

$$\frac{C_{A0}}{C_{B0}} = \frac{1.2}{15.6} = 0.077$$

$$x_{Af} = 0.98 \quad k = 1.98 \times 10^{-2} m^3 \cdot kmol^{-1} \cdot min^{-1}$$

所以

$$\tau_C = \frac{1}{1.98 \times 10^{-2}(2 \times 1.2 - 15.6)}\ln \frac{1 - 0.98}{1 - 2 \times 0.077 \times 0.98} = 14.3\ min$$

（3）求算管长

$$l = \frac{4V_R}{\pi d^2} = \frac{4V_0\tau_C}{\pi d^2}$$

$$d = 0.012 \text{ m} \quad l = \frac{4 \times 0.56 \times \dfrac{14.3}{60}}{\pi(0.012)^2} = 1\,183 \text{ m}$$

$$d = 0.017 \text{ m} \quad l = \frac{4 \times 0.56 \times \dfrac{14.3}{60}}{\pi(0.017)^2} = 590 \text{ m}$$

$$d = 0.023 \text{ m} \quad l = \frac{4 \times 0.56 \times \dfrac{14.3}{60}}{\pi(0.023)^2} = 322 \text{ m}$$

比较以上三种方案,选 $\phi24$ mm $\times 6$ mm 管,管子过长,选 $\phi43$ mm $\times 10$ mm 管,Re 值较低,所以选 $\phi35$ mm $\times 9$ mm 管,所需管长为 590。

此例题按 230℃ 等温过程计算管长,实际上在升温阶段就开始反应,不等温管式反应器的计算方法见例题 3.3。

3.3.2 变温液相管式反应器

当反应的热效应较大,反应热量不能及时传递时,反应器内温度要发生变化。此外,为了使可逆放热反应达到最大的反应速度,也常人为地调节反应器内的温度分布,使之接近最适宜温度分布,这也能造成反应器的非等温操作。

管式流动反应器内的非等温操作可分为绝热式和换热式两种。当反应的热效应不大、反应的选择性受温度影响较小时,可采用没有换热措施的绝热操作,以简化设备。此时只要将反应物加热到要求的温度送入反应器即可,如反应放热,放出的热量靠反应后物料温度的升高带走;如反应吸热,则随反应进行,物料温度逐渐降低。若反应热效应较大,必须采用换热式操作,通过载热体及时移走或供给反应热。

当进行非等温理想管式流动反应器计算时,须对反应体系列出热量衡算式,然后与物料衡算式、反应动力学方程式联立计算出反应器内沿管长方向温度和转化率的分布,并求得为达到一定转化率所需要的反应器体积。

(1)绝热管式流动反应器 热量衡算通式(1.10)应用于绝热管式流动反应器时,可进行如下简化:

① 由于绝热,传递给环境或载热体的热量为零。

② 由于连续稳定操作,微元时间、微元体积内热量的积累项为零。

此时热量衡算式为

$$\begin{bmatrix} 微元时间内进入 \\ 微元体积物料带 \\ 进\quad 热\quad 量 \end{bmatrix} - \begin{bmatrix} 微元时间内离开 \\ 微元体积物料带 \\ 走\quad 热\quad 量 \end{bmatrix} + \begin{bmatrix} 微元时间、微元 \\ 体积内由于反应 \\ 产\ 生\ 的\ 热\ 量 \end{bmatrix} = 0$$

即

$$F'_t \,\overline{M'}\,\overline{C'_p}\,(T' - T_b)\mathrm{d}\tau - F_t\,\overline{M}\,\overline{C_p}\,(T - T_b)\mathrm{d}\tau + r_A\mathrm{d}V_R(-\Delta_r H)_{A,T}\mathrm{d}\tau = 0 \qquad (3.7)$$

式中　F'_t、F_t——进入、离开 $\mathrm{d}V_R$ 的总物料流量(kmol·h^{-1});

$\overline{M'}$、$\overline{M}$——进入、离开 $\mathrm{d}V_R$ 的物料的平均相对分子质量;

$\overline{C'_p}$、$\overline{C_p}$——进入、离开 $\mathrm{d}V_R$ 的物料在 $T_b \sim T'$ 和 $T_b \sim T$ 温度范围内的平均等压热容 (kJ·kg^{-1}·K^{-1};)

T'、T——进入、离开 $\mathrm{d}V_R$ 的物料的温度(K);

T_b——选定的基准温度(K);

$(-\Delta_r H)_{A,T}$——以反应物 A 计算的反应热(kJ·kmol^{-1})。

因为 $r_A dV_R = F_{A0} dx_A$，故上式也可写成

$$F'_t \overline{M'C'_p}(T' - T_b) - F_t \overline{MC_p}(T - T_b) + F_{A0} dx_A(-\Delta_r H)_{A,T} = 0 \qquad (3.8)$$

由于衡算体积为 dV_R，$T - T' = dT$，$F'_t \overline{M'C'_p}$ 与 $F_t \overline{MC_p}$ 间的差别很小，上式可简化为

$$F_t \overline{M}\,\overline{C_p} dT = F_{A0} dx_A(-\Delta_r H)_{A,T} \qquad (3.9)$$

上式中 $\overline{MC_p}$ 是反应混合物组成和温度的函数，$(-\Delta_r H)_{A,T}$ 是温度的函数，变容过程 F_t 又是转化率的函数，故积分计算是很麻烦的。但是根据过程的焓变决定于过程的初始状态和终了状态，而与过程途径无关的特点，可将绝热过程简化为：在进口温度 T_0 下进行等温反应，使转化率从 $x_{A0} \rightarrow x_A$，然后是转化率为 x_A 的物料由温度 T_0 升至出口温度 T。这样 $(-\Delta_r H)_{A,T}$ 应取 T_0 时的值，而 F_t、$\overline{M}$ 则按出口处物料组成计算，$\overline{C_p}$ 为 T_0 至 T 范围的平均值。式(3.9)的积分式可写成

$$T - T_0 = \frac{F_{A0}(-\Delta_r H)_{A,T_0}}{F_t \overline{M}\,\overline{C_p}}(x_A - x_{A0}) \qquad (3.10)$$

式(3.10)即为绝热管式流动反应器内温度和转化率之间的函数关系式，结合管式流动反应器基础设计方程式和反应动力学方程式，便可计算绝热式管式流动反应器为达到一定转化率所需要的体积。

如反应过程无物质的量的改变，即 $F_t = F_0$，并仍取 $T_b = T_0$，则式(3.9)变成

$$F_0 \overline{M}\,\overline{C_p} dT = F_{A0}(-\Delta H_A)_{T_0} dx_A$$

积分得到

$$T - T_0 = \frac{y_{A0}(-\Delta_r H)_{A,T_0}}{\overline{M}\,\overline{C_p}}(x_A - x_{A0}) \qquad (3.11)$$

令

$$\frac{y_{A0}(-\Delta_r H)_{A,T_0}}{\overline{M}\,\overline{C_p}} = \lambda \qquad (3.12)$$

式中 　y_{A0}——进料处反应物物质的量分率。

$$T - T_0 = \lambda(x_A - x_{A0})$$

由上式看出，绝热过程中温度和转化率呈线性关系。如 $x_{A0} = 0$，当 $x_A = 1$，即反应物 A 全部转化时，$T - T_0 = \lambda$，故 λ 的含义为反应物 A 转化率达 100% 时，反应体系升高(或降低)的温度，简称绝热温升(或绝热温降)。它是体系温度可能上升或下降的极限。

（2）非绝热、非等温管式流动反应器　在绝热管式流动反应器热量衡算式中，增加传递至环境或载热体的热量项，就得到了非绝热、非等温管式流动反应器的热量衡算式。

$$F_t \overline{M}\,\overline{C_p} dT = F_{A0} dx_A(-\Delta_r H)_{A,T_0} - K dA(T - T_s) \qquad (3.13)$$

式中　K——物料至载热体总给热系数($kJ \cdot m^{-2} \cdot K^{-1} \cdot h^{-1}$)；

　　　dA——微元体积 dV_R 的传热面积(m^2)；

　　　T_s——载热体平均温度(K)。

式中，$\overline{C_p}$ 和 $(-\Delta_r H)_{A,T_0}$ 应取相同基准温度，一般以反应器进口温度为基准。

如以反应器管径 d 表示 dV_R 和 dA，则

$$dV_R = \frac{\pi}{4} d^2 dl$$

$$dA = \pi d\, dl$$

式中　dl——微元长度(m)。

式(3.13)可写成

$$F_t \overline{M} \overline{C}_p dT = F_{A0} dx_A (-\Delta_r H)_{A, T_0} - K(T - T_s) \pi d dl$$

或

$$F_t \overline{M} \overline{C}_p dT = r_A \frac{\pi}{4} d^2 dl (-\Delta_r H)_{A, T_0} - K(T - T_s) \pi d dl \quad (3.14)$$

上述热量衡算式与物料衡算式、动力学方程式联合求解，就可以计算转化率和温度沿管长的分布和达到一定转化率所需反应器体积。通常采用数值法求解。数值法有很多种，其中之一的步骤如下：

① 把微分方程改写成差分方程。物料衡算式 $F_{A0} dx_A = r_A \frac{\pi}{4} d^2 dl$ 用差分方程代替，得

$$\Delta l = \frac{F_{A0}}{0.785 d^2} \left(\frac{1}{r_A} \right)_{均} \Delta x_A \quad (1)$$

式中 $\left(\dfrac{1}{r_A} \right)_{均}$ ——Δl 区间内 $\dfrac{1}{r_A}$ 的平均值，如第一个区间

$$\left(\frac{1}{r_A} \right)_{均1} = \frac{1}{2} \left(\frac{1}{r_{A0}} + \frac{1}{r_{A1}} \right)$$

热量衡算式(3.14)用差分方程代替，近似得

$$F_t \overline{M} \overline{C}_p \Delta T = F_{A0} (-\Delta_r H)_{A, T_0} \Delta x_A - K(\overline{T} - T_s) \pi d \Delta l \quad (2)$$

式中 $\overline{T}$——Δl 区间内温度平均值，如第一个区间，$\overline{T} = \dfrac{T_0 + T_1}{2}$。

② 把转化率 x_{Af} 等分为许多微量 Δx_A，$x_{Af} = n\Delta x_A$，n 为计算区间数。Δx_A 取得愈小，计算结果愈趋正确，计算工作量也大为增加。

③ 自第一区间开始计算。第一区间进口条件为已知：$x_A = x_{A0}$，$T = T_0$，$l = 0$。由式(1)计算转化率增加 Δx_A 时管长的增量 Δl_1。式(1)中 $\left(\dfrac{1}{r_A} \right)_{均}$ 为未知，故假设第一个区间末端的温度 T_1，由 x_{A0}、T_0 计算 r_{A0}，由 $x_{A0} + \Delta x_A$、T_1 计算 r_{A1}，就可算出 $\left(\dfrac{1}{r_A} \right)_{均}$。因而由差分方程式(1)可求得 Δl_1。把 Δl_1 代入差分方程式(2)，计算出 ΔT_1 和 T_1，与原假设的 T_1 值比较，如二者之差在计算要求的精确度之内，则上述计算结果有效，如二者相差较大，应重设 T_1，重复上述计算，直至符合要求为止。

④ 按同样步骤，假设 $T_2 \rightarrow$ 计算 $\Delta l_2 \rightarrow$ 检验 T_2，…，对第 2 至第 n 区间进行计算。

⑤ 把 Δl_1，Δl_2，…，Δl_n 相加，即为转化率达到 x_{Af} 时所需管长，并可依据计算所得数据作出温度和转化率沿管长的分布图。

例 3.3 邻硝基氯苯连续氨化反应，已知下列条件：

反应式 $\qquad NO_2 C_6 H_4 Cl + 2 NH_3 \longrightarrow NO_2 C_6 H_4 NH_2 + NH_4 Cl$

$\qquad\qquad\qquad\qquad A \qquad\quad B$

反应热 $\qquad (\Delta H_r)_A = -151.9 \times 10^3 \text{ kJ} \cdot \text{kmol}^{-1}, 232 \text{℃}$

动力学方程式

$$r_A = k C_A C_B \text{ kmol} \cdot \text{m}^{-3} \cdot \text{min}^{-1}$$

$$\lg k = 7.2 - \frac{4\,482}{T} \quad (k \text{ 的单位为 } \text{m}^3 \cdot \text{kmol}^{-1} \cdot \text{min}^{-1})$$

工艺条件数据

$\qquad C_{A0} = 1.2 \text{ kmol} \cdot \text{m}^{-3} \qquad\qquad C_{B0} = 15.6 \text{ kmol} \cdot \text{m}^{-3}$

$\qquad V_{A0} = 0.08 \text{ m}^3 \cdot \text{h}^{-1} \qquad\qquad\quad V_{B0} = 0.48 \text{ m}^3 \cdot \text{h}^{-1}$

$\qquad \rho_A = 1\,350 \text{ kg} \cdot \text{m}^{-3} \qquad\qquad\quad \rho_B = 881 \text{ kg} \cdot \text{m}^{-3}$

$$(C_p)_A = 1.66 \text{ kJ} \cdot \text{kg}^{-1} \cdot \text{K}^{-1} \qquad\qquad (C_p)_B = 4.20 \text{ kJ} \cdot \text{kg}^{-1} \cdot \text{K}^{-1}$$

反应器:水平管式 $\phi 35 \text{ mm} \times 9 \text{ mm}$。分段加热:① 蒸汽预热段,硝基物与氨水分别用蒸汽套管加热至 150℃,然后互相混合进入电预热段。② 电预热段,用短路电流加热,保持管壁温度为 235℃,使反应混合物升温至 232℃。③ 恒温反应段,用短路电流加热,维持壁温 235℃,物料温度 232℃,恒温反应(忽略温度变化)。电加热段管壁传热系数 $K = 6\,300 \text{ kJ} \cdot \text{m}^{-2} \cdot \text{K}^{-1} \cdot \text{h}^{-1}$。求算:(1)电预热段物料温度及转化率沿管长的变化关系;(2)转化率为 98% 时管子长度;(3)恒温段每米管长的放热量。

解 (1)电预热段的计算 应用差分法计算,令管长 Δl 中邻硝基氯苯的转化率为 Δx_A,物料与热量衡算式为

$$V_0 C_{A0} \Delta x_A = \frac{\pi}{4} d^2 r_A \Delta l \tag{1}$$

$$G C_p \Delta T = K \pi d \Delta l (T_S - T) - (\Delta_r H)_A r_A \left(\frac{\pi}{4} d^2 \Delta l \right) \tag{2}$$

其中 G 为质量流量。合并式(1)和式(2),得

$$G C_p \Delta T = K \pi d \Delta l (T_S - T) - (\Delta_r H)_A V_0 C_{A0} \Delta x_A \tag{3}$$

$$C_p = \frac{881 \times 0.48 \times 4.20 + 1\,350 \times 0.08 \times 1.66}{881 \times 0.48 + 1\,350 \times 0.08} = 3.69 \text{ kJ} \cdot \text{kg}^{-1} \cdot \text{K}^{-1}$$

$$G = V_{A0} \rho_A + V_{B0} \rho_B = 0.08 \times 1\,350 + 0.48 \times 881 = 531 \text{ kg} \cdot \text{h}^{-1}$$

将数据代入式(3),得

$$531 \times 3.69 \Delta T = 6\,300 \times \pi \times 0.017 \Delta l (508 - T) + 151.9 \times 10^3 \times 1.2 \times 0.56 \Delta x_A$$

简化后

$$\frac{\Delta T}{\Delta l} = 0.172(508 - T) + 52.2 \frac{\Delta x_A}{\Delta l} \tag{4}$$

动力学方程为

$$r_A = k C_{A0} C_{B0} (1 - x_A) \left(1 - \frac{2 C_{A0}}{C_{B0}} x_A \right)$$

代入已知数据,得

$$r_A = 18.7 k (1 - x_A)(1 - 0.154 x_A) \tag{5}$$

由式(1)

$$0.56 \times 1.2 \Delta x_A = \frac{\pi}{4} (0.017)^2 \times 60 r_A \Delta l$$

整理得

$$\Delta x_A = 0.020 r_A \Delta l \tag{6}$$

将式(5)代入式(6),消去 r_A

$$\Delta x_A = 0.38 k (1 - x_A)(1 - 0.154 x_A) \Delta l \tag{7}$$

将 k 值代入式(7)

$$\Delta x_A = 0.38 \times 10^{\left(7.2 - \frac{4\,482}{T} \right)} (1 - x_A)(1 - 0.154 x_A) \Delta l \tag{8}$$

将式(4)写成

$$\Delta T = 0.172(508 - T) \Delta l + 52.2 \Delta x \tag{9}$$

联解式(8)、(9),可采用差分法逐段求算 Δx 与 ΔT。

取各段管长度 $\Delta l = 1$ m,由始点 $T_0 = 150 + 273 = 423$ K,$x_{A0} = 0$ 开始计算。

$$\Delta x_{A1} = 0.38 \times 10^{\left(7.2 - \frac{4\,482}{423} \right)} \times 1 = 1.5 \times 10^{-4}$$

$$x_{A1} = x_{A0} + \Delta x_{A1} = 1.5 \times 10^{-4}$$

$$\Delta T_1 = 0.172(508 - 423) + 52.2(1.53 \times 10^{-4}) = 14.7 \text{ K}$$
$$T_1 = T_0 + \Delta T_1 = 423 + 14.7 = 437.7 \text{ K}$$

同样方法逐段计算,其结果如表3.2所示。

表3.2 电预热段物料温度等随管长变化情况

l/m	T/K	$x_A \times 10^2$	$\Delta x_A \times 10^2$	$\Delta T/\text{K}$
0~1	423	0	0.015	14.7
1~2	437.7	0.015	0.034	12.1
2~3	449.8	0.049	0.065	10.0
3~4	459.8	0.114	0.109	8.3
4~5	468.0	0.223	0.159	6.9
5~6	474.9	0.382	0.220	5.8
6~7	480.8	0.602	0.285	4.8
7~8	485.6	0.887	0.353	4.0
8~9	489.6	1.240	0.424	3.4
9~10	493.0	1.664	0.469	2.8
10~11	495.8	2.143	0.539	2.4
11~12	498.2	2.682	0.589	2.0
12~13	500.2	3.271	0.641	1.6
13~14	501.8	3.912	0.679	1.4
14~15	503.2	4.591	0.711	1.2
15~16	504.4	5.302	0.728	1.0
	505.4	6.030	0.765	0.8

(2) 恒温反应段管长计算

$$\tau = C_{A0} \int_{x_{A1}}^{x_{A2}} \frac{\mathrm{d}x_A}{r_A} = C_{A0} \int_{x_{A1}}^{x_{A2}} \frac{\mathrm{d}x_A}{kC_{A0}(1 - x_A)(C_{B0} - 2C_{A0}x_A)}$$

积分结果
$$\tau = \frac{1}{k(2C_{A0} - C_{B0})}\left[\ln \frac{1 - x_{A2}}{1 - \frac{2C_{A0}}{C_{B0}}x_{A2}} - \ln \frac{1 - x_{A1}}{1 - \frac{2C_{A0}}{C_{B0}}x_{A1}}\right]$$

由表中数据可知,管长16 m时,温度为232.4℃,转化率为6.03%。

已知条件:$C_{A0} = 1.20 \text{ kmol·m}^{-3}$ $\qquad C_{B0} = 15.6 \text{ kmol·m}^{-3}$

$$2C_{A0} - C_{B0} = -13.2 \text{ kmol·m}^{-3} \qquad 2C_{A0}/C_{B0} = 0.154 \text{ kmol·m}^{-3}$$

$$x_{A1} = 6.03 \times 10^{-2} \qquad x_{A2} = 0.98$$

$$k = \left[7.2 - \frac{4482}{505}\right] = 2.11 \times 10^{-2}$$

代入上式,得

$$\tau = \frac{10^2}{-13.2 \times 2.11} = \left[\ln \frac{1 - 0.98}{1 - 0.154 \times 0.98} - \ln \frac{1 - 0.0603}{1 - 0.154 \times 0.0603}\right] = 13.3 \text{ min}$$

令
$$u = \frac{0.56}{\frac{1}{4}\pi \times 0.017^2} = 2.47 \times 10^3 \text{ m·h}^{-1}$$

恒温段管长
$$l = \tau u = 13.3 \times \frac{2.47 \times 10^3}{60} = 550 \text{ m}$$

反应器总长
$$16 + 550 = 566 \text{ m}$$

(3) 计算恒温段放热速率沿管长的变化情况 反应时间与转化率的关系式为

$$\tau = \frac{10^2}{-13.2 \times 2.11}\left[\ln \frac{1 - x_A}{1 - 0.154x_A} - \ln \frac{1 - 0.0603}{1 - 0.154 \times 0.0603}\right] =$$
$$-3.6\left[\ln \frac{1 - x_A}{1 - 0.154x_A} + 0.054\right]$$

$$l = \tau u = \frac{-3.6 \times 2.47 \times 10^3}{60}\left[\ln\frac{1-x_A}{1-0.154x_A}+0.054\right]$$

$$l = -14.8\left(0.054+\ln\frac{1-x_A}{1-0.54x_A}\right)$$

取 $l = 10,20,30,\cdots,100,150,200,\cdots,500$ m, 求算 x_A 及 Δx_A 各段管长间的值。并根据 Δx_A 值, 按下式计算每米管长的放热率, 计算结果列于表 3.3 中。

表 3.3 恒温段物料放热速率等随管长变化情况

$l/$m	x_A	Δx_A	$q/(\text{kJ}\cdot\text{h}^{-1}\cdot\text{m}^{-1})$
0	0.060		
10	0.132	0.072	730.8
20	0.197	0.065	659.4
30	0.257	0.060	613.2
40	0.312	0.055	562.8
50	0.362	0.040	508.2
60	0.407	0.045	457.8
80	0.491	0.084	428.4
100	0.561	0.70	351.5
150	0.695	0.135	275.1
200	0.785	0.090	184.0
250	0.850	0.065	132.7
300	0.893	0.043	87.8
350	0.925	0.032	65.5
400	0.946	0.021	42.8
450	0.962	0.016	32.8
500	0.973	0.011	22.3
530	0.980	0.008	16.4

$$q = \frac{V_0 C_{A0}\Delta x_A(-\Delta H_r)_A}{\Delta l} =$$

$$\frac{0.56 \times 1.2 \times 151.9 \times 10^3 \Delta x_A}{\Delta l} = 102.1 \times 10^3\frac{\Delta x_A}{\Delta l}$$

从表中可以看出, 恒温段的开头数十米, 需要移出的热量较大, 实际上需采取冷却措施, 如吹风除热。而后面的管子, 放热量已经小于热损失, 这时需要加热保温。

3.4 气相管式反应器

对均液相流动反应系统, 当反应过程中液体密度变化不大时, 可以认为液体的体积流量 V_0 和线速度是恒定不变的。但是对气相反应体系, 如果反应过程中气体的总物质的量发生变化, 系统的温度与压力变化对气体的体积有较大的影响, 所以气相反应常是变容过程。

设有反应

$$aA + bB \longrightarrow mM$$

把每转化 1 mol 反应物 A 所引起的反应体系内物质的量的改变量定义为膨胀因子 δ_A, 即

$$\delta_A = \frac{m-a-b}{a} \qquad (3.15)$$

进料中如含有惰性气体, 并不影响 δ_A 值的大小。如上述反应中含 U mol 惰性气体, 则

$$\delta_A = \frac{m+U-a-b-U}{a} = \frac{m-a-b}{a}$$

引入膨胀因子 δ_A，可用于反应前后体系体积变化的计算。

设一变容过程，总进料物质的量的流量为 F_0，其中反应物 A 的物质的量流量为 F_{A0}，占总进料的物质的量分率 $y_{A0} = F_{A0}/F_0$。总进料体积流量为 V_0。当转化率为 x_A 时，反应体系物料总物质的量流量变为

$$F_t = F_0 + \delta_A F_{A0} x_A = F_0(1 + \delta_A y_{A0} x_A)$$

如果气体可当成理想气体，并且不考虑流动压降，则相应的体积流量为

$$V_t = \frac{RT}{p} F_0(1 + \delta_A y_{A0} x_A) = V_0(1 + \delta_A y_{A0} x_A) \tag{3.16}$$

C_A 和 x_A 的关系式为

$$C_A = \frac{F_A}{V_t} = \frac{F_{A0}(1 - x_A)}{V_0(1 + \delta_A y_{A0} x_A)}$$

$$C_A = C_{A0} \frac{1 - x_A}{1 + \delta_A y_{A0} x_A} \tag{3.17}$$

$\delta_A = 0$ 即等容过程，代入后得

$$C_A = C_{A0}(1 - x_A)$$

说明式(3.17)同时适用于等容和变容过程。

当反应速率以分压表示时，还必须知道反应器任一截面处分压 p_A 与 x_A 的关系。把式(3.17)等号两侧同乘 RT，则得

$$p_A = p_{A0} \frac{1 - x_A}{1 + \delta_A y_{A0} x_A} \tag{3.18}$$

将上述 C_A-x_A 或 p_A-x_A 关系代入反应速度方程，再利用式(3.1)，就可以计算变容过程为达到一定转化率所需的反应器体积。

例 3.4 2,5-二氢呋喃的气相裂解反应为一级不可逆反应

$$r_A = kC_A \quad (685\ K\ 时，k = 3\ h^{-1})$$

设计一管式反应器，2,5-二氢呋喃的进料体积流量为 $0.1\ m^{-3} \cdot h^{-1}$，含 2,5-二氢呋喃 80%（体积比），其余为惰性气体。进料压力 800 kPa，温度 685 K，保持恒温反应。忽略压降，求算要求转化率为 0.75 时，需要反应器的体积。

解
$$V_R = F_{A0} \int_0^{x_A} \frac{dx_A}{r_A}$$

$$r_A = kC_A \qquad C_A = C_{A0} \frac{1 - x_A}{1 + \delta_A y_{A0} x_A}$$

$$V_R = C_{A0} V_0 \int_0^{x_A} \frac{dx_A}{kC_{A0} \dfrac{1 - x_A}{1 + y_{A0} \delta_A x_A}} = V_0 \int_0^{x_A} \frac{(1 + y_{A0} \delta_A x_A) dx_A}{k(1 - x_A)}$$

已知：$V_0 = 0.1\ m^3 \cdot h^{-1}$，$k = 3\ h^{-1}$，$y_{A0} = 0.8$，$\delta_A = 1$。代入上式，得

$$V_R = \frac{0.1}{3} \int_0^{0.75} \frac{1 + 0.8 x_A}{1 - x_A} dx_A = 0.063\ m^3$$

3.5　管式反应器的计算机模拟

用计算机进行工程计算或解题，通常包括如下步骤：

列出数学模型；确定方程解法；说明符号意义；画出程序框图；编写计算程序；计算结果讨

论。

现以例3.3为例进行计算机计算。

（1）列出电预热段和恒温段管式反应器数学模型

① 电预热段

物料衡算式
$$V_0 C_{A0} \Delta x_A = \frac{1}{4} \pi d^2 r_A \Delta l$$

动力学方程式
$$r_A = k C_A C_{B0} (1 - x_A) \left(1 - \frac{2 C_{A0}}{C_{B0}} x_A\right)$$

速率常数
$$k = 10^{7.2 - \frac{4482}{T}}$$

热量衡算式
$$G C_p \Delta T = k \pi d \Delta l (T_S - T) - (\Delta_r H)_A V_0 C_{A0} \Delta x_A$$

② 恒温段

$$V_R = \frac{V_0}{k(2 C_{A0} - C_{B0})} \left[\ln \frac{1 - x_A}{1 - 2 \frac{C_{A0}}{C_{B0}} x_A} - \ln \frac{1 - x_{A0}}{1 - 2 \frac{C_{A0}}{C_{B0}} x_{A0}}\right]$$

$$l_1 = \frac{V_R}{\frac{1}{4} \pi d^2}$$

$$q = V_0 C_{A0} \Delta x_A (-\Delta_r H)_A / \Delta l$$

$$x_A(l) = \frac{0 - 2 C_{A0}}{2 C_{A0} - \frac{2 C_{A0} x_{A0} - C_{B0}}{V_0 (x_{A0} - 1)} \times \exp(15 k (C_{B0} - 2 C_{A0})) \pi d^2 l} + 1$$

$$\Delta x_A = x_A(l) - x_A(l - \Delta l)$$

式中　$x(l)$——恒温段中管长为 l 处的转化率；

　　　q ——每米管子的放热速率。

（2）符号说明　管式反应器数学模型符号说明见表3.4。

表3.4　管式反应器数学模型符号说明

方程中符号	程序中符号	意　义
x_{A0}	xa0	转化率初始值
x_A	xa	转化率值
x_{Af}	xaf	转化率终值
Δx_A	dxa	转化率增量
ΔT	dt	温度增量
Δl	dl	各段管长微元长度（管段长度）
q	q	热量沿管长分布
l_1	l1	恒温段管长
	l0	预热段管长
	l	总管长
V_0	V0	总流量
T_S	ts	管壁温度（恒温段）
K	KC	管壁传热系数
k	k(t)	速率系数
$x_A(l)$	fxa(l1)	管长为 l 处的转化率（恒温段）

（3）程序框图 管式反应器数学模型计算程序框图见图 3.7（针对例 3.3）。

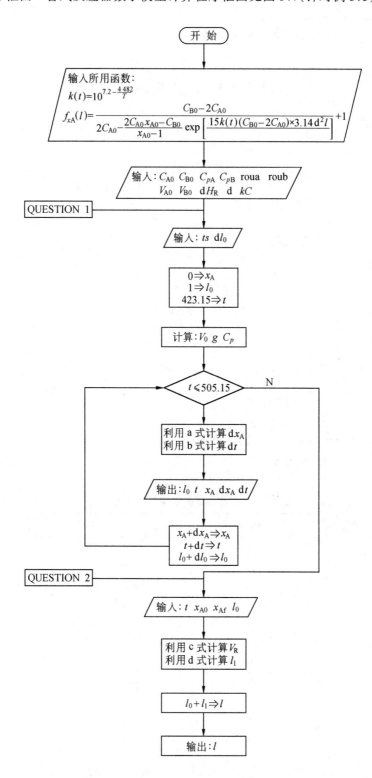

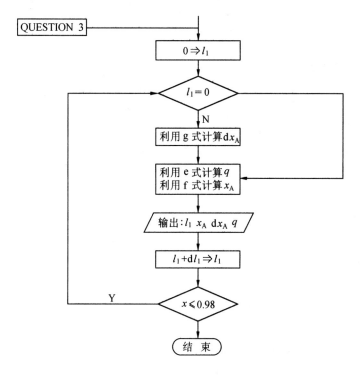

图 3.7 例 3.3 程序框图

(4) 源程序及计算结果

```
real kc,k
real g
real l0,l1,l,dl0,dl1
k(t) = exp(2.303 * (7.2 - 4482/t))
fxa(1) = (cb0 - 2 * ca0)/(2 * ca0 - (2.0 * ca0 * xa0 - cb0)/(xa0 - 1)
$           * exp(15.0 * k(t) * (cb0 - 2 * ca0) * 3.14 * d * d * l/v0)) + 1
ca0 = 1.2
cb0 = 15.6
cpa = 1.66
cpb = 4.20
roua = 1350
roub = 881
va0 = 0.08
vb0 = 0.48
dhr = - 151.9
d = 0.017
kc = 6300
c QUESTION 1
open(unit = 2,file = 'f3.dat',status = 'new',access = 'sequential',
```

```fortran
     $           form = 'formatted')
              write(2, * )'Question 1'
              write( * , * )'Input dl0 dl0 = '
              read( * , * )dl0
              ts = 508.15
              xa = 0
              l0 = 1
              t = 423.15
              v0 = va0 + vb0
              g = roua * va0 + roub * vb0
              cp = (cpa * roua * va0 + cpb * roub * vb0)/(va0 * roua + vb0 * roub)
              write(2,100)
10            if(t.le.505.15) then
                 dxa = 1.0/4.0 * 3.14 * d * d * dl0 * 60.0 * (1 - xa)
     $              * (cb0 - 2 * ca0 * dxa) * k(t)/v0
                 dt = ( - dhr * v0 * ca0 * dxa - kc * 3.14 * d * dl0 * (t - ts))/g/cp
                 write(2,200)l0 - dl0,l0,t,xa * 100,dxa * 100,dt
                 xa = xa + dxa
                 t = t + dt
                 l0 = l0 + dl0
                 goto 10
              else
              endif
100           format(8x,'l(m)',13x,'t(k)',9x,'xa( * 100)',
     $              6x,'dxa( * 100)',5x,'dt(k)')
200           format(6x,f4.1,' - ',f4.1,9x,f6.2,8x,f6.4,8x,f6.4,8x,f5.2)
c QUESTION 2
              write(2, * )'Question 2'
              t = 505.15
              xaf = 0.98
              xa0 = xa
              l0 = l0
              vr = (v0/60.0/k(t)/(2 * ca0 - cb0)) * (log((1 - xaf)/(cb0 - 2 * ca0 * xaf)) -
     $              log((1 - xa0)/(cb0 - 2 * ca0 * xa0)))
              l1 = vr/(1.0/4.0 * 3.14 * d * d)
              l = l0 + l1
              write(2,300)l
300           format(4x,'When rate = 98% ,l = ',f5.1)
```

c QUESTION 3

```
        write(2, * )'Question 3'
        t = 505.15
        write( * , * )'Input dl1 dl1 = '
        read( * , * )dl1
        l1 = 0
        write(2,400)
20      if(l1.eq.0)then
            dxa = 0
        else
            dxa = fxa(l1) - fxa(l1 - dl1)
        endif
        q = v0 * ca0 * dxa * ( - dhr/dl1)
        xa = fxa(l1)
        write(2,500) l1,xa,dxa,q
        l1 = l1 + dl1
        if (xa.lt.0.98)then
         goto 20
        endif
400     format(9x,'l(m)',13x,'xa',14x,'dxa',10x,'q(kj/m * h)')
500     format(8x,f5.1,10x,f6.4,11x,f6.4,11x,f5.4)
        close(2)
        end
```

Question 1

1(m)	t(k)	xa(* 100)	dxa(* 100)	dt(k)
.0 - 1.0	423.15	.0000	.0154	14.62
1.0 - 2.0	437.77	.0154	.0347	12.10
2.0 - 3.0	449.87	.0500	.0654	10.02
3.0 - 4.0	459.90	.1154	.1077	8.30
4.0 - 5.0	468.19	.2231	.1601	6.87
5.0 - 6.0	475.07	.3832	.2199	5.69
7.0 - 8.0	485.47	.8868	.3484	3.90
8.0 - 9.0	489.37	1.2352	.4113	3.20
9.0 - 10.0	492.60	1.6465	.4703	2.67
10.0 - 11.0	495.27	2.1168	.5241	2.21
11.0 - 12.0	497.49	2.6409	.5719	1.83
12.0 - 13.0	499.32	3.2127	.6135	1.52
13.0 - 14.0	500.84	3.8262	.6490	1.26

14.0 – 15.0	502.10	4.4752	.6787	1.04
15.0 – 16.0	503.14	5.1539	.7032	.86
16.0 – 17.0	504.00	5.8571	.7228	.71
17.0 – 18.0	504.72	6.5799	.7383	.59

Question 2

When rate = 98%, 1 = 559.7

Question 3

1(m)	xa	dxa	q(kj/m * h)
.0	.0732	.0000	.0000
10.0	.1437	.0706	.7202
20.0	.2083	.0645	.6586
30.0	.2674	.0591	.6033
40.0	.3216	.0542	.5534
50.0	.3714	.0498	.5083
60.0	.4172	.0458	.4675
70.0	.4593	.0422	.4304
80.0	.4982	.0389	.3967
90.0	.5340	.0359	.3660
100.0	.5671	.0331	.3380
110.0	.5977	.0306	.3123
120.0	.6260	.0283	.2889
130.0	.6522	.0262	.2674
140.0	.6765	.0243	.2476
150.0	.6990	.0225	.2294
160.0	.7198	.0208	.2127
170.0	.7391	.0193	.1973
180.0	.7571	.0179	.0832
190.0	.7737	.0167	.1701
200.0	.7892	.0155	.1580
210.0	.8036	.0144	.1468
220.0	.8170	.0134	.1365
230.0	.8294	.0124	.1269
240.0	.8410	.0116	.1180
250.0	.8571	.0108	.1098
260.0	.8617	.0100	.1022
270.0	.8710	.0093	.0952
280.0	.8797	.0087	.0886

290.0	.8878	.0081	.0825
300.0	.8953	.0075	.0769
310.0	.9024	.0070	.0716
320.0	.9089	.0065	.0667
330.0	.9150	.0061	.0622
340.0	.9207	.0057	.0580
350.0	.9260	.0053	.0541
360.0	.9309	.0049	.0504
370.0	.9355	.0046	.0470
380.0	.9398	.0043	.0438
390.0	.9438	.0040	.0409
400.0	.9475	.0037	.0381
410.0	.9510	.0035	.0356
420.0	.9543	.0033	.0332
430.0	.9573	.0030	.0310
440.0	.9601	.0028	.0289
450.0	.9628	.0026	.0270
460.0	.9653	.0025	.0252
470.0	.9676	.0023	.0235
480.0	.9697	.0021	.0219
490.0	.9717	.0020	.0205
500.0	.9736	.0019	.0191
510.0	.9753	.0017	.0178
520.0	.9770	.0016	.0167
530.0	.9785	.0015	.0155
540.0	.9799	.0014	.0145
550.0	.9812	.0013	.0136

3.6 反应器型式和操作方式评选

进行一个特定的化学反应,究竟采用什么样的反应器型式和操作方式比较适宜?为了回答这个问题,需要结合反应的特点对反应器的性能进行比较。不同型式的反应器主要从两方面进行比较:第一,生产能力,即单位时间、单位体积反应器所能得到的产物量。换言之,生产能力的比较也就是在得到同等产物量时,所需反应器体积大小的比较。第二,反应的选择性,即主、副反应产物的比例。对简单反应,不存在选择性问题,只需进行生产能力的比较。对于复杂反应,不仅要考虑反应器的大小,还要考虑反应的选择性。副产物的多少,影响着原料的消耗量、分离流程的选择及分离设备的大小。因此反应的选择性往往是复杂反应的主要矛盾。

3.6.1 生产能力比较

前节中已经说明,同一反应,相同操作条件下,在理想连续釜式反应器内,由于反应物浓度较理想管式流动反应器内平均浓度低,故反应速度较小。为完成相同的产量,所需反应器体积较大,可以采用容积效率对此作定量说明。

在等温等容过程中,相同产量、相同转化率、相同初始浓度和温度下,所需理想管式流动反应器体积$(V_R)_P$和理想连续釜式反应器有效体积$(V_R)_S$之比为容积效率 η,即

$$\eta = \frac{(V_R)_P}{(V_R)_S} \tag{3.19}$$

反应级数和转化率将影响容积效率 η 的大小。

零级反应 $\qquad\qquad\qquad\qquad r_A = k$

管式流动反应器

$$\tau_C = \frac{V_R}{V_0} = \frac{C_{A0} x_A}{k}$$

连续釜式反应器

$$\overline{\tau} = \frac{V_R}{V_0} = \frac{C_{A0} x_A}{k}$$

所以

$$\eta_0 = \frac{(V_R)_P}{(V_R)_S} = 1 \tag{3.20}$$

零级反应与浓度无关,物料的流动型式不影响反应器体积的大小。

一级反应 $\qquad\qquad\qquad\qquad r_A = kC_A$

由式(3.3)

$$\tau_C = \frac{V_R}{V_0} = \frac{1}{K} \ln \frac{1}{1 - x_{Af}}$$

由式(3.12)

$$\overline{\tau} = \frac{V_R}{V_0} = \frac{x_{Af}}{k(1 - x_{Af})}$$

所以

$$\eta_1 = \frac{(V_R)_P}{(V_R)_S} = \frac{1 - x_{Af}}{x_{Af}} \ln \frac{1}{1 - x_{Af}} \tag{3.21}$$

二级反应 $\qquad\qquad\qquad\qquad r_A = kC_A^2$

由式(3.4)

$$\tau_C = \frac{V_R}{V_0} = \frac{x_{Af}}{kC_{A0}(1 - x_{Af})}$$

由式(3.13)

$$\overline{\tau} = \frac{V_R}{V_0} = \frac{x_{Af}}{kC_{A0}(1 - x_{Af})^2}$$

所以

$$\eta_2 = \frac{(V_R)_P}{(V_R)_S} = 1 - x_{Af} \tag{3.22}$$

由式(3.20)~(3.22)作图(图3.8),从图中可以看出:反应级数愈高,容积效率愈低。转化率愈高,容积效率愈低,故反应级数较高。转化率要求较高时,以选用管式流动反应器为宜。

对于多段连续釜式反应器仍按上法进行比较。如一级反应时,多段连续釜式反应器的容积效率为

$$\eta = \ln\left(\frac{1}{1 - x_{Af}}\right) \Big/ N\left[\left(\frac{1}{1 - x_{Af}}\right)^{\frac{1}{N}} - 1\right] \tag{3.23}$$

将此式作成图(图3.9),由图可知:当段数 $N = \infty$ 时,$\eta = 1$;当 $N = 1$ 时,η 最小;N 增大,但增大速度渐趋缓慢,故通常取段数为4或小于4。

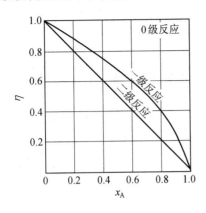

图 3.8　单釜容积效率

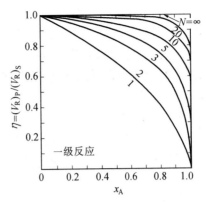

图 3.9　多釜串联一级反应容积效率

表3.5为两种转化率下,用式(3.21)~(3.23)计算的结果。

表 3.5　反应器体积比较

反应器型式	反应器体积比			
	一级反应		二级反应	
	$x_{Af} = 0.90$	$x_{Af} = 0.99$	$x_{Af} = 0.90$	$x_{Af} = 0.99$
管式流动反应器	1	1	1	1
单段连续釜式反应器	3.91	21.5	10	100
二段连续釜式反应器	1.88	3.91	3	8

3.6.2　反应选择性比较

(1)平行反应

①
$$A \xrightarrow{k_1} R \quad 主反应$$
$$A \xrightarrow{k_2} S \quad 副反应$$

怎样才能较多地得到目的产物 R? 可以通过动力学分析,写出反应速度方程式。

$$r_R = \frac{dC_R}{d\tau} = k_1 C_A^{a_1}$$

$$r_S = \frac{dC_S}{d\tau} = k_2 C_A^{a_2}$$

$$\frac{r_R}{r_S} = \frac{dC_R}{dC_S} = \left(\frac{k_1}{k_2}\right) C_A^{a_1 - a_2} \tag{3.24}$$

要使 R 的收率高,就要设法使 $\frac{r_R}{r_S}$ 比值增大。因为对于一定反应体系和温度,k_1、k_2、a_1 和 a_2 都是常数,故可调节 C_A,以得到较大的 $\frac{r_R}{r_S}$ 值。由式(3.24)看出:

当 $a_1 > a_2$ 时,即主反应级数较高时,提高 C_A,$\frac{r_R}{r_S}$ 比值增大,收率就高。因为管式流动反应器内反应物的浓度较连续釜式反应器为高,故适宜于采用管式流动反应器、间歇釜式反应器或多段连续釜式反应器。

当 $a_1 < a_2$ 时,即主反应级数较低时,则降低 C_A 可以提高 R 的收率。为此,适于采用连续釜式反应器。但所需反应器体积较大,可以权衡利弊,作出选择。

当 $a_1 = a_2$ 时,反应物浓度对 R 收率无影响。

总之,对平行反应而言,提高反应物浓度有利于级数高的反应,降低反应物浓度有利于级数低的反应。

除了选择反应器型式外,还可以采用适当的操作条件以提高目的产物收率。如主反应级数高,可采用浓度较高的原料或对气相反应增加压力等办法,以提高反应器内反应物的浓度,反之则降低反应物的浓度,以达到能获得高收率的反应物浓度条件。此外,还可以改变温度,以改变 $\dfrac{k_1}{k_2}$ 比值,即

$$\frac{k_1}{k_2} = \frac{A_1 \exp(-E_1/RT)}{A_2 \exp(-E_2/RT)} = \frac{A_1}{A_2} \exp\left[\frac{-(E_1 - E_2)}{RT}\right] \qquad (3.25)$$

当主反应活化能大于副反应,即 $E_1 > E_2$ 时,提高温度有利于提高 R 的收率。反之,如 $E_1 < E_2$,则降低温度有利于提高 R 的收率。总之,提高温度有利于活化能高的反应,降低温度有利于活化能低的反应。当然,更有效的方法是选择或开发高选择性的催化剂。

② $$A + B \xrightarrow{k_1} R \qquad A + B \xrightarrow{k_1} S$$

$$r_R = \frac{\mathrm{d}C_R}{\mathrm{d}\tau} = k_1 C_A^{a_1} C_B^{b_1} \qquad r_S = \frac{\mathrm{d}C_S}{\mathrm{d}\tau} = k_2 C_A^{a_2} C_B^{b_2}$$

$$\frac{r_R}{r_S} = \frac{k_1}{k_2} C_A^{a_1 - a_2} C_B^{b_1 - b_2} \qquad (3.26)$$

为提高 R 的收率,应使 $\dfrac{r_R}{r_S}$ 的比值尽可能大,也可按上述方法进行分析,结果见表 3.6。

表 3.6　平行反应不同级数时反应器型式的选择

反应级数大小	对浓度要求	适宜的反应器型式和操作方式
$a_1 > a_2$ $b_1 > b_2$	C_A 高 C_B 高	管式流动反应器、间歇釜式反应器、多段连续釜式反应器
$a_1 < a_2$ $b_1 < b_2$	C_A 低 C_B 低	单段连续釜式反应器
$a_1 > a_2$ $b_1 < b_2$	C_A 高 C_B 低	管式流动反应器,沿管长分几处连续加入 B;半间歇操作釜式反应器,A 一次加入,B 连续加入;A 在第一釜加入,B 分别在各段加入的多段连续釜式反应器
$a_1 < a_2$ $b_1 > b_2$	C_A 低 C_B 高	管式流动反应器,沿管长分几处连续加入 A;半间歇操作釜式反应器,B 一次加入,A 连续加入;B 在第一釜加入,A 分别在各段加入的多段连续釜式反应器

(2)串联反应　情况更为复杂,在此只讨论一级反应。

$$A \xrightarrow{k_1} R \xrightarrow{k_2} S$$

$$r_R = \frac{dC_R}{d\tau} = k_1 C_A - k_2 C_R \qquad r_S = \frac{dC_S}{d\tau} = k_2 C_R$$

$$\frac{r_R}{r_S} = \frac{k_1 C_A - k_2 C_R}{k_2 C_R} \qquad (3.27)$$

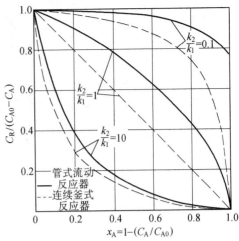

如 R 为目的产物,当 k_1、k_2 值一定时,为使 $\frac{r_R}{r_S}$ 比值变大,应使 C_A 高、C_R 低,适宜于采用管式流动反应器、间歇釜式反应器或多段连续釜式反应器。反之,如 S 为目的产物,则应 C_A 低、C_R 高,适宜于采用单段连续釜式反应器。但应注意,连串反应的特点是:R 生成量增加,则有利于 S 的生成,特别是 $k_2 \geq k_1$ 时,故以 R 为目的产物时,应保持较低的单程转化率。当 $k_1 \geq k_2$ 时,可保持较高的反应转化率,因这样收率降低不多,但反应后的分离负荷可以大为减轻,如图 3.10 所示。

图 3.10　两种理想反应器进行 A $\xrightarrow{k_1}$ R $\xrightarrow{k_2}$ S 反应时,R 收率比较

温度的选择同平行反应,其余的复杂反应均可按上法讨论分析。

3.7　连续流动反应器停留时间分布

3.7.1　非理想流动

(1)非理想流动反应器　前面已讨论了两种连续流动反应器的性能和计算方法。当生产任务相同时,理想置换(即理想管式流动)反应器体积比理想混合(即理想连续釜式)反应器小。换句话说,反应器体积相同时,理想置换反应器的转化率比理想混合反应器高。同时,在放大过程中人们观察到,即使小装置与大装置的形状、结构完全相同,而反应结果也往往不同。两种理想流动反应器性能为什么存在差别? 大多数工业反应器性能与理想反应器的偏差究竟有多大? 如何来测定这些偏离程度? 为什么在放大过程中反应结果往往恶化? 要回答上述问题,需要研究反应器内流体流动现象和流体停留时间分布。

流体流动时,独立存在的基本单位叫做"流体微元"。它可以小到只有一个分子,也可以大到由 $10^{12} \sim 10^{18}$ 个分子凝集而成的分子团或分子束。流体微元通过反应器的时间叫做停留时间。不同停留时间的流体微元间发生混合之现象叫做"逆向混合"或"返混"。在间歇反应器中,各流体微元停留时间都一样,虽有混合,但这并不是逆向混合。至于在理想置换反应器中,根本不存在轴向混合现象,也就不存在逆向混合。而在理想混合流动反应器中,逆向混合程度最大。两种理想流动反应器代表了两种极端的流动型态,大多数工业反应器的流动型态介于两种理想流动型态之间,为非理想流动反应器。前面提及的问题,是由不同程度返混所致。例如,设备放大后,虽然外形和内部结构不变,由于几何尺寸改变,造成微元停留时间分布和返混程度的改变,因此,当设备放大时,反应结果往往恶化。故放大时需引起重视。

一般来说,逆向混合对化学反应是一个有害因素,它能使产物与原料混合,降低原料浓度使化学反应速度减慢,对选择性产生一定影响。

(2)非理想流动产生的原因　大多数工业反应器是非理想流动反应器。它们和理想流动反应器有一定偏差。偏差的原因是多方面的,大致可分为两类:一类是不均匀的速度分布引起

的;另一类是与物料流动方向相反的流动引起的。

属于第一类的原因有:死角、沟流、短路、在管式反应器中流体层流流动以及反应器截面突变引起的收缩膨胀等。在死角处,流体停滞不前,它和其余流体间质交换量很少;沟流和短路则为反应器内流体阻力小的通道,它引起流速分布不均匀。当流体层流通过反应管时,管截面上的速度分布呈抛物线型,这些都是非理想流动产生的原因之一。

属于第二类的原因有:在管式反应器中,反应产物向主流体轴向流动相反方向的运动,塔式反应器或釜式反应器内的循环流以及釜式反应器中的搅拌作用等。

图 3.11 说明偏离两种理想反应器的某些原因。

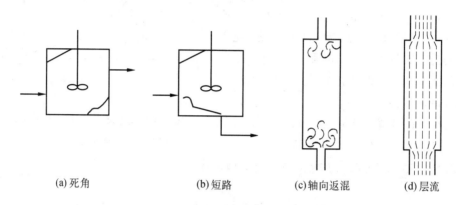

(a)死角   (b)短路   (c)轴向返混   (d)层流

图 3.11 偏离理想反应器的某些原因

总的来说,造成上述两类非理想流动的原因,不外乎设备型式、操作条件和流体性质。设备的型式(即设备的形状、大小、有无内部构件和催化剂)、操作条件(诸如温度、流量等)、流体本身的性质(例如粘度、扩散系数等),都不同程度地影响流体流动状况,因此,也影响到逆向混合的程度和化学反应的结果。

3.7.2　停留时间分布函数

(1)停留时间分布函数的定义　流体微元通过反应器的时间,称为停留时间。由于存在返混,各流体微元停留时间不等,形成了一定的停留时间分布。用函数来表示停留时间的分布就叫做停留时间分布函数。首先,让我们观察一个简单实验:在一个通入无色流体 A 的稳定流动容器中,突然停止通入 A,而改通深红色流体 B,流动状态维持不变,同时观察出口流体颜色的变化。如果是理想置换反应器,则到达一定时间后 $\left(\bar{\tau}=\dfrac{V_R}{V_0}\right)$ 的某一瞬间,流体的颜色突然由无色变为深红色,即此时 A 已全部排出,流出的全部为流体 B 了。非理想流动反应器存在逆向混合,所以出口的红色是逐渐变化的,一直到某一时刻无色流体 A 终于排完,流出的液体中全部为 B。从切换流体开始计时,在任一时刻 τ,测得出口流体中红色液体 B 的含量,这些红色微元停留时间虽不尽相同,但可以肯定它们都小于 τ,或者说红色液体的停留时间在 $0 \sim \tau$ 之间,出口流体中的无色液体 A 的停留时间都大于 τ,或者说其停留时间为 $\tau \sim \infty$ 之间。由此可见,出口流体中红色流体 B 的体积分数(对等容系统来说即质量分数),等于停留时间小于 τ(即 $0 \sim \tau$)的流体所占的分数,称之为停留时间分布函数,以 $F(\tau)$ 表示之。$F(\tau)$ 就是概率,它为时间 τ 的函数。常见的 $F(\tau) - \tau$ 的变化曲线形状见图 3.12。

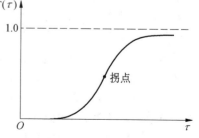

图 3.12 常见的 $F(\tau)$ 曲线

由于出口流体中红色流体 B 最多为 100% (即等于 1.0),故停留时间从 0 变到 ∞ 时,$F(\tau)$ 从 0 变到 1.0。$F(\tau)$ 为无因次函数。

为了应用方便,有时采用另一函数 $E(\tau)$ 来描写流体停留时间分布。$E(\tau)$ 被称为停留时间分布密度函数。所谓 $E(\tau)$ 就是 $F(\tau)$ 曲线在任意停留时间 τ 时切线的斜率。其数学表达式为

$$\frac{\mathrm{d}F(\tau)}{\mathrm{d}\tau} = E(\tau) \tag{3.28}$$

$E(\tau)$ 的定义是,在任意停留时间,τ 时 $F(\tau)$ 随时间的变化率。图 3.13 为常见的 $E(\tau)$ 曲线。图中阴影部分面积就是 $E(\tau)\mathrm{d}\tau$,它表明停留时间在 $\tau \sim \tau + \mathrm{d}\tau$ 间的流体占出口流体的分数。$E(\tau)$ 的因次为 h^{-1}。

$$\mathrm{d}F(\tau) = E(\tau)\mathrm{d}(\tau) \tag{3.29}$$

由式(3.29)可见,停留时间为 $0 \sim \tau$ 的那部分流体占出口流体的分数,即

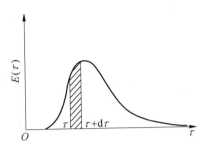

图 3.13　常见的 $E(\tau)$ 曲线

$$F(\tau) = \int_0^\tau E(\tau)\mathrm{d}(\tau) \tag{3.30}$$

停留时间在 $\tau \sim \infty$ 之间的流体占出口流体的分数为

$$1 - F(\tau) = \int_\tau^\infty E(\tau)\mathrm{d}(\tau) \tag{3.31}$$

由式(3.28)、(3.30)可以看出 $F(\tau)$ 和 $E(\tau)$ 的相互关系,$F(\tau)$ 是 $E(\tau)$ 在 $0 \sim \tau$ 范围内的积分值,而 $E(\tau)$ 则为 $F(\tau)$ 对时间 τ 的导数。

以上讨论的是稳定系统,即假设流体 A、B 除颜色不同外,其余性质完全相同。深红色流体 B 在反应器中的流动状况完全能代表无色流体 A。选取红色流体的目的,只不过是为了便于观察、检测罢了。因此,任一瞬间,同时进入反应器的流体或者某一段时间内进入反应器的全部流体,可以用同一个 $F(\tau)$、$E(\tau)$ 函数来表示流体微元通过反应器的停留时间分布。当然,也可以用同一个 $F(\tau)$、$E(\tau)$ 函数来表示某瞬间同时流出反应器的流体的停留时间分布或者某一段时间流出反应器的流体的停留时间分布。正因为 $F(\tau)$、$E(\tau)$ 可以代表稳定流动时全部流体微元的停留时间分布,$F(\tau)$、$E(\tau)$ 才具有重要意义。

(2)停留时间分布函数的主要特性　由图 3.13 可以看出,停留时间短的以及停留时间长的流体微元都比较少,大量存在的是停留时间中等的微元。它符合统计学的规则,在 $E(\tau)$ 曲线上,往往出现一个极大值,该极大值对应的停留时间离开反应器的流体微元数量最大。$E(\tau)$ 曲线在该停留时间处往往出现拐点。进入反应器的流体微元迟早总要离开,故

$$\int_0^\infty E(\tau)\mathrm{d}\tau = 1.0 \tag{3.32}$$

即 $E(\tau)$ 曲线和横轴所围成的面积等于 1.0,也就是说 $E(\tau)$ 具有归一化的特性。可以利用此点来检验所测得的 $E(\tau)$ 曲线是否正确。

当时间 τ 从 0 变到 ∞ 时,$F(\tau)$ 的值从 0 变到 1.0,故

$$\int_0^{1.0} \mathrm{d}F(\tau) = 1.0 \tag{3.33}$$

一般希望物料在系统中停留时间分布均匀些，$E(\tau)$曲线峰形窄些，$F(\tau)$曲线很快达到1.0。为了对不同流动状况下的停留时间分布曲线进行定量比较，人们往往利用停留时间分布函数的特征数来定量说明。此处介绍两个重要的特征数：一个叫做平均停留时间，又叫数学期望；另一个叫做方差。

平均停留时间可以理解为全部流体微元通过反应器的时间平均值$\overline{\tau}$。它可以看成是流体在反应器中化学反应的时间。$\overline{\tau}$可用加和法求得

$$\overline{\tau} = \frac{V_R}{V_0} = \frac{\int_0^\infty \tau E(\tau)\mathrm{d}\tau}{\int_0^\infty E(\tau)\mathrm{d}\tau} = \int_0^\infty \tau E(\tau)\mathrm{d}\tau \tag{3.34}$$

$\overline{\tau}$的因次为时间，在几何图形上也就是$E(\tau)$曲线下的面积(其值为1.0)的重心在横轴τ上的投影坐标。根据$E(\tau)$和$F(\tau)$的相互关系，可得

$$\overline{\tau} = \frac{\int_0^{1.0} \tau \dfrac{\mathrm{d}F(\tau)}{\mathrm{d}\tau}\mathrm{d}\tau}{\int_0^{1.0} \dfrac{\mathrm{d}F(\tau)}{\mathrm{d}\tau}\mathrm{d}\tau} = \int_0^{1.0} \tau \mathrm{d}F(\tau) \tag{3.35}$$

如果把图3.12的坐标对调，得图3.14，这样就可以把τ看成为$F(\tau)$的函数。可以清楚地看到，$\overline{\tau}$就是$F(\tau)$曲线和横轴以及$F(\tau)=0$、$F(\tau)=1.0$两根垂直线所围成的面积，其值为$\dfrac{V_R}{V_0}$。对于大型设备，V_R往往不易测定。平均停留时间往往根据实测的$E(\tau)$或$F(\tau)$函数求得，图3.15所示为一$F(\tau)-\tau$曲线，从横轴处取$\overline{\tau} = \dfrac{V_R}{V_0}$作垂线，可以证明$(A+C)$面积等于$(B+C)$面积，$A+C=B+C=\overline{\tau}$，因此$A=B$。$F(\tau)$测得是否正确，可以通过这点来检验。

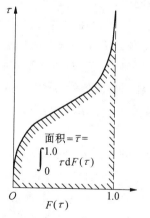

图3.14 反应器$\tau-F(\tau)$曲线

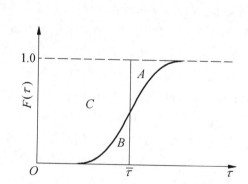

图3.15 反应器$F(\tau)-\tau$曲线

$F(\tau)$、$E(\tau)$都是τ的连续函数，可绘制成光滑曲线。而由实验测得的$F(\tau)$、$E(\tau)$为等时间间隔的数据。最好能把它们绘制成光滑曲线，然后求$\overline{\tau}$，但也可由式(3.36)、(3.37)计算平均停留时间分布，即

$$\overline{\tau} = \frac{\sum \tau E(\tau)\Delta\tau}{\sum E(\tau)\Delta\tau} = \frac{\sum \tau E(\tau)}{\sum E(\tau)} \tag{3.36}$$

$$\overline{\tau} = \frac{\sum \tau \Delta F(\tau)}{\sum \Delta F(\tau)} \tag{3.37}$$

由于实验误差和计算上的近似性，$\sum E(\tau)\Delta\tau$ 和 $\sum \Delta F(\tau)$ 一般不是正好等于 1.0，故在计算中不能随便令分母为 1.0。$\Delta\tau$ 取得愈小，则误差愈小。应该指出，$\overline{\tau}$ 一般并不出现在 $E(\tau)$ 曲线的最大值处，或 $F(\tau)$ 曲线拐点处，而往往偏后一些。

停留时间分布函数的另一重要特征数为方差 σ^2。方差表示各微元停留时间和平均停留时间之差的平方的平均值。方差表示停留时间分布曲线的散度。方差也可以通过加和法算得

$$\sigma^2 = \frac{\int_0^\infty (\tau - \overline{\tau})^2 E(\tau)\mathrm{d}\tau}{\int_0^\infty E(\tau)\mathrm{d}\tau} = \int_0^\infty (\tau - \overline{\tau})^2 E(\tau)\mathrm{d}\tau =$$

$$\int_0^\infty (\tau^2 - 2\tau\overline{\tau} + \overline{\tau}^2) E(\tau)\mathrm{d}\tau = \int_0^\infty \tau^2 E(\tau)\mathrm{d}\tau - 2\overline{\tau}\int_0^\infty \tau E(\tau)\mathrm{d}\tau +$$

$$\overline{\tau}^2 \int_0^\infty E(\tau)\mathrm{d}\tau = \int_0^\infty \tau^2 E(\tau)\mathrm{d}\tau - \overline{\tau}^2 \tag{3.38}$$

用 $F(\tau)$ 函数表示

$$\sigma^2 = \int_0^{1.0} \tau^2 \mathrm{d}F(\tau) - \overline{\tau}^2 \tag{3.39}$$

由实验数据整理成如下形式

$$\sigma^2 = \frac{\sum \tau^2 E(\tau)}{\sum E(\tau)} - \overline{\tau}^2 = \frac{\sum \tau^2 \Delta F(\tau)}{\sum \Delta F(\tau)} - \overline{\tau}^2 \tag{3.40}$$

方差是停留时间分布离散程度的量度，其因次为时间的平方。方差值愈大，则返混程度愈大。

以上是采用停留时间 $\overline{\tau}$ 作为各函数的自变量，为方便起见，采用平均停留时间作为时间变量的标准，以无因次时间（又称对比时间）$\phi = \frac{\tau}{\overline{\tau}}$ 作为自变量。由于时标改变引起下列变化：

平均停留时间 $\qquad\qquad \overline{\phi} = \frac{\overline{\tau}}{\overline{\tau}} = 1.0 \tag{3.41}$

停留时间分布函数 $F(\tau)$ 为无因次函数，其值与时间采用什么单位无关，即

$$F(\tau) = F(\phi) \tag{3.42}$$

$F(\phi)$ 是用无因次时间表示的停留时间分布函数。

停留时间分布密度函数 $E(\tau)$ 的因次为时间$^{-1}$，其值与时间 τ 采用什么单位有关。根据

$$E(\phi)\mathrm{d}(\phi) = E(\tau)\mathrm{d}(\tau) \tag{3.43}$$

$$\mathrm{d}\phi = \frac{\mathrm{d}\tau}{\overline{\tau}} \tag{3.44}$$

得 $\qquad\qquad\qquad E(\phi) = \overline{\tau}E(\tau) \tag{3.45}$

式中 $E(\phi)$ 为用无因次时间表示的停留时间分布密度函数。$E(\phi)$ 无因次，它比 $E(\tau)$ 大 $\overline{\tau}$ 倍。$E(\phi)$ 仍具有归一性。

$$\int_0^\infty E(\phi)\mathrm{d}\phi = 1.0 \tag{3.46}$$

以无因次时间 ϕ 表示的方差 σ_ϕ^2 和以 τ 表示的方差 σ^2 间的关系为

$$\sigma_\phi^2 = \int_0^\infty (\phi - 1)^2 E(\phi) d\phi = \int_0^\infty (\phi - 1)^2 E(\tau) d(\tau) =$$

$$\frac{1}{\bar{\tau}^2} \int_0^\infty (\tau - \bar{\tau})^2 E(\tau) d\tau = \frac{\sigma^2}{\bar{\tau}^2} \tag{3.47}$$

σ_ϕ^2 是无因次的。σ_ϕ^2 用来评价停留时间分布的离散程度比较方便。

3.7.3 停留时间分布函数测定

由于流体微元彼此间很难区别,测定停留时间分布函数往往需借助于示踪剂。其方法是:在反应器入口输入一定量示踪剂,同时在出口处检测示踪剂的浓度随时间的变化情况。通过简单计算求出示踪剂的停留时间分布函数,这也就是全部流体微元的停留时间分布函数。这种方法称为刺激——响应法。采用的示踪剂应既不影响流体流动,又要便于检测。因此,示踪剂都用可溶物质,它们不生成沉淀、不与主流体发生化学反应、不被吸收、也不挥发,并利用它们具有的酸碱性、颜色或放射性而便于检测出来,上节谈到的红色液体就是示踪剂的一种。

两种理想反应器的停留时间分布可以通过数学分析求得。当然,理想置换反应器并不存在停留时间分布。工业反应器的停留时间分布函数都要靠实验求得。停留时间分布不仅和反应器型式有关,而且和反应器大小有关。测定停留时间分布函数最好在生产装置或冷模上进行,至少要在类似装置上测定。最常用的测定方法有两种,一种叫做阶跃响应法,一种叫做脉冲响应法。

(1)阶跃响应法　阶跃响应法的测试流程如图 3.16(a)所示,示踪剂进料曲线见图 3.16 (b),示踪剂出口响应曲线见图 3.16(c)。流体以一定的流量 V_0 进入体积为 V_R 的反应器,稳定后,突然把进料切换成含示踪剂浓度 C_0 的流体,并维持流量 V_0 不变,直至实验结束。切换后的流体可以全部为示踪剂,这时 $C_0 = 1.0$(百分浓度);也可以仅仅在原来流体中加入少量示踪剂,这时 $C_0 < 1.0$。切换的同时,在出口检测示踪剂浓度 C 随时间的变化情况。开始 $C = 0$,然后逐步上升,直至最后设备内原有流体微元全部被含示踪剂浓度为 C 的新流体取代。此时出口流体中示踪剂浓度等于进料流体中示踪剂浓度,$C = C_0$,取 C/C_0 为纵坐标,τ 为横坐标绘制曲线,见图 3.16(c),当 τ 足够大时,即 $\tau \leqslant \infty$,C/C_0 可达 1.0,而且不再发生变化。

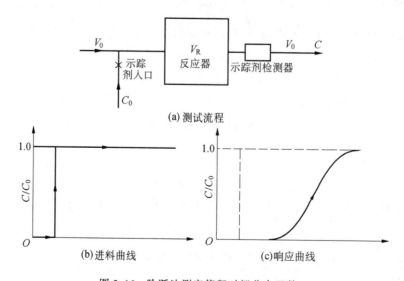

图 3.16　阶跃法测定停留时间分布函数

对示踪剂作物料衡算:在 $\tau \to \tau + d\tau$,取出口样分析,得

$$V_0 C_0 d\tau \int_0^\tau E(\tau)d\tau = V_0 C d\tau$$

$$\int_0^\tau E(\tau)d\tau = \frac{C}{C_0} = F(\tau) \tag{3.48}$$

可见,由阶跃法能直接测得 $F(\tau)$ 函数。

(2)脉冲响应法　阶跃响应法要求快速而稳定地切换流体,并且在测定的全过程中要连续通入含示踪剂浓度 C_0 的流体,这对工业反应器来说是不方便的。因此较常采用的是脉冲响应法。脉冲响应法是在稳定流动时,于某瞬间内(与平均停留时间相比,加示踪剂的时间应该短到能够忽略)向设备内一次注入定量的示踪剂 Q,同时开始计时并不断分析出口处示踪剂浓度 C。在无限长的时间内,加入的 Q 一定能完全离开设备。

$$Q = \int_0^\infty V_0 C d\tau \tag{3.49}$$

停留时间介于 $\tau \to \tau + d\tau$ 间,示踪剂量为

$$QE(\tau)d\tau = V_0 C d\tau \tag{3.50}$$

$$E(\tau) = \frac{V_0 C}{Q} \tag{3.51}$$

令 C_0 为示踪剂 Q 均匀分布在 V_R 中所得虚拟浓度,则

$$E(\tau) = \frac{V_0 C}{V_R C_0} = \frac{1}{\bar{\tau}}\left(\frac{C}{C_0}\right) \tag{3.52}$$

$$\frac{C}{C_0} = \bar{\tau}E(\tau) \tag{3.53}$$

取 $V_0 C/Q$ 为纵坐标、τ 为横坐标绘图,可求得 $E(\tau)$ 曲线,见图 3.17。当然,也可采用 $E(\phi)$ 为纵坐标、ϕ 为横坐标绘图,所得图形与图 3.17 相似。

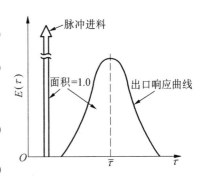

图 3.17　脉冲法测定停留时间分布密度函数

例 3.5　某反应器采用阶跃响应法测得如下数据,求 $F(\tau)$。

时间/s	0	15	25	35	45	55	65	75	95	105
出口流中示踪剂浓度/($mg \cdot cm^{-3}$)	0	0.5	1.0	2.0	4.0	5.5	6.5	7.0	7.7	7.7

解　由出口示踪剂浓度 C 值最后维持在 $7.7\ mg \cdot cm^{-3}$ 不变,可知示踪剂进口浓度 C_0 就是 7.7。

由式(3.48)可知 $F(\tau) = \frac{C}{C_0}$,算出的 $F(\tau)$ 值为

τ/s	0	15	25	35	45	55	65	75	95	105
$F(\tau)$	0	0.065	0.13	0.26	0.52	0.713	0.843	0.908	1.0	1.0

例 3.6　用脉冲响应法测得出口流中示踪剂的变化,求 $E(\tau)$。

时间/min	0	5	10	15	20	25	30	35
出口流中示踪剂浓度/($kg \cdot m^{-3}$)	0	3	5	5	4	2	1	0

解
$$E(\tau) = \frac{V_0 C}{Q}$$

$$Q = \sum V_0 C \Delta\tau = 5V_0(3 + 5 + 5 + 4 + 2 + 1) = 100V_0 \text{ kg}$$

由公式 $E(\tau) = \dfrac{V_0 C}{100 V_0} = \dfrac{C}{100}$，可得

τ/min	0	5	10	15	20	25	30	35
$E(\tau)/\text{min}$	0	0.03	0.05	0.05	0.04	0.02	0.01	0

(3)理想置换和理想混合反应器的停留时间分布函数

① 理想置换反应器的停留时间分布函数。理想置换反应器中全部流体的停留时间均为 $\bar{\tau} = V_R/V_0$。不存在任何大于或小于平均停留时间的微元，$F(\tau)$、$E(\tau)$ 曲线见图 3.18。

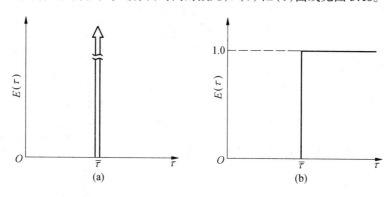

图 3.18　理想置换反应器停留时间分布曲线

由图 3.18(a)可看出在 $\tau \neq \bar{\tau}$ 时，$E(\tau) = 0$；$\tau = \bar{\tau}$ 时，$E(\tau) = \infty$。$E(\tau)$ 曲线在 $\bar{\tau}$ 时是不连续的，具有一个无限窄又无限高的峰形，它所包围的面积为 1.0，这与脉冲响应法进料图形相同。理想置换的 $F(\tau)$ 函数和阶跃响应示踪剂进料图形相同。当 $\tau < \bar{\tau}$ 时，$F(\tau) = 0$；$\tau > \bar{\tau}$ 时，$F(\tau) = 1.0$。由于不存在返混，故出口响应曲线的形状和示踪剂进口曲线形状完全一样，所不同的仅是时间滞后 $\bar{\tau}$ 而已。

理想置换虽然是最简单的流动模型，但它对固定床反应器以及管式裂解炉等却很近似。由于它能大大简化数学处理工作量，故理想置换模型具有很大的实用价值。

② 理想混合反应器的停留时间分布函数。理想混合反应器的停留时间分布函数也可直接算出。假设对理想混合反应器做阶跃实验(见图 3.19)。在稳定流动的某时刻 $\tau = 0$ 时，把流体切换成含示踪剂 C_0 浓度的流体，其流量仍维持为 V_0，设备装料体积为 V_R，在 τ 时，反应器出口处示踪剂浓度为 C，在 $\tau + d\tau$ 时，反应器内示踪剂浓度变化为 dC。在 τ 到 $\tau + d\tau$ 时间内作示踪剂的物料衡算，即

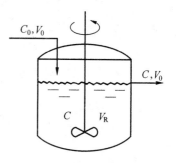

图 3.19　理想混合反应器阶跃响应试验

$$V_0 C_0 d\tau - V_0 C d\tau = V_R dC \tag{3.54}$$

移项，得

$$\frac{dC}{C_0 - C} = \frac{V_0}{V_R} d\tau \tag{3.55}$$

初始条件 $\qquad \tau = 0, C = 0 \qquad\qquad$ (3.56)

可解得 $\qquad \dfrac{C}{C_0} = F(\tau) = 1 - \mathrm{e}^{-\tau/\overline{\tau}} \qquad$ (3.57)

$$E(\tau) = \frac{\mathrm{d}F(\tau)}{\mathrm{d}\tau} = \frac{1}{\overline{\tau}}\mathrm{e}^{-\tau/\overline{\tau}} \qquad (3.58)$$

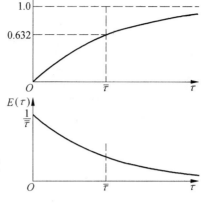

图 3.20 理想混合反应器停留时间分布曲线

图 3.20 为理想混合反应器的 $F(\tau)$、$E(\tau)$ 曲线。由图 3.19 可知,在平均停留时间为 $\overline{\tau}$ 时,$F(\tau) = 0.632$,即有 63.2% 的物料的停留时间小于平均停留时间。这些物料没有反应好就离开了反应器,这就是在其他条件相同时,理想混合反应器转化率低于理想置换反应器的原因。$E(\tau)$ 曲线拖了一条长长的渐近线尾巴,这说明有些流体微元在反应器中逗留了很长时间。由 $F(\tau)$ 曲线也可知,大于平均停留时间的流体微元占 $1 - 0.632 = 0.368$。过长的停留时间对反应并不利,例如,对于串联反应,常常会使中间目的产物进一步反应生成副产物,降低了目的产物的选择性,增加反应器的体积。由此可见,理想混合反应器停留时间分布极宽,大多数情况下,对反应不利。理想混合反应器的方差为

$$\sigma^2 = \int_0^{\infty} (\tau - \overline{\tau})^2 E(\tau)\mathrm{d}\tau = \int_0^{\infty} (\tau - \overline{\tau})^2 \overline{\tau}\mathrm{e}^{-\frac{\tau}{\overline{\tau}}}\mathrm{d}\tau =$$

$$\int_0^{\infty} \tau^2 \frac{1}{\overline{\tau}}\mathrm{e}^{-\frac{\tau}{\overline{\tau}}}\mathrm{d}\tau - \overline{\tau}^2 = 2\overline{\tau}^2 - \overline{\tau}^2 = \overline{\tau}^2 \qquad (3.59)$$

$$\sigma_\phi^2 = \frac{\sigma^2}{\overline{\tau}^2} = 1.0 \qquad (3.60)$$

理想置换反应器无因次方差 $\sigma_\phi^2 = 0$,理想混合反应器无因次方差 $\sigma_\phi^2 = 1.0$,一般工业反应器无因次方差,则为 0~1.0。因此,采用 σ_ϕ^2 比用 σ^2 方便得多。

3.7.4 停留时间分布函数应用

测定停留时间分布函数的目的是为了应用。用它可以定性地分析某台实际反应器的流动状态,从而制定改进方案,也可以直接对某些反应器进行定量计算,或者通过反应器的数学模型加以应用。这里主要介绍停留时间分布函数的定性应用。

根据实测的 E、F 曲线,可以推断反应器的流动状态是否是所期望的流型,并据此制定改进措施。譬如,理想置换流型对很多反应有利,可采用较细长的反应器,在大直径塔内加设筛板、挡板、挡网等以减少返混,或将一釜改为多釜串联等措施,尽量使流动状态接近理想置换流型。如果理想混合对某些反应有利,则可采用相反措施。图 3.21 示出偏离理想置换流型的几种 $E(\phi)$ 曲线。假设:图(a)的峰形和位置都符合预期要求;图(b)出峰太早,说明反应器内有短路、沟流;图(c)有多个递降峰,且每个峰出完后再出下一个峰,说明反应器内有循环流动存在;图(d)一个峰尚未出完毕又出现另一个峰形,表明反应器内有两股平行的流体存在;图(e)出峰太晚,说明示踪剂可能开始吸附在器壁上,后又被冲刷下来,或计时有误差。

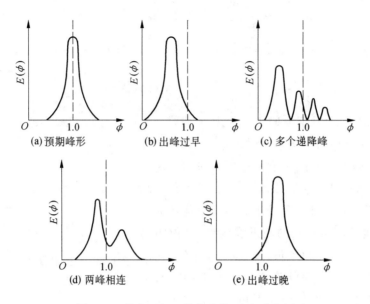

图 3.21 偏离理想置换的几种 $E(\phi)$ 曲线图形

习　题

3.1　在常压及 800℃等温下在管式流动反应器中进行下列气相均相反应

$$C_6H_5CH_3 + H_2 \longrightarrow C_6H_6 + CH_4$$

在反应条件下该反应的速率方程为

$$r = 1.5\, C_A C_B^{0.5} \ \text{mol}\cdot\text{L}^{-1}\cdot\text{s}^{-1}$$

式中 C_A 及 C_B 依次为甲苯和氢的浓度，$\text{mol}\cdot\text{L}^{-1}$。原料气处理量为 2 $\text{kmol}\cdot\text{h}^{-1}$，其中甲苯与氢的摩尔比等于 1。若反应器的直径为 50 mm，试计算甲苯最终转化率为 95% 时的反应器长度。

3.2　根据习题 2.2 所规定的条件和给定数据，改用管式流动反应器生产乙二醇。试计算所需的反应体积，并与间歇釜式反应器进行比较。

3.3　1.013×10^5 Pa 及 20℃下在反应体积为 0.5 m^3 的管式流动反应器中进行一氧化氮氧化反应

$$2NO + O_2 \longrightarrow 2NO_2$$

$$r_{NO} = 1.4 \times 10^4\, C_{NO}^2 C_{O_2} \ \text{kmol}\cdot\text{m}^{-3}\cdot\text{s}^{-1}$$

式中的浓度单位为 $\text{kmol}\cdot\text{m}^3$。进气组成体积分数为 $\varphi(NO) = 10\%$、$\varphi(NO_2) = 1\%$、$\varphi(O_2) = 9\%$、$\varphi(N_2) = 80\%$。若进气量为 0.6 $\text{Nm}^3\cdot\text{h}^{-1}$，试计算反应器出口的气体组成。

3.4　在内径为 76.2 mm 的管式流动反应器中将乙烷热裂解以生产乙烯

$$C_2H_6 \Longleftrightarrow C_2H_4 + H_2$$

反应压力及温度分别为 2.026×10^5 Pa 及 815℃。进料含 $\varphi(C_2H_6) = 50\%$，其余为水蒸气。进气量等于 0.178 $\text{kg}\cdot\text{s}^{-1}$。反应速率方程为

$$-\frac{dp_A}{d\tau} = kp_A$$

式中，p_A 为乙烷的分压。在 815℃时，速率常数 $k = 1.0$ s^{-1}，平衡常数 $K_p = 7.49 \times 10^4$ Pa。假定其他副反应可忽略，试求：

(1)此条件下的平衡转化率。

(2)乙烷的转化率为平衡转化率的 50% 时,所需的反应管长。

3.5 于 227℃、1.013×10^5 Pa 压力下在管式流动反应器中进行气固相催化反应

$$C_2H_5OH + CH_3COOH \longrightarrow CH_3COOC_2H_5 + H_2O$$

$$\quad\quad (A) \quad\quad\quad (B) \quad\quad\quad\quad (P) \quad\quad\quad (Q)$$

催化剂的堆密度为 700 kg·m^{-3}。在 277℃时,B 的转化速率为

$$r_B = \frac{4.096 \times 10^{-7}(0.3 + 8.885 \times 10^{-6}p_Q)(p_B - p_Pp_Q/9.8p_A)}{3\,600(1 + 1.515 \times 10^{-4}p_P)} \quad \text{kmol·kg}^{-1}\text{·s}^{-1}$$

式中的分压以 Pa 表示,假定气固两相间的传递阻力可忽略不计。加料组成为 $w(B) = 23\%$、$w(A) = 46\%$、$w(Q) = 31\%$,加料中不含酯,当 $x_B = 35\%$ 时,所需的催化剂量为多少? 反应体积是多少? 乙酸乙酯产量为 2 083 kg·h^{-1}。

3.6 二氟一氯甲烷分解反应为一级反应

$$2CHClF_2(g) \longrightarrow C_2F_4(g) + 2HCl(g)$$

流量为 2 kmol·h^{-1} 的纯 $CHClF_2$ 气体先在预热器中预热至 700℃,然后在一管式流动反应器中 700℃等温下反应。在预热器中 $CHClF_2$ 已部分转化,转化率为 20%。若反应器入口处反应气体的线速度为 20 m·s^{-1},当出口处 $CHClF_2$ 的转化率为 40.8% 时,出口的气体线速度是多少? 反应器的长度是多少? 整个系统的压力均为 1.013×10^5 Pa,700℃时反应速率常数等于 0.97 s^{-1}。若流量提高一倍,其余条件不变则反应器长度是多少?

3.7 拟设计一等温反应器进行下列液相反应

$$A + B \longrightarrow R, r_R = k_1 C_A C_B$$

$$2A \longrightarrow S, r_S = k_2 C_A^2$$

目的产物为 R,且 R 与 B 极难分离。试问:

(1)在原料配比上有何要求?

(2)若采用管式流动反应器,应采用什么样的加料方式?

(3)如用半间歇反应器,又应用什么样的加料方式?

3.8 在管式反应器中 400℃等温下进行气相不可逆吸热反应,该反应的活化能等于 39.77 kJ·mol^{-1}。现拟在反应器大小、原料组成和出口转化率均保持不变的前提下(采用等温操作),增产 35%,请你拟定一具体措施(定量说明)。设气体在反应器内呈活塞流。

3.9 根据习题 2.7 所给定的条件和数据,改用管式流动反应器,试计算苯酚的产量,并比较不同类型反应器的计算结果。

3.10 根据习题 2.8 所给定的条件和数据,改用管式流动反应器,反应温度和原料组成均保持不变,而空时与习题 2.8(1)的反应时间相同,A 的转化率是否可达到 95%? R 的收率是多少?

3.11 根据习题 2.11 所给定的条件和数据,改用管式流动反应器,试计算:

(1)所需反应体积;

(2)若用两个活塞流反应器串联,总反应体积为多少?

3.12 应用表列的脉冲示踪所得的实验数据来求 $E(\tau)$ 和 $F(\tau)$。

τ/min	0	1	2	3	4	5	6	7	8	9	10
C/(kg·m^{-3})	0	0	3	5	6	6	4	3	2	1	0

第四章 塔式反应器

4.1 概 述

4.1.1 塔式反应器特点及应用

(1)填料塔 结构简单,耐腐蚀,适用于快速和瞬间反应过程,轴向返混可忽略,能获得较大的液相转化率。由于气相流动压降小,降低了操作费用,特别适宜于低压和介质具腐蚀性的操作。但液体在填料床层中停留时间短,不能满足慢反应的要求,且存在壁流和液体分布不均等问题,其生产能力低于板式塔。

填料塔要求填料比表面大、空隙率高、耐蚀性强及强度和润湿等性能优良。常用的填料有拉西环、鲍尔环、矩鞍等,材质有陶瓷、不锈钢、石墨和塑料。

(2)板式塔 适于快速和中速反应过程。具有逐板操作的特点,各板上维持相当的液量,以进行气液相反应。由于采用多板,可将轴向返混降到最低,并可采用最小的液流速率进行操作,从而获得极高的液相转化率。气液剧烈接触,气液相界面传质和传热系数大,是强化传质过程的塔型,因此适用于传质过程控制的化学反应过程。板间可设置传热构件,以移出和移入热量。但反应器结构复杂,气相流动压降大,且塔板需用耐腐蚀性材料制作,因此,大多用于加压操作过程。

(3)喷雾塔 喷雾塔是气膜控制的反应系统,适于瞬间反应过程。塔内中空,特别适用于有污泥、沉淀和生成固体产物的体系。但储液量低,液相传质系数小,且雾滴在气流中的浮动和气流沟流存在,气液两相返混严重。

(4)鼓泡塔 储液量大,适于速度慢和热效应大的反应。液相轴向返混严重,连续操作型反应速率明显下降。在单一反应器中,很难达到高的液相转化率,因此,常用多级鼓泡塔串联或采用间歇操作方式。

4.1.2 附属装置

附属装置的设计对反应器的操作和效率有重要的影响。如填料吸收反应器中的物料,气液分布不匀,会严重影响反应吸收效率;支承板设计不合理,会造成局部液泛等;液体喷淋装置影响塔内填料的有效利用,影响液体对气体反应吸收能力的充分发挥和液相转化率的提高等。

(1)液体喷淋装置 喷淋装置有单管喷洒、莲蓬式喷洒、多孔管喷洒、盘式喷洒等多种型式。其中多孔管分布器见图4.1。

单管喷洒和莲蓬式喷洒适用于直径小于0.6 m的塔。对于大型塔,宜采用多孔管喷淋和肋式喷洒。多

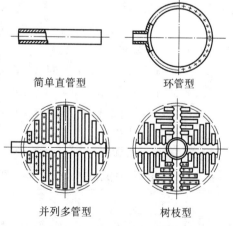

简单直管型　　　　环管型

并列多管型　　　　树枝型

图4.1 多孔管分布器示意图

孔管喷洒装置的结构简单、质量小,能在大面积上分布均匀。为保证小孔能以同速喷洒液体,在多孔管内,液体流速不能过大,一般在喷洒孔流速的 1/2 以下。一般小孔直径为 3 ~ 10 mm,每平方米塔截面上布 60 ~ 100 个喷洒孔。盘式喷洒装置的筛孔上保持 50 ~ 200 mm 高的液层。

(2)液体再分布装置　为了改善塔的操作,减轻液体下流时逐渐增大的壁流现象,每隔一定距离设置一个液体再分布装置,可为倒锥形、波浪形和带升气管的筛孔再分布器,既起支承用,又起再分布作用。

(3)气体入口的布气结构　当塔径小于 0.5 m 时,将进气管做成向下 45°的切口,以免气体直接冲刷填料层。对大塔,气体入塔向下方做成喇叭形扩口或多孔管气体分布器。

(4)除沫器　可采用折流板,丝网除雾器。气体通过丝网的最大流速

$$u = K\sqrt{\frac{\rho_L - \rho_G}{\rho_G}}$$

式中　K——气体系数(m·s^{-1});

ρ_L、ρ_G——液体、气体密度(kg·m^{-3})。

实际操作时流速取 0.75 ~ 0.80 m·s^{-1}。

(5)消泡和防旋板　在低液位处,由于液体流向排液口会引起旋涡,使部分气体被液体夹带而出,此情形在高压操作和使用易起泡液体时更严重,因此,在液位处设置十字形竖向挡板,以分割液位部分空间,防止液体旋涡流动,有利于泡沫浮升破碎和减小液体对气体的夹带。

(6)支承板　置于器底,强度应能支承填料的质量,其自由截面不小于填料的孔隙率,可用栅形、波浪形、升气管式。栅条间距为填料外径的 0.6 ~ 0.8 倍,要防止局部阻力过大和液泛。

4.2　填 料 塔

填料塔广泛应用于物理吸收和化学吸收过程中。由于填料层高 H 比填料直径大得多,因此,填料的作用除增加相界面积外,还能减小轴向混合。填料塔气相和液相的皮克利特数 ρ_{eG}、ρ_{eL} 往往大于 100,可以假设填料塔中气相、液相均为理想置换流型。化学吸收采用的填料塔在结构上和一般吸收塔相同,塔径 D 的计算也基本相同。

4.2.1　物理吸收

为了计算填料高度,必须把传质速度方程式和物料平衡方程式联立求解。计算的空间基准为单位塔截面,高为 dH 的微元体积($dV_R = dH$),其中相界面积为 adH,由于稳定操作,时间基准可以任意取 $\Delta\tau$,如图 4.2 所示。

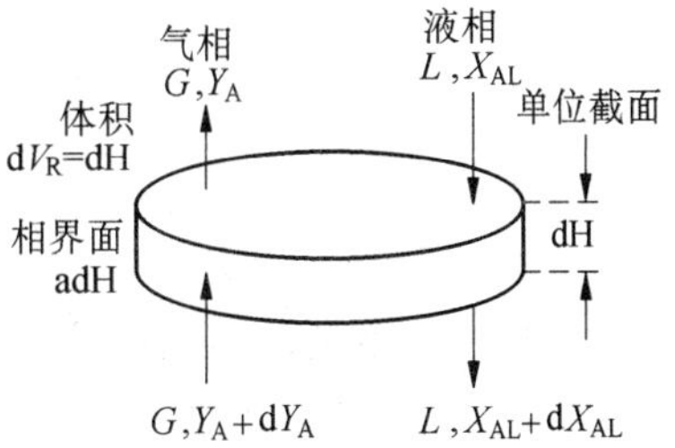

图 4.2　填料塔微元体积物料平衡图

$$GdY_A = LdX_{AL} = k_{AG}a(p_A - p_{Ai})dH =$$
$$k_{AL}a(C_{Ai} - C_{AL})dH = k_{AG}a(p_A - p_A^*)dH =$$
$$k_{AL}a(C_A^* - C_{AL})dH$$

(4.1)

$$GdY_A = Gd\left(\frac{p_A}{p_U}\right) = G\frac{p_U dp_A - p_A dp_U}{p_U^2} = G\frac{(p_t - p_A)dp_A - p_A(-dp_A)}{(p_t - p_A)^2} =$$
$$G\frac{p_t dp_A}{(p_t - p_A)^2} = \left(\frac{G'p_U}{p_t}\right)\frac{p_t dp_A}{(p_t - p_A)^2} =$$

$$\frac{G'(p_t - p_A)p_t \mathrm{d}p_A}{p_t(p_t - p_A)^2} = \frac{G'\mathrm{d}p_A}{(p_t - p_A)} \tag{4.2}$$

同理

$$L\mathrm{d}X_{AL} = L\frac{C_T \mathrm{d}C_{AL}}{(C_T - C_{AL})^2} = L'\frac{\mathrm{d}C_{AL}}{C_T - C_{AL}} \tag{4.3}$$

$$G = G'\frac{p_U}{p_t} \qquad L = L'\frac{C_U}{C_T} \tag{4.4}$$

式中　C_U——液相中惰性组分浓度($\mathrm{kmol \cdot m^{-3}}$);

p_U——惰性气体分压(Pa);

Y_A——气相中 A 物质的量/气相中惰性气体物质的量,$Y_A = p_A/p_U$;

X_{AL}——液相中 A 物质的量/液相中惰性组分物质的量,$X_{AL} = \dfrac{C_{AL}}{C_U}$;

G——单位塔截面上气相中惰性组分流量($\mathrm{kmol \cdot m^{-2} \cdot s^{-1}}$);

L——单位塔截面上液相中惰性组分流量($\mathrm{kmol \cdot m^{-2} \cdot s^{-1}}$);

G'——单位塔载面上气相总流量($\mathrm{kmol \cdot m^{-2} \cdot s^{-1}}$);

L'——单位塔截面上液相总流量($\mathrm{kmol \cdot m^{-2} \cdot s^{-1}}$);

p_t——总压,$p_t = p_A + p_U$ Pa;

C_T——液相总浓度,$C_T = C_{AL} + C_U$ $\mathrm{kmol \cdot m^{-3}}$。

$$H = \int_0^H \mathrm{d}H = Gp_t \int_{p_{A1}}^{p_{A2}} \frac{\mathrm{d}p_A}{k_{AG}a(p_t - p_A)^2(p_A - p_{Ai})} =$$

$$Gp_t \int_{p_{A1}}^{p_{A2}} \frac{\mathrm{d}p_A}{K_{AG}a(p_t - p_A)^2(p_A - p_A^*)} =$$

$$G' \int_{p_{A1}}^{p_{A2}} \frac{\mathrm{d}p_A}{K_{AG}a(p_t - p_A)(p_A - p_A^*)} =$$

$$LC_T \int_{C_{AL1}}^{C_{AL2}} \frac{\mathrm{d}C_{AL}}{k_{AL}a(C_T - C_{AL})^2(C_{Ai} - C_{AL})} =$$

$$LC_T \int_{C_{AL1}}^{C_{AL2}} \frac{\mathrm{d}C_{AL}}{K_{AL}a(C_T - C_{AL})^2(C_A^* - C_{AL})} =$$

$$L' \int_{C_{AL1}}^{C_{AL2}} \frac{\mathrm{d}C_{AL}}{K_{AL}a(C_T - C_{AL})(C_A^* - C_{AL})} \tag{4.5}$$

G'、L'在塔内为变量,应取平均值。k_{AG}、k_{AL} 分别为组分 A 在气膜和液膜内的传质系数,K_{AG}、K_{AL} 为组分 A 分别以分压和液相浓度表示的传质系数,k_{AG} 和 K_{AG} 的单位为 $\mathrm{mol \cdot s^{-1} \cdot m^{-2} \cdot Pa^{-1}}$,$k_{AL}$ 和 K_{AL} 的单位为 $\mathrm{m \cdot s^{-1}}$;a 为比相界面,单位体积反应物的表面积($\mathrm{m^{-1}}$)。$K_{AL}a$、$K_{AG}a$ 可看做常数提到积分号外。对于稀溶液,$L' \approx L$,$G' \approx G$,$p_t - p_A \approx p_t$,$C_T - C_{AL} \approx C_T$。填料层高 H 为

$$H = \frac{G}{p_t K_{AG}a} \int_{p_{A1}}^{p_{A2}} \frac{\mathrm{d}p_A}{p_A - p_A^*} = \frac{L}{C_T K_{AL}a} \int_{C_{AL1}}^{C_{AL2}} \frac{\mathrm{d}C_{AL}}{(C_A^* - C_{AL})} \tag{4.6}$$

4.2.2　化学吸收

反应式为 A(气) + B(液)→产品。采用逆流稳定操作。物料平衡的空间基准和时间基准

· 78 ·

与物理吸收时相同,如图 4.3 所示。当反应局限于液膜内时,也就是对于极快反应和快反应时。

$$
\begin{bmatrix} 气\ 相\ 中\ 失\ 去\ 组 \\ 分\ A\ 的\ 物\ 质\ 的\ 量 \end{bmatrix} = \frac{1}{b}\begin{bmatrix} 液\ 相\ 中\ 失\ 去\ 组 \\ 分\ B\ 的\ 物\ 质\ 的\ 量 \end{bmatrix} = \begin{bmatrix} 液\ 相\ 中\ 反\ 应\ 掉 \\ 的\ A\ 的\ 物\ 质\ 的\ 量 \end{bmatrix}
$$

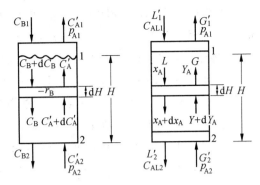

图 4.3 逆流填料塔物料平衡图

$$
G\mathrm{d}Y_A = -\frac{L\mathrm{d}X_B}{b} = r'_A a \mathrm{d} H \tag{4.7}
$$

式中 r'_A——宏观反应速度。

塔内任一截面处的成分可根据式(4.7)积分求得

$$
G(Y_A - Y_{A1}) = -\frac{L}{b}(X_B - X_{B1}) = G\left(\frac{p_A}{p_U} - \frac{p_{A1}}{p_{U1}}\right) =
$$
$$
-\frac{L}{b}\left(\frac{C_B}{C_U} - \frac{C_{B1}}{C_{U1}}\right) \tag{4.8}
$$

填料高为

$$
H = G\int_{Y_{A1}}^{Y_{A2}}\frac{\mathrm{d}Y_A}{r'_A a} = Gp_t\int_{p_{A1}}^{p_{A2}}\frac{\mathrm{d}p_A}{(p_t - p_A)^2 r'_A a} = \frac{L}{b}\int_{X_{B2}}^{X_{B1}}\frac{\mathrm{d}X_B}{r'_A a} \tag{4.9}
$$

当处理稀溶液时,$p_t \approx p_U$,$C_T \approx C_U$,可得到微分物料平衡方程

$$
\frac{G}{p}\mathrm{d}p_A = -\frac{L}{bC_T}\mathrm{d}C_B \tag{4.10}
$$

对塔内任一截面的组分可根据式(4.10)积分,求得

$$
\frac{G}{p_t}(p_A - p_{A1}) = -\frac{L}{bC_T}(C_B - C_{B1}) \tag{4.11}
$$

在处理稀溶液时,填料塔填料高 H 为

$$
H = \frac{G}{p_t}\int_{p_{A1}}^{p_{A2}}\frac{\mathrm{d}p_A}{r'_A a} = \frac{L}{bC_T}\int_{C_{B2}}^{C_{B1}}\frac{\mathrm{d}C_B}{r'_A a} \tag{4.12}
$$

例 4.1 采用填料吸收塔净化废气,使尾气中某有害组分的体积分数从 0.1% 降低到 0.02%(图 4.4、4.5),试比较用纯水吸收和采用不同浓度 B 组分溶液进行化学吸收时的塔高。

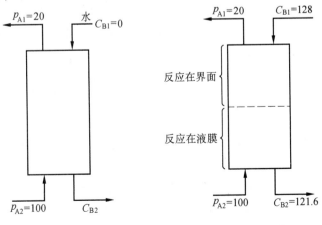

图 4.4 物理吸收　　　　图 4.5 化学吸收

(1)用纯水吸收,已知填料的 $k_{AG}a = 0.32 \ mol \cdot h^{-1} \cdot m^{-3} \cdot Pa^{-1}$,$k_{AL}a = 0.1 \ h^{-1}$,$H_A = 12.5 \ Pa \cdot m^3 \cdot mol^{-1}$,气液流量分别为 $L' \approx L = 7 \times 10^5 \ mol \cdot h^{-1} \cdot m^{-2}$、$G' \approx G = 1 \times 10^5 \ mol \cdot h^{-1} \cdot m^{-2}$,总压 $p_t = 1.01 \times 10^5 \ Pa$,液体的总浓度 $C_T = 56\,000 \ mol \cdot m^{-3}$,并假设不变,求填料层高 H。

(2)水中加入组分 B,进行极快化学吸收,反应式为 A + bB→产品,b = 1.0,采用 B 浓度高达 $C_B = 800 \ mol \cdot m^{-3}$,设 $k_{AL} = k_{BL} = k_L$,求填料层高 H。

(3)采用低浓度,B 溶液 $C_B = 32 \ mol \cdot m^{-3}$,其余情况同(1)、(2),求填料高 H。

(4)采用中等浓度,B 溶液 $C_B = 128 \ mol \cdot m^{-3}$,其余情况和(1)、(2)相同,求填料高 H。

解 (1)离开填料塔的水中含有溶气组分少,塔中处理的是稀溶液,可以采用简化公式

$$\frac{G}{p_t}dp_A = \frac{L}{C_T}dC_A$$

积分,得

$$p_A - p_{A1} = \frac{Lp_t}{GC_T}(C_A - C_{A1})$$

$$p_A - 20 = \frac{7 \times 10^5 \times 1 \times 10^5}{1 \times 10^5 \times 56\,000}C_A$$

可得操作线方程为 $C_A = 0.08p_A - 1.6$,把 $p_{A2} = 100$ 代入操作线方程,得到 $C_{A2} = 6.4 \ mol \cdot m^{-3}$,把 $p_{A1} = 60$ 代入操作线方程,得到 $C_A = 3.2 \ mol \cdot m^{-3}$。

表 4.1 列出塔内三点的数据。

表 4.1 塔内三点设计数据

p_A/Pa	$C_A/mol \cdot m^{-3}$	$p_A^* = H_A C_A/Pa$	$\Delta p_t = p_A - p_A^*/Pa$
20	0	0	20
60	3.2	40	20
100	6.4	80	20

以塔体积为基准的气相总传质系数 $K_{AG}a$ 为

$$\frac{1}{K_{AG}a} = \frac{1}{k_{AG}a} + \frac{H_A}{k_{AL}a} = \frac{1}{0.32} + \frac{12.5}{0.1} = 128.1$$

$$K_{AG}a = 0.007\,8 \ mol \cdot h^{-1} \cdot m^{-3} \cdot Pa^{-1}$$

填料层高 $\quad H = \frac{G}{p_t}\int_{p_{A1}}^{p_{A2}} \frac{dp_A}{K_{AG}ap_A} = \int_{20}^{100} \frac{dp_A}{0.007\,8(20)} = 513 \ m$

通过计算可见,用水来吸收需要 513 m 高的填料层才能完成上述任务。这当然是行不通的。

(2)极快反应化学吸收,C_B 较高的情况,其物料平衡方程为

$$p_A - 20 = \frac{Lp_t}{GC_T}(C_{B1} - C_B) = \frac{7 \times 10^5 \times 1 \times 10^5}{56\,000 \times 1 \times 10^5}(800 - C_B)$$

$$C_B = 801.6 - 0.08 p_A$$

离开填料塔组分 B 的浓度 $C_{B2} = 801.6 - 0.08(1.00) = 793.6 \ mol \cdot m^{-3}$,通过下述计算决定采用方程式的形式,即

塔顶 $\quad k_{AG}ap_{A1} = 0.32 \times 20 = 6.4 \ mol \cdot h^{-1} \cdot m^{-3}$

$$k_{BL}aC_{B1} = 0.1 \times 800 = 80 \ mol \cdot h^{-1} \cdot m^{-3}$$

塔底 $\quad k_{AG}ap_{A2} = 0.32 \times 100 = 32 \ mol \cdot h^{-1} \cdot m^{-3}$

$$k_{BL}aC_{B2} = 0.1 \times 793.6 = 79.36 \text{ mol} \cdot \text{h}^{-1} \cdot \text{m}^{-3}$$

可见无论是塔顶还是塔底处,$k_{AG}ap_A < k_{BL}aC_B$,可以认为整个反应器内均为气相传质控制,反应在界面处进行。反应速度式为

$$r'_A = k_{AG}p_A$$

填料层高
$$H = \frac{G}{p_t}\int_{p_{A1}}^{p_{A2}}\frac{\mathrm{d}p_A}{k_{AG}ap_A} = \int_{20}^{100}\frac{\mathrm{d}p_A}{0.32 p_A} = 5.03 \text{ m}$$

由计算可知,本题在物理吸收时为液膜控制,加入大量 B 组分后发生极快化学反应,液相传质阻力下降为零。宏观反应速度仅由气相传质速度决定。填料层高度将由 513 m 下降至 5 m。说明化学吸收可以大大降低塔高。

(3)C_B 值低时,物料平衡方程

$$p_A - 20 = \frac{Lp_t}{GC_T}(C_{B1} - C_B) = \frac{7 \times 10^5 \times 1 \times 10^5}{56\,000 \times 1 \times 10^5}(32 - C_B)$$

$$C_B = 33.6 - 0.08\,p_A$$

塔底部组分 B 的浓度　　　$C_{B2} = 33.6 - 0.08(100) = 25.6 \text{ mol} \cdot \text{h}^{-1} \cdot \text{m}^{-3}$

塔顶　　　　　　　　　$k_{AG}ap_{A1} = 6.4 \text{ mol} \cdot \text{h}^{-1} \cdot \text{m}^{-3}$

　　　　　　　　　　　$k_{BL}aC_{B1} = 3.2 \text{ mol} \cdot \text{h}^{-1} \cdot \text{m}^{-3}$

塔底　　　　　　　　　$k_{AG}ap_{A2} = 32 \text{ mol} \cdot \text{h}^{-1} \cdot \text{m}^{-3}$

　　　　　　　　　　　$k_{BL}C_{B2} = 2.56 \text{ mol} \cdot \text{h}^{-1} \cdot \text{m}^{-3}$

塔顶和塔底的 $k_{AG}ap_A$ 值均大于 $k_{BL}aC_B$ 值,可见反应在液膜内进行,宏观速度方程为

$$r'_A = \frac{\dfrac{p_A}{H_A} + C_B}{\dfrac{1}{H_A k_{AG}} + \dfrac{1}{k_{AL}}}$$

填料层高
$$H = \frac{G}{p_t}\int_{p_{A1}}^{p_{A2}}\frac{\mathrm{d}p_A}{ar'_A} = \int_{20}^{100}\frac{\mathrm{d}p_A}{\dfrac{p_A/H_A + 33.6 - 0.08\,p_A}{\dfrac{1}{H_A k_{AG}a} + \dfrac{1}{k_{AL}a}}} =$$

$$\frac{10.25}{33.8}(100 - 20) = 24.4 \text{ m}$$

可见,组分 B 的浓度降得太低时,则塔高增加。

(4)C_B 值中等时,物料平衡方程为

$$C_B = 129.6 - 0.08\,p_A$$

塔底部组分 B 的浓度　　　$C_{B2} = 121.6 \text{ mol} \cdot \text{m}^{-3}$

塔顶　　　　　　　　　$k_{AG}ap_{A1} = 6.4 \text{ mol} \cdot \text{h}^{-1} \cdot \text{m}^{-3}$

　　　　　　　　　　　$k_{BL}aC_{B1} = 12.8 \text{ mol} \cdot \text{h}^{-1} \cdot \text{m}^{-3}$

塔底　　　　　　　　　$k_{AG}ap_{A2} = 32 \text{ mol} \cdot \text{h}^{-1} \cdot \text{m}^{-3}$

　　　　　　　　　　　$k_{BL}aC_{B2} = 12.16 \text{ mol} \cdot \text{h}^{-1} \cdot \text{m}^{-3}$

塔顶 $k_{AG}ap_{A1} < k_{BL}aC_{B1}$,反应发生在相界面,在塔上部应该用宏观速度方程 $r'_A = k_{AG}ap_A$。塔底的 $k_{AG}ap_{A2} > k_{BL}aC_{B2}$,反应发生在液膜内,在塔下部应采用宏观速度方程

$$r'_A = \frac{\dfrac{p_A}{H_A} + C_B}{\dfrac{1}{H_A k_{AG}} + \dfrac{1}{k_{AL}}}$$

当 $k_{AG} a p_A = k_{BL} a C_B$，即 $3.2\ p_A = C_B$ 时，反应面从界面刚转入液膜的交界处，与物料平衡方程联立求解，可以确定该分界面发生在 $p_A = 39.5$、$C_B = 126.5$ 处。在这种情况下，填料高度应按二段来计算。

$$H = H_{上部} + H_{下部} = \frac{G}{p_t} \int_{20}^{39.5} \frac{\mathrm{d}p_A}{k_{AG} a p_A} + \frac{G}{p_t} \int_{39.5}^{100} \frac{\mathrm{d}p_A}{\dfrac{p_A / H_A + 129.6 - 0.08\ p_A}{\dfrac{1}{H_A k_{AG} a} + \dfrac{1}{k_{AL} a}}} =$$

$$\frac{1}{0.32} \ln \frac{39.5}{20} + \int_{39.5}^{100} \frac{10.25}{129.6} \mathrm{d}p_A = 2.13 + 4.78 = 6.91\ \text{m}$$

例 4.2 某化学脱硫过程，已知 $k_{AL} = 2 \times 10^{-4}\ \text{m} \cdot \text{s}^{-1}$，$k_{AG} = 0.2 \times 10^{-5}\ \text{kmol} \cdot \text{m}^{-2} \cdot \text{h}^{-1} \cdot \text{Pa}^{-1}$，比相界面 $a = 92\ \text{m}^{-1}$，单位塔截面气相中惰性组分流量 $G = 32\ \text{kmol} \cdot \text{m}^{-2} \cdot \text{h}^{-1}$，入塔气含硫为 2.2 g·m^{-3}，出塔气含硫为 0.04 g·m^{-3}，操作压力 $p_t = 1.01 \times 10^5\ \text{Pa}$（绝压），全塔平均增大因子 $\beta = 48$，亨利常数 $H_A = 1.2 \times 10^6\ \text{Pa} \cdot \text{m}^3 \cdot \text{kmol}^{-1}$。求填料层高 H。

解 宏观动力学方程

$$r'_A = \frac{p_A}{\dfrac{1}{k_{AG}} + \dfrac{H_A}{\beta k_{AL}}} = \frac{p_A}{\dfrac{1}{0.2 \times 10^{-5}} + \dfrac{1.2 \times 10^6}{48 \times 2 \times 10^{-4} \times 3\ 600}} =$$

$$\frac{p_A}{5.347 \times 10^5}\ \text{kmol} \cdot \text{m}^{-3} \cdot \text{h}^{-1}$$

气相含硫量较低，可作为稀气体

$$H = \frac{G}{p_t} \int_{p_{A1}}^{p_{A2}} \frac{\mathrm{d}p_A}{a r'_A} = \frac{32 \times 5.347}{92} \int_{p_{A1}}^{p_{A2}} \frac{\mathrm{d}p_A}{p_A} = \frac{32 \times 5.347}{92} \ln \frac{p_{A2}}{p_{A1}} =$$

$$\frac{32 \times 5.347}{92} \ln \frac{2.2}{0.04} = 7.44\ \text{m}$$

4.3 鼓 泡 塔

鼓泡塔是一种常用的气液接触反应设备，各种有机化合物的氧化反应，如乙烯氧化生成乙醛、乙醛氧化生成醋酸或醋酸酐、环己醇氧化生成己二酸、环己烷氧化生成环己醇和环己酮、及石蜡和芳烃的氯化反应、$C_{18 \sim 20}$ 烃氧化生成皂用脂肪酸、对二甲苯氧化生成苯二甲酸、在硫酸水溶液中异丁酸水解生成异丁烯、氨水碳化生成碳酸氢铵等反应都采用鼓泡塔。在鼓泡塔中，一般不要求对液相作剧烈搅拌，蒸汽以气泡状吹过液体而造成的混合已足够。

鼓泡塔的优点是气相高度分散在液相中，因此有大的持液量和相际接触表面，使传质和传热的效率较高，它适用于缓慢化学反应和强放热情况。同时，反应器结构简单、操作稳定、投资和维修费用低、液体滞留量大。因而，反应时间长。但液相有较大返混，当高径比大时，气泡合并速度增加，使相际接触面积减小。

按结构特征,鼓泡塔可分为空心式、多段式、气提式三种,见图4.6~4.8。

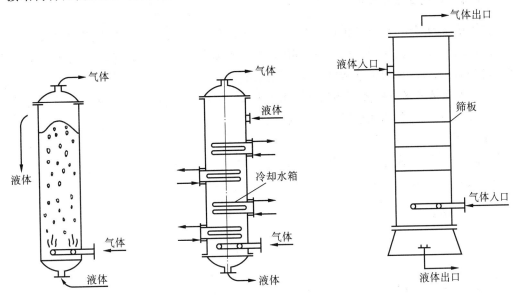

图4.6 空心式鼓泡塔　　图4.7 具有热交换单元的鼓泡塔　　图4.8 多段式气液鼓泡塔

其中空心式鼓泡塔最适用于反应在液相主体中进行的缓慢化学反应系统,或伴有大量热效应的反应系统。当热效应较大时,可在塔内或塔外装置热交换单元,使之变为具有热交换单元的鼓泡塔。为避免塔中的液相返混,当高径比较大时,常采用多段式塔借以保证反应效果。为适应气液通量大的要求或减小气泡凝聚以适用于高粘性液体,使气体提升式鼓泡反应器得到应用,它具有均匀的径向气液流动速度,轴向分散系数较低、传热系数较大、液体循环速度可调节等优点。

4.3.1　鼓泡塔操作状态

鼓泡塔的流动状态可分为三个区域:

(1)安静鼓泡区　在该区域内表观气速低于0.05 m·s^{-1},气泡呈现分散状态,大小均匀,进行有秩序的鼓泡,液体搅动微弱,可称为视均相流动区域。

(2)湍流鼓泡区　该区域表观气速较高,塔内气液剧烈无定向搅动,呈现极大的液相返混。部分气泡凝聚成大气泡,气体以大气泡和小气泡两种形态与液体接触,大气泡上升速度较快,停留时间较短,小气泡上升速度较慢,停留时间较长,因此,形成不均匀接触的流动状态,称为剧烈扰动的湍流鼓泡区,或称为不均匀湍流鼓泡区。

(3)栓塞气泡流动区　在$d \leq 0.15$ m的小直径气泡塔中,在较高表观气速下,由于大气泡直径被器壁所限制,而出现了栓塞气泡流动状态。

工业鼓泡塔的操作常处于安静区和湍流区两种流动状态中,一般应保持在均匀流动的安静区才为合理。但当气通量增加时,原有小气泡的一部分发生凝聚,形成大气泡,获得较大的浮升速度,而构成了不均匀流动的湍流区,致使流动条件由安静区向湍流区转化。此时,液体产生较大的循环速度,在塔的中部,液体随气泡夹带上升,而在近塔壁处,液体则回流向下。

4.3.2　鼓泡塔流体力学

在气液鼓泡塔中,由于传递性能的优劣决定于气泡运动的状况,因此,需要了解气泡的大小、气泡生长及运动的规律,以了解液相内的气含量及气液相界面状况,从而掌握气液相间的传质、传热和因气泡运动引起的液相纵向返混问题。

气体在液体中的溶解速率和其分散程度有关,分散程度愈高,溶解速度愈大。分散程度可用气泡的平均直径、气体的滞留量或比表面表示。

(1)单孔气泡的形成及浮升　气泡的大小取决于气体通过孔的流率、孔径 d_0 大小、流体的性质等,而气泡浮升速度又和气泡直径 d_B 及流体物性等因素有关。

① 气泡直径 d_B。按孔口雷诺数 Re_0 大小可分为三个区域。

孔口雷诺数
$$Re_0 = \frac{d_0 u_G \rho_G}{\mu_G} \tag{4.13}$$

孔径
$$d_0 = \sqrt{\frac{6\sigma}{g(\rho_L \rho_G)}} \tag{4.14}$$

式中　u_G——气体在塔中上升速度($m \cdot s^{-1}$);

ρ_G、ρ_L——气体、液体密度($kg \cdot m^{-3}$);

σ——表面张力($N \cdot m^{-1}$);

μ_G——气体粘度($Pa \cdot s$)。

ⅰ 低气速区域 $Re_0 < 400$,气泡直径 d_B 由气泡所受浮力等于孔周边对气泡附着力求得。

气泡直径
$$d_B = 1.82 \left[\frac{d_0 \sigma}{(\rho_L - \rho_G) g} \right]^{\frac{1}{3}} \tag{4.15}$$

气泡无合并及分裂,设为球形,按原样上升。

ⅱ 中等流速区域 $400 < Re_0 < 5\,000$,气泡以连珠泡状向上均匀运动,但直径 d_B 增大。对空气-水系统

$$d_B = 0.028\,7 d_0^{\frac{1}{2}} Re_0^{\frac{1}{3}} \tag{4.16}$$

ⅲ 高气速区域 $4\,000 < Re_0$,气泡平均直径随 Re_0 增加而下降,系因大气泡本身不稳定而破碎为许多小气泡所致。

② 气泡浮升速度 u_t。气泡所受浮力与阻力相等,气泡作稳定状上升,上升速度随气泡直径变化。

ⅰ 当 $d_B < 0.7$ mm 时,气泡呈现球形,在水中作直线上升,上升速度

$$u_t = \frac{g d_B^2 (\rho_L - \rho_G)}{18 \mu_L} \tag{4.17}$$

式中　μ_L——液体粘度($Pa \cdot s$)。

ⅱ 当 1.4 mm $< d_B < 6$ mm 时,气泡呈现近似扁平的椭球形,在液体中以"Z"字形或螺旋状轨迹上升,形成涡流,引起了阻力增加,上升速度在整个范围内保持相对恒定。

$$u_t = 1.35 \left(\frac{2\sigma}{d_V \rho_L} \right)^{1/2} \tag{4.18}$$

式中　d_V——气泡体积当量直径(m)。

③ 当 $d_B > 8$ mm 时,气泡成笠帽状,随气泡直径增加,上升速度增大。

$$u_t = 0.67(gr_c)^{1/2} \tag{4.19}$$

或用气泡当量直径计算

$$u_t = 1.02\left(g\frac{d_v}{2}\right)^{1/2} \tag{4.20}$$

式中 r_c——笠帽形气泡的曲率半径(m)。

对低粘度液体,气泡上升速度

$$u_t = \left(\frac{2\sigma}{d_v\rho_L} + \frac{gd_v}{2}\right)^{1/2} \tag{4.21}$$

工业气泡塔内,气泡上升速度多处于后两种区域内。

(2)流体力学特征

① 气泡大小及其径向分布:

ⅰ 对塔径不超过 0.6 m 的气泡塔,计算气泡群平均气泡大小 d_{VS} 的 Akita 准数关联式

$$\frac{d_{VS}}{D} = 26\left(\frac{gD^2\rho_L}{\sigma}\right)^{-0.5}\left(\frac{gD^3}{r_L^2}\right)^{-0.12}\left(\frac{u_{OG}}{\sqrt{gD}}\right)^{-0.12} \tag{4.22}$$

式中 d_{VS}——大小不等的气泡的比表面积当量平均直径(m);

r_L——液体运动粘度,$r_L = \dfrac{\mu}{\rho}$ m$^2\cdot$s^{-1}。

ⅱ 当 $4\,000 < Re_0 < 7\,000$ 时

$$d_{VS} = 100Re_0^{-0.4}\left[\frac{\sigma d_0^2}{(\rho_L - \rho_G)g}\right]^{1/4} \tag{4.23}$$

当 $10\,000 < Re_0 < 50\,000$ 时,对空气-水系统,当孔径 $d_0 = 0.4 \sim 1.6$ mm 时

$$d_{VS} = 0.007\,1Re_0^{-0.05} \tag{4.24}$$

用水的平均气泡大小 $d_{VS,w}$ 对其他物料进行换算的换算式

$$\frac{d_{VS}}{D} = d_{VS,w}\left(\frac{\rho_w}{\rho_L}\right)^{0.26}\left(\frac{\sigma}{\sigma_w}\right)^{0.50}\left(\frac{r_L}{r_w}\right)^{0.24} \tag{4.25}$$

式中 ρ_w——水的密度(kg$\cdot$m^{-3});

σ_w——水的表面张力(N$\cdot$m^{-1});

r_w——水的运动粘度(m$^2\cdot$s^{-1})。

一般水的平均气泡大小 $d_{VS,w}$ 约等于 0.063 5 m,压力对 d_{VS} 无影响。

ⅲ 塔内气泡大小沿塔的径向存在一个气泡直径分布,对空气-水系统描述气泡直径沿径向变化的 Falkov 式

$$d_B = \left(9 - 5.2\frac{r}{R}\right) \times 10^{-4} \tag{4.26}$$

式中 R——塔半径(m);

r——塔半径上任一点与圆心的距离(m)。

由式(4.26)看出,离反应器中心愈远,气泡直径愈小,如对直径 0.6 m 的气泡塔,塔中心气泡直径为 10 ~ 15 mm,近壁处气泡直径为 2 ~ 6 mm。但当气速在 0.026 ~ 0.082 m$\cdot$s^{-1} 范围内时,对气泡直径分布情况没有什么影响。

② 气泡群的浮升速度。气泡塔中气泡群的浮升速度 u_B 与单个气泡的浮升速度 u_t 不同。挤在一起的气泡群,其浮升速度由于相挤而减小,气泡群浮升速度 u_B 的计算关联式如下:

ⅰ 久保田式

$$\frac{u_B}{u_t} = \left[0.27 + 0.73(1 - \varepsilon_G)^{2.80}\right]\left[1 + 0.016\,7\left(\frac{d_B^2 g\rho_G}{\sigma_G}\right)^{2.16}\right] \tag{4.27}$$

ⅱ Yamafita 式

对空气–水

$$u_B = 1.1u_{OG}\frac{D}{(D^3 + 12^3)^{1/3}} \tag{4.28}$$

ⅲ Kumar 式

$$\frac{u_B}{\left(\frac{\sigma\Delta\rho_G}{\rho_L^2}\right)^{1/4}} = 1.4 + 0.116u_{OG} + 0.004\,5u_{OG}^2 + 0.000\,08\,u_{OG}^3 \tag{4.29}$$

式中　ε_G——动态含气率(液体连续流动时,塔有效体积内气体所占体积分率);

　　　u_{OG}——表观气速(m·s^{-1});

　　　D——塔径(m)。

若液相是流动状态,则必须使气泡与液体间的相对速度与浮升速度相等,即

$$u_B = u_S = u_G - u_L \tag{4.30}$$

式中　u_L——液体在塔中流速(m·s^{-1})。

气泡上升速度在塔中部达最大,在塔壁处最小,最大浮升速度随表观气速增加而提高。

③ 气含量。气含量是指塔内气液混合物中,气体所占的平均体积分率,即是气体在分散系统中的体积分数。影响气含量的因素有液体的表面张力、粘度和密度等。当气体空塔速度增加时,气含量随之增加。对一定物系,当空塔气速 u_{OG} 达到某一定值时,由于气泡的汇合,反使含气量 ε_G 下降。因此,对空气–水系统,u_{OG} 的限定值是不大于 10 cm·s^{-1}。当塔径 $D > 15$ cm 或当 $u_{OG} < 5\ \text{cm·s}^{-1}$ 时,塔径与气含量无关,所以一般塔径应大于 15 cm,或当 $u_{OG} < 5\ \text{cm·s}^{-1}$ 时,才可取较小塔径。气体的性质对气含量无影响,可以忽略。气含量的计算公式如下:

ⅰ 对于塔径大于 15 cm 的气泡塔,Yoshida-Akita 的气含量关联式为

$$\frac{\varepsilon_G}{(1 - \varepsilon_G)^4} = C\left(\frac{D^2\rho_L g}{\sigma}\right)^{1/8}\left(\frac{D^3\rho_L^2 g}{\mu_L^2}\right)^{1/12}\frac{u_{OG}}{(Dg)^{1/2}} \tag{4.31}$$

式中　C——对纯液体和非电解质溶液为 0.2,对电解质溶液为 0.25。

ⅱ 对于直径小于 0.15 m 的气泡塔,采用 Hughmark 图确定气含量值,可查图 4.9。

由图 4.9 看出,气含量与气体性质无关,只和液体性质等有关。u_{OL} 为表观液速(m·s^{-1})。

ⅲ 对于粘度小于 0.2 Pa·s 的低粘性和气泡易于合并的液体,可采用关联式

$$\varepsilon_G = 0.672\left(\frac{u_{OG}u_L}{\sigma}\right)^{0.578}\left(\frac{u_L^4 g}{\rho_L\sigma^3}\right)^{-0.131}\left(\frac{\rho_G}{\rho_L}\right)^{0.062}\left(\frac{\mu_G}{\mu_L}\right)^{0.107} \tag{4.32}$$

对于气泡不合并的液体,如某些表面活性剂溶液和高粘性非牛顿型液体,其气含量需在塔径大于 0.15 m 的实验塔中测定,以得到可靠的数值。

气含量沿半径的变化可用下式表示

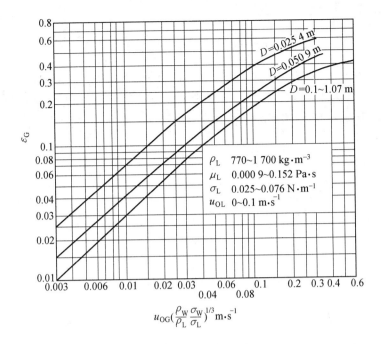

图 4.9 气含量关联图

$$\varepsilon_G = 2\left[1 - \left(\frac{r}{R}\right)^2\right]\overline{\varepsilon}_G \qquad (4.33)$$

式中　$\overline{\varepsilon}_G$——塔截面平均气含量。

　　由式(4.33)看出,气含量沿半径增加而减小,但沿高度增加而增大。

　　④ 比表面。比表面为单位体积分散系统中的相际表面积,鼓泡塔比表面 a 可由气含量和气泡直径确定,其计算式为

$$a = \frac{6\varepsilon_G}{d_{VS}} \qquad (4.34)$$

　　在不同气速范围内,已知气含量和气泡大小,即可求得比表面

或　　　　　　　　$$a = 0.26\left(\frac{H_0}{D}\right)^{-0.3}K^{-0.003}\varepsilon_G \qquad (4.35)$$

式中　H_0——静液层高度;

　　　K——液体模数。

$$K = \frac{\rho_L\sigma^3}{g\mu_L^4}$$

此式适用于 $u_{OG} \leqslant 0.6 \ \text{m}\cdot\text{s}^{-1}, 2.2 \leqslant \dfrac{H_0}{D} \leqslant 24, 5.7 \times 10^5 < K < 10^{11}$ 的条件,误差范围在 ± 15% 以内。

　　例 4.3　塔径为 0.5 m 的空心气泡塔,空气-水系统,空气加入量为 52 $\text{Nm}^3\cdot\text{h}^{-1}$,试计算平均气泡直径、气含量和比表面。

　　解　先求　　　　　$$u_{OG} = \frac{52}{3\ 600\pi\left(\dfrac{0.5^2}{4}\right)} = 0.073\ 6\ \text{m}\cdot\text{s}^{-1}$$

　　查得水在 25℃ 下的物性常数为 $\sigma = 71.97 \times 10^{-3}\ \text{N}\cdot\text{m}^{-1}, \rho_L = 997\ \text{kg}\cdot\text{m}^{-3}, \mu_L = 8.937 \times 10^{-4}\ \text{Pa}\cdot\text{s}$。

（1）气泡直径

$$\frac{d_{VS}}{D} = 26\left(\frac{D^2 \rho_L g}{\sigma}\right)^{-0.5}\left(\frac{gD^3}{r_L^2}\right)^{-0.12}\left(\frac{u_{OG}}{\sqrt{gD}}\right)^{-0.12}$$

$$d_{VS} = 26\left(\frac{9.81 \times 0.5^2 \times 997}{71.97 \times 10^{-3}}\right)^{-0.5}\left(\frac{9.81 \times 0.5^3}{(0.8964 \times 10^{-6})^2}\right)^{-0.12}\left(\frac{0.0736}{\sqrt{9.81 \times 0.5}}\right)^{-0.12} \times$$

$$0.50 = 3.66 \times 10^{-3} \text{ m}$$

（2）气含量

$$\frac{\varepsilon_G}{(1-\varepsilon_G)^4} = C\left(\frac{D^2 \rho_L g}{\sigma}\right)^{1/8}\left(\frac{D^3 \rho_L^2 g}{\mu_L^2}\right)^{1/12}\frac{u_{OG}}{(Dg)^{1/2}} =$$

$$0.2\left(\frac{0.5^2 \times 997 \times 9.81}{71.97 \times 10^{-3}}\right)^{1/8}\left(\frac{0.5^3 \times 997^2 \times 9.81}{8.937^2 \times 10^{-8}}\right)^{1/12}\frac{0.0736}{(0.5 \times 9.81)^{1/2}} = 0.254$$

试差求得

$$\varepsilon_G = 0.139$$

（3）比表面

$$a = \frac{6\varepsilon_G}{d_{VS}} = \frac{6 \times 0.139}{3.66 \times 10^{-3}} = 227.87 \text{ m}^{-1}$$

4.3.3 鼓泡塔的轴向混合

鼓泡塔存在极大的轴向混合，此轴向混合不仅降低了反应速率，且使连续操作的单个塔难以获得较高的转化率。对于工业大塔，当 $D = 2$ m、$H/D = 2$、$\varepsilon_G/u_{OG} = 2.5$ 时，基本接近于理想混合；对于实验小塔，当 $D = 0.1$ m、$H = 2$ m、$\varepsilon_G/u_{OG} = 3$ 时，气相较接近于活塞流。由于鼓泡塔中 u_{OL} 常小于 u_{OG}。因此，只有在塔的高径比 H/D 很大（如 $H/D > 10$）而塔径又很小时，液相才会偏离理想混合模型。

4.3.4 鼓泡塔传热特性

气液鼓泡塔通常用于液相中高度放热的反应，因此，插入的冷却元件的传热在相当程度上将影响反应器的性能。鼓泡塔内由于气泡的上升运动，使液体产生明显扰动，同时充分搅动换热表面处的液膜，使液体边界层厚度减小。因而，引起鼓泡侧界膜给热系数的显著增大。

鼓泡塔内传热过程有以下特点：

① 给热系数 α 与换热面的几何形状、大小、位置、换热方式、反应器形状、塔径、液层高度、内部构件及气体性质、液体表面张力等无关，主要取决于表观气速 u_{OG}、气含量 ε_G 和液体的粘度 μ_L、密度 ρ_L、热容 $C_{p,L}$ 和导热系数 λ_L。

② 表观气速 u_{OG} 是影响给热系数的主要变量，一般取 $u_{OGmax} = 0.1$ m·s^{-1}。当 $u_{OG} < u_{OGmax}$ 时，给热系数 α 将随气速缓慢变化。在安静区，$\alpha \propto u_{OG}^{1/3}$，由于靠近换热表面的液体边界层发生湍动，减小了边界层厚度，导致平均给热系数显著增加；在湍动区，$\alpha \propto u_{OG}^{1/5}$。当表观气速超过 u_{OGmax} 后，给热系数达最大值并恒定。作任一种鼓泡液有其相应的最大给热系数，见表 4.1。

表 4.1 各种液体的最大给热系数

液体种类	粘度 $\mu_L/(\text{mPa·s})$	导热系数 $\lambda_L/(\text{J·m}^{-1}\text{·s}^{-1}\text{·K}^{-1})$	密度热容 $\rho_L C_{p,L}/(\text{kJ·m}^{-3}\text{·K}^{-1})$	最大给热系数 $\alpha_{max}/(\text{kJ·m}^{-2}\text{·s}^{-1}\text{·K}^{-1})$	
				计算值	实验值
水	0.69	0.625	4 150.99	1.996×10^4	1.996×10^4
乙二醇	1.7	1.426	2 660.84	6 529.16	5 791.81
甘油	4.3	0.280	3 469.35	3 417.57	4 388.58
锭子油	15.2	0.141	1 530.35	1 672.84	1 547.02

③ 温度分布及给热系数分布。在直径为 457 mm 和 1 065 mm 的鼓泡塔中,鼓泡液的温度在离换热面 2.54 cm 的距离内,即使表观气速很低,$u_{OG} = 0.003$ m·s^{-1},轴向和径向完全均一,在 20~60℃范围内,亦仅在约几毫米厚的器壁边界层有 3.5℃的温差。因此,使给热系数 α 几乎与径向位置无关,在 $r/R \leq 0.7$ 的范围内,α 为一定值,仅在器壁处比中心略低。

鼓泡塔内气液相对壁的给热系数 α 的计算关联式

$$\frac{\alpha}{u_{OG}\rho_L C_{p,L}} = 0.125 \left(\frac{u_{OG}^3 \rho_L}{\mu_L g}\right)^{-0.25} \left(\frac{\lambda_L}{C_{p,L}\mu_L}\right)^{0.6} \tag{4.36}$$

习 题

4.1 以 25℃的水采用逆流接触方式吸收空气中 CO_2,试问在此操作中:(1)气膜和液膜相对阻力为多少;(2)采用哪种最简单型式的速率方程来设计计算吸收塔? 已知在空气和水中的传质数据如下:

$k_{AG} = 0.8$ mol·m^{-3}·s^{-1}·Pa^{-1};$k_{AL}a = 25$ h^{-1};$H_A = 3\,000$ Pa·m^3 mol^{-1}。

4.2 若采用 NaOH 水溶液在吸收空气中的 CO_2。此时如下的瞬间反应

$$CO_2 + 2OH^- \longrightarrow H_2O + CO_3^{2-}$$

假定吸收温度仍为 25℃,题 4.1 的传质数据仍可采用,试计算:

(1)当 $p_{CO_2} = 1\,000$ Pa 和 NaOH 浓度为 2 kmol·m^{-3}时的吸收速率。

(2)当 $p_{CO_2} = 2 \times 10^4$ Pa 和 $C_{NaOH} = 0.2$ kmol·m^{-3}时的吸收速率。

(3)它们分别与用纯水的物理吸收相比较,吸收速率加快了多少?

4.3 NH_3 是极易溶于水的气体,在 10℃时其亨利常数为

$$H_A = 1 \text{ Pa·m}^3 \cdot \text{mol}^{-1}$$

而 CO、O_2 等是微溶于水的气体,其亨利常数为

$$H_A = 1 \times 10^5 \text{ Pa·m}^3 \cdot \text{mol}^{-1}$$

当用水来对它们进行吸收时(假定为纯物理吸收过程),试问:

(1)气膜和液膜阻力为多少?

(2)哪种阻力控制吸收过程的速率?

(3)在设计计算时应采用何种形式的速率方程式?

假定 NH_3 和 CO 在水和空气系统中的传质系数相等,且 $k_{AG} = 0.41 \times 10^{-2}$ mol·cm^{-1}·Pa^{-1}·m^{-3},$k_{AL} = 10^{-3}$ cm·s^{-1}。

4.4 溶液吸收 CO_2,其化学计量方程为

$$CO_2 + 2NaOH = Na_2CO_3 + H_2O$$

假定 CO_2 的溶解度与 NaOH 的浓度无关,$H_A = 25 \times 10^{-4}$ MPa·cm^3·mol^{-1},反应速率常数 $k = 10^7$ cm^3·mol^{-1}·s^{-1};CO_2 和 NaOH 在液相中的扩散系数可视为相等,试问:

(1)当气液接触时间为 0.01 s,且

① CO_2 分压为 0.01 MPa,NaOH 浓度为 1 mol·L^{-1};

② CO_2 分压为 0.1 MPa,NaOH 浓度为 1 mol·L^{-1}。

是否能认为反应为拟一级反应?

(2)当气液接触时间为 0.1 s,NaOH 浓度为 3 mol·m^{-3}时,CO_2 的分压要大到多少以后反应才不再是拟一级反应?

4.5 在填料塔中用浓度为 $0.25\ mol \cdot L^{-1}$ 的甲醇胺的水溶液来吸收气体中的 H_2S。其反应式为

$$H_2S + RNH_2 \longrightarrow HS^- + RNH_3^+$$

$$\text{A} \qquad \text{B} \qquad \text{R} \qquad \text{S}$$

该反应可按瞬间不可逆反应处理,在 20℃下其传质数据为

$$k_{AL}a = 0.03\ s^{-1} \qquad k_{AG}a = 6 \times 10^{-4}\ mol \cdot m^{-3} \cdot s^{-1} \cdot Pa^{-1}$$

$$D_{AL} = 1.5 \times 10^{-5}\ cm^2 \cdot s^{-1}; D_{BL} = 10^{-5} cm^2 \cdot s^{-1}$$

$$H_A = 11.5\ Pa \cdot m^3 \cdot mol^{-1}$$

试确定为使气体 H_2S 的体积分数从 1% 降至 1×10^{-6} 所需的合理的液气比 L/G 和所需的塔高。

第五章 固定床反应器

5.1 概 述

5.1.1 固定床反应器的特点及应用

反应物料呈气态通过由静止的催化剂颗粒构成的床层进行反应的装置,称为气固相固定床催化反应器,简称固定床反应器。

固定床反应器在化学工业中应用十分广泛,如乙烯氧化制环氧乙烷、乙苯脱氢制苯乙烯、乙烯水合制乙醇等反应都在固定床反应器中进行。许多强放热反应,如丙烯氨氧化制丙烯腈、萘(或邻二甲苯)氧化制苯酐,同时兼有固定床反应器和流化床反应器两类装置。

固定床反应器之所以成为气固相催化反应器的主要型式,是和它具有下述优点分不开的,除床层极薄和流速很低外,床层内的流体轴向流动可看成是理想置换流动,因而化学反应速度较快,一般说来,为完成同样的生产任务,所需要的催化剂用量和反应器体积较小;流体停留时间可以严格控制,温度分布可以适当调节,因而有利于提高化学反应的转化率和选择性;固定床中催化剂不易磨损;可在高温高压下操作。固定床反应器的主要缺点在于传热性能较差。化学反应总是伴随着热效应,温度对反应速度影响很大,反应过程要求及时移走或供给热量,但在固定床内,由于催化剂载体往往导热性不良,流体流速受压降限制又不能太大,这就造成了传热和温度控制上的困难。对于放热反应,在换热式反应器的入口处,因为反应物浓度较高,反应速度较快,放出的热量往往来不及移走,物料温度就会升高,这又促使反应以更快的速度进行,放出更多的热量,物料温度继续上升,直至反应物浓度降低,反应速度减慢,传热速率超过了放热速率,温度才逐渐下降。故放热反应时,通常在换热式反应器的轴向存在一个最高温度点,称为"热点",如设计、操作不当,强放热反应时,固定床内热点温度会超过允许的最高温度,甚至失去控制,称为"飞温"。此时,对反应的选择性、催化剂的活性和寿命、设备的强度等均极为不利。固定床反应器从结构到操作控制所作的种种改进,大多数是为了解决这个问题。此外,固定床反应器还有一些缺点,诸如固定床反应器中不能使用细粒催化剂(以致不能充分利用催化剂的内表面),催化剂的再生、更换均不方便。

5.1.2 固定床反应器构型

固定床反应器的结构型式主要是为了适应不同的传热要求和传热方式,具体可分为:

(1)绝热式 绝热式反应器又可分为单段绝热式和多段绝热式。

单段绝热式反应器一般为高径比不大的圆筒体,内部无换热构件,只在圆筒体下部装有栅板等构件,其上面均匀堆置催化剂。反应气体预热到适当温度,从圆筒体上部通入,经过气体预分布装置,均匀通过床层进行反应,反应后气体经下部引出,如图5.1所示。绝热式反应器结构简单、造价便宜,反应器内体积能得到充分利用,但只适用于反应热效应较小、反应温度允许波动范围较宽、单程转化率较低的场合,如乙苯脱氢制苯乙烯、乙烯水合制乙醇,工业上采用单段绝热式反应器。

为了保持绝热式反应器结构简单等优点,又能在一定程度上调节反应温度,绝热式反应器由单段绝热式又发展为多段绝热式,即在段间进行反应物料的换热。根据换热要求,可以在反应器外另设换热器,也可以在反应器段间设置换热构件、在段间用喷水或补充原料气等的直接换热方法,称之为冷激式。多段绝热式反应器的各种换热方式的反应器示意图见图5.2。如环己醇脱氢制环己酮,换热要求不高,故采用段间设换热构件的多段绝热式反应器。一氧化碳和氢合成甲醇采用多段绝热式反应器时,在段间通原料气进行急冷。

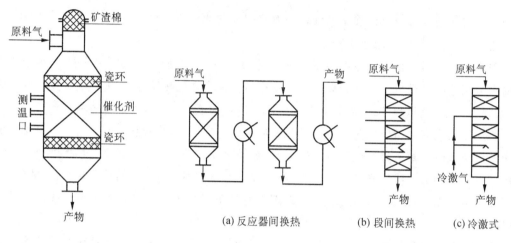

图5.1 绝热式反应器　　　　　　　　　　图5.2 多段绝热式反应器

(2)换热式 当反应热效应较大时,为了维持适宜的温度条件,必须利用换热介质来移走或供给热量。按换热介质的不同,又可分为对外换热式和自身换热式。

① 对外换热。以各种载热体为换热介质,称为对外换热式。化工生产中应用最多的是换热条件较好的列管式反应器,其结构类似管壳式热交换器。通常在管内充填催化剂,反应气体自上而下通过催化剂床层进行反应,管间通载热体。管径一般为 20~50 mm。列管管径的选择与反应热效应有关。热效应愈大,为使径向温度比较均匀,就应采用较小的管径,根据生产规模,列管数可从数百根到数千根,甚至达万根以上。为使气体在各管内分布均匀,以达到反应所需停留时间和温度条件,催化剂的充填十分重要,必须做到充填均匀,各管阻力力求相等。为了减少流动压降,催化剂粒径不宜过小,一般为 2~6 mm 左右。载热体可以根据反应温度范围进行选择,常用的有:冷却水、加压水(100~300℃)、道生油(联苯和二苯醚混合物,200~350℃)、熔盐(如硝酸钠、硝酸钾和亚硝酸钠混合物,300~500℃)、烟道气(600~700℃)等。载热体温度与反应温度之差不宜太大,以免造成靠近管壁的催化剂过冷或过热。过冷时,催化剂不能充分发挥作用;过热时,可能使催化剂失活。载热体必须循环,以增强传热效果。采用不同载热体和载热体循环方式的列管式固定床反应器如图5.3所示。图中(a)为沸腾式,其特点是整个反应器内载热体温度基本恒定。例如,乙炔与氯化氢合成氯乙烯,采用沸腾水为载热体,反应热使沸腾水部分汽化,分离出蒸汽后,冷凝液补加部分软水循环使用。图(b)为内部循环式,例如,生产丙烯腈和苯酐的反应器,以熔盐为载热体,用旋桨式搅拌器强制熔盐循环,并

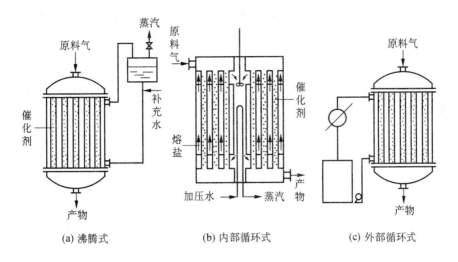

(a) 沸腾式　　　　　(b) 内部循环式　　　　　(c) 外部循环式

图 5.3　列管式固定床反应器

使熔盐吸收的热量传递给水冷换热构件。这种结构比较复杂。图(c)为外部循环式,例如乙烯氧化制环氧乙烷,以道生油为载热体,用泵进行外部强制循环。

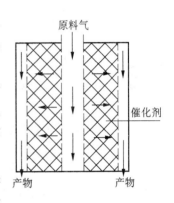

图 5.4　径向流动示意

② 自身换热式。在反应器内,以原料气为换热介质,通过管壁与反应物料换热,以维持反应温度的反应器称为自身换热式。一般都用于热效应不太大的高压反应,既能做到热量自给,又不需要设高压换热设备,主要用于合成氨和甲醇的生产。

固定床反应器除了上述几种主要型式外,近年来,为了能采用细粒催化剂,提高催化剂的有效系数,并减少压降,又发展了径向反应器。工业上甲苯歧化制苯和二甲苯就采用径向反应器。径向反应器中的流体流动如图 5.4 所示。

5.2　固定床反应器内的流体流动

与其他反应器一样,固定床反应器内的流体流动直接影响着传热和传质过程,又最终影响着反应过程。因此,首先应了解固定床反应器内流体流动的特征。由于固定床内流体是通过催化剂颗粒构成的床层而流动,还必须了解与流动有关的催化剂床层的性质。

5.2.1　催化剂颗粒直径和形状系数

催化剂颗粒可为各种形状,如球形、圆柱形、片状、环状、无规则形状等。催化剂的粒径大小,对于球形颗粒可以方便地用直径表示;对于非球形颗粒,习惯上常用与球形颗粒作对比的相当直径表示。通常有三种相当直径:

(1)体积相当直径 d_V　即采用体积相同的球形颗粒直径来表示非球形颗粒直径。

$$d_V = (6V_p/\pi)^{\frac{1}{3}} \tag{5.1}$$

式中　V_p——非球形颗粒的体积(m^3)。

(2)面积相当直径 d_a 即采用外表面积相同的球形颗粒直径来表示非球形颗粒直径。

$$d_a = (A_p/\pi)^{\frac{1}{2}} \tag{5.2}$$

式中 A_p——非球形颗粒的外表面积(m^2)。

(3)比表面相当直径 d_S 即采用比表面积相同的球形颗粒直径来表示非球形颗粒的直径。非球形颗粒的比表面积为

$$S_V = A_p/V_p$$

比表面积等于 S_V 的球形颗粒有如下关系式

$$S_V = \pi d_S^2 / \left(\frac{1}{6}\pi d_S^3\right) = 6/d_S$$

所以

$$d_S = 6/S_V = 6V_p/A_p \tag{5.3}$$

在固定床的流体力学研究中,非球形颗粒直径常常采用体积相当直径,在传热传质的研究中,常常采用面积相当直径。

球形颗粒的外表面积与体积相同的非球形颗粒外表面积之比,称为形状系数 φ_S。

$$\varphi_S = A_S/A_p \tag{5.4}$$

式中 A_S——球形颗粒外表面积(m^2)。

显然,$\varphi_S \leqslant 1$。三种相当直径用 φ_S 联系起来,有如下关系

$$d_S = \varphi_S d_V = (\varphi_S)^{3/2} d_a \tag{5.5}$$

当催化剂床层由大小不一的颗粒组成时,可用调和平均法计算其平均直径 $\overline{d}$。

$$\frac{1}{\overline{d}} = \frac{x_1}{d_1} + \frac{x_2}{d_2} + \cdots + \frac{x_n}{d_n} = \sum_{i=1}^{n} \frac{x_i}{d_i} \tag{5.6}$$

式中 $d_1, d_2, \cdots, d_n$——各种颗粒的粒径(m);

$x_1, x_2, \cdots, x_n$——各种粒径颗粒所占的质量分数。

5.2.2 床层空隙率

空隙率是催化剂床层的重要特性之一,对流动、传热和传质都有较大的影响。它是影响床层压力降的主要因素。空隙率是指颗粒间自由体积与整个床层体积之比。其计算公式为

$$\varepsilon = 1 - \frac{\rho_B}{\rho_S} \tag{5.7}$$

式中 ε——床层空隙率;

ρ_B——催化剂床层堆积密度,即单位体积催化剂床层具有的质量($kg \cdot m^{-3}$);

ρ_S——催化剂的表观密度,即单位体积催化剂颗粒具有的质量($kg \cdot m^{-3}$)。

空隙率的大小与催化剂颗粒的形状、粒度分布、颗粒表面粗糙度、颗粒直径与床层直径之比以及颗粒充填方法等有关。大小均一光滑的球形颗粒有规则排列堆积时,最大空隙率为 0.476(立方格排列),最小空隙率为 0.259 5(菱形格排列)。湍流时,后者造成的压降较前者大 20 倍。大小均一的非球形颗粒床层,空隙率主要决定于颗粒的形状系数和充填方法。形状系数愈大,充填愈紧,空隙率愈小。粒径大小不一的床层,粒度愈不均匀,空隙愈小;颗粒愈光滑,空隙愈小。不同颗粒直径 d_p 与床层直径 d_t 之比对空隙率的影响见图 5.5,d_p/d_t 愈大,空隙率愈大。实验指出:床层径向空隙率分布也不均匀。除贴壁处空隙率最大外,在离壁 $1 \sim 2 d_p$

处,空隙率较大,而床层中部空隙率较小。器壁对空隙率分布的这种影响及由此造成对流动、传热和传质的影响,称为壁效应。

5.2.3 流体在固定床中的流动特性

流体在固定床中的流动情况较之在空管中的流动要复杂得多。固定床中流体是在颗粒间的空隙中流动,颗粒间空隙形成的孔道是弯曲、相互交错的,孔道数和孔道截面沿流向也在不断改变。空隙率是孔道特性的一个主要反映。在床层径向,空隙率分布的不均匀性,造成流速的不均匀性,如图 5.6 所示。图 5.6 系空气在固定床中等温流动时的径向流速分布曲线。由图看出,床层中部空隙率分布较均匀,流速也较均匀。离壁 $1 \sim 2 d_p$ 处,由于空隙较大,流速达最大值。d_p/d_t 愈大,则流速分布愈不均匀。故一般要求管径比粒径大 8 倍以上。流速的不均,造成物料停留时间和传热情况不均一,最终影响反应的结果。但是由于固定床内流动的复杂性,至今难以用数学解析式来描述流速分布,设计计算中常采用床层平均流速的概念。

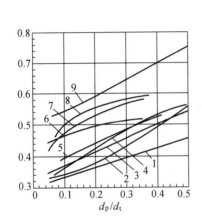

图 5.5　固定床的空隙率

球形:1—非均一尺寸,光滑;3—均一
尺寸;5—粘土
圆柱形:2—均一尺寸,光滑;4—刚
玉;9—6.3 mm 陶质拉西环
不规则形:6—熔融磁铁;7—熔融刚
玉;8—铝砂

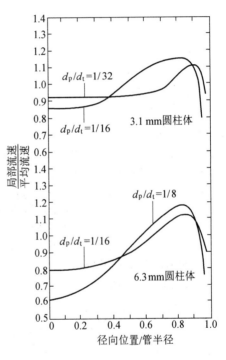

图 5.6　固定床中的流速分布

此外,流体在固定床中流动时,由于本身的湍流,对催化剂颗粒的撞击、绕流,以及孔道的不断缩小和扩大,造成流体的不断分散和混合。这种混合扩散现象在固定床内并非各向同性,因而通常把它分成径向混合和轴向混合两个方面进行研究。径向混合可以简单地理解为:由于流体在流动过程中不断撞击到颗粒上,发生流股的分裂而造成。如图 5.7 所示。轴向混合可简单地理解为流体沿轴向依次流过一个由颗粒间空隙形成的串联着的"小槽",在进口处由于孔道收缩,流速增大,进到"小槽"后,由于突然扩大而减速,形成混合。

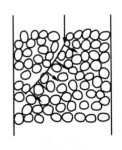

图 5.7　固定床内径向
混合示意图

因此,固定床中的流体流动,可以用简单的扩散模型进行模拟。即认为流动由两部分合成:一部分为流体以平均流速沿轴向作理想置换式的流动;另一部分为流体的径向和轴向的混合扩散,包括分子扩散(层流时为主)和涡流扩散(湍流时为主)。根据不同的混合扩散程度,将两个部分叠加。

5.2.4 流体流过固定床层的压力降

流体流过固定床层的压力降,主要是由于流体与颗粒表面间的摩擦阻力和流体在孔道中的收缩、扩大和再分布等局部阻力引起。当流动状态为层流时,以摩擦阻力为主;当流动状态为湍流时,以局部阻力为主。计算压降的公式很多,常用的一个是仿照流体在空管中流动的压降公式而导出的欧根式。

流体在空圆管中等温流动时,计算压降的公式为

$$\Delta p_t = f \frac{l}{d} \frac{\rho u^2}{2}$$

式中　Δp_t——压力降($N \cdot m^{-2}$);

　　　f——摩擦阻力系数;

　　　l——管长(m);

　　　d——管内径(m);

　　　ρ——流体密度($kg \cdot m^{-3}$);

　　　u——流体平均流速($m \cdot s^{-1}$)。

上式应用于固定床时,管长 l 以 l' 代替

$$l' = f_l l \qquad (f_l > 1 \text{ 为系数})$$

管内径 d 以床层的当量直径 d_e 代替,即

$$d_e = 4R_H = 4 \frac{\text{流道有效截面积}}{\text{流道润湿周边长}} = 4 \frac{\text{床层空隙体积}}{\text{总的润湿面积}} =$$

$$4 \frac{\text{床层空隙体积/床层总体积}}{\text{总的润湿面积/床层总体积}} = 4 \frac{\varepsilon}{S_e}$$

式中　d_e——固定床当量直径(m);

　　　R_H——水力半径(m);

　　　S_e——床层的比(外)表面积(m^{-1})。

因为　　　　　　　　　　$S_e = (1 - \varepsilon)S_V = (1 - \varepsilon)6/d_S$

所以　　　　　　　　　　$d_e = \frac{2}{3} \left(\frac{\varepsilon}{1 - \varepsilon} \right) d_S$

流体平均流速 u 以颗粒空隙中流速 u_1 代替,即

$$u_1 = \frac{u}{\varepsilon}$$

进行上述置换后,得

$$\Delta p_t = f \frac{f_l l 3(1 - \varepsilon)}{2\varepsilon d_S} \frac{\rho}{2} \left(\frac{u}{\varepsilon} \right)^2 = f' \frac{l(1 - \varepsilon)}{\varepsilon^3} \frac{\rho u^2}{d_S}$$

式中　f'——系数,$f' = \frac{3}{4} f f_l$。

实验得出　　　　　　　　$f' = \frac{150}{Re_M} + 1.75$

式中　Re_M——修正雷诺数,$Re_M = \frac{d_S \rho u}{\mu} \left(\frac{1}{1 - \varepsilon} \right)$代入上述关系式,得固定床压降计算公式

$$\frac{\Delta p_t}{l} = 150 \frac{(1 - \varepsilon)^2}{\varepsilon^3} \frac{\mu u}{d_S^2} + 1.75 \frac{\rho u^2}{d_S} \frac{(1 - \varepsilon)}{\varepsilon^3} \tag{5.8}$$

式中　μ——流体粘度(Pa·s)。

式(5.8)中右侧第一项表示摩擦损失,第二项表示局部阻力损失。当 $Re_M < 10$ 时为层流,计算压降时可略去二项。$Re_M > 1\,000$ 时为充分湍流,计算压降时可略去第一项。从式(5.8)可以看出:增大流体空床平均流速、减小颗粒直径以及减小床层空隙率都会使床层压降增大,其中尤以空隙率的影响最为显著。

5.3　固定床反应器内的传热

由于固定床内的催化反应主要是在催化剂的内表面进行的,因此,固定床反应器内的传热过程(以换热式反应器进行放热反应为例)包括:① 反应热由催化剂颗粒内部向外表面传递;② 反应热由催化剂外表面向流体主体传递;③ 反应热少部分由反应后的流体沿轴向带走,主要部分由径向通过催化剂和流体构成的床层传递至反应器器壁,由载热体带走。上述的每一传热过程都包含着传导、对流和辐射三种传热方式。对于这样复杂的传热过程,根据不同情况和要求,可以做不同程度的简化处理。如多数情况下,可以把催化剂颗粒看成是等温体,而不考虑颗粒内的传热阻力。除了快速强放热反应外,也可以忽略催化剂表面和流体之间的温度差,而不能忽视床层内的传热阻力。为了确定反应器的换热面积和了解床层内的温度分布,必须进行床层内部和床层与器壁之间的传热计算。针对不同的要求也有不同的方法,如为了计算反应器的换热面积,可以不计算床层内径向传热,而采用包括床层传热阻力的床层对壁总给热系数计算。为了了解床层径向温度分布,必须采用床层有效导热系数和表观壁膜给热系数相结合计算床层径向传热。各种传热计算中必须的热传递系数可由实验测定,或采用由传热机理分析加以实验验证所确定的计算公式来进行计算。现在分别讨论各种传热计算中采用的传热系数。

5.3.1　床层对壁总给热系数

如把床层看成一个整体,不区别催化剂和流体。假设床层在径向不存在温度梯度,平均温度为 T_m,即不分别考虑催化剂内部、催化剂与流体之间和床层径向传热阻力。假设径向传热阻力全部集中在器壁处,传热推动力以某一截面上的平均温度 T_m 与该截面上的管内壁温度 T_w 之差来表示,传热方程式为

$$dq = \alpha_t dA_i(T_m - T_w) = \alpha_t \pi d_t dl(T_m - T_w) \tag{5.9}$$

式中　dq——传热速率(kJ·h^{-1});

　　α_t——床层对壁总给热系数(kJ·h^{-1}·K^{-1}·m^{-2});

　　A_i——管内壁面积(m^{-2});

　　d_t——管内径(m);

　　l——管长度方向距离(m);

　　T_m——床层平均温度(K);

　　T_w——管内壁温度(K)。

以上类似均相反应器中的传热过程,但因固定床内充填催化剂,促进了流体内的涡流扩散。这使靠近管壁处的层流膜减薄,并使流体内的径向传热加快。故在同样的气速下,固定床

床层对壁总给热系数 α_t 较管内无填充物时的给热系数 α 要大好几倍,如实验测出:

d_p/d_t	0.05	0.10	0.15	0.20	0.25	0.30
α_t/α	5.5	7.0	7.8	7.5	7.0	6.6

在 $d_p/d_t = 0.15$ 处,出现了 α_t/α 的最大值,估计是因为:颗粒尺寸开始变小时,有利于促进涡流扩散,故 α_t/α 增大。但到某一粒度后,颗粒继续变小,每个涡流所影响的范围也变小,而传热所需通过的包围颗粒的层流膜数都增多了。这些不利于传热因素的增长,抵消并超过了上述有利因素的结果,使 α_t/α 降低。

常用的简便的计算 α_t 的实验关联式为利瓦提出。

床层被加热时

$$\frac{\alpha_t d_t}{\lambda_f} = 0.813\left(\frac{d_p G}{\mu}\right)^{0.9}\exp\left(-6\,\frac{d_p}{d_t}\right) \tag{5.10}$$

床层被冷却时

$$\frac{\alpha_t d_t}{\lambda_f} = 3.5\left(\frac{d_p G}{\mu}\right)^{0.7}\exp\left(-4.6\,\frac{d_p}{d_t}\right) \tag{5.11}$$

式中　λ_f ——流体导热系数($kJ \cdot m^{-1} \cdot h^{-1} \cdot K^{-1}$);

　　　G ——表观质量流速($kg \cdot m^{-2} \cdot h^{-1}$);

　　　μ ——流体粘度($Pa \cdot s$)。

例 5.1　邻二甲苯氧化制苯酐,系放热反应,采用列管式固定床反应器。列管内径 d_t 为 25 mm,催化剂粒径 d_p 为 5 mm,流体导热系数 λ_f 为 0.187 7 $kJ \cdot m^{-1} \cdot h^{-1} \cdot K^{-1}$,粘度 μ 为 0.033×10^{-3} Pa·s,密度 ρ 为 0.53 $kg \cdot m^{-3}$,表观质量流速 G 为 9 200 $kg \cdot m^{-2} \cdot h^{-1}$。试计算床层对壁总给热系数 α_t。

解　因放热反应,需要移走热量,床层被冷却,故采用式(5.11)计算,即

$$Re = \frac{d_p G}{\mu} = \frac{0.005 \times 9\,200}{3\,600 \times 0.033 \times 10^{-3}} = 387.21$$

$$\frac{\alpha_t = 3.5(387.21)^{0.7}\exp\left(-4.6\,\dfrac{0.005}{0.025}\right) \times 0.187\,7}{0.025} = 678.58\ kJ \cdot m^{-2} \cdot h^{-1} \cdot K^{-1}$$

5.3.2　床层有效导热系数和表观壁膜给热系数

仍把床层内的催化剂和流体看成一个整体,二者具有相同的温度,但考虑了床层径向的温度梯度。假设床层在径向的传热速率与具有导热系数为 λ_{er} 的固体导热速率相等,把 λ_{er} 称为床层的径向有效导热系数。由实验得知,λ_{er} 随径向位置而变,在靠近管壁处,由于空隙率大于中心部位,减少了该处的径向混合,使有效导热系数在靠近壁处显著降低。因而在讨论床层径向传热时,有两种处理方法,一种是采用平均的 λ_{er} 值来表示床层径向导热能力;另一种是考虑床层中部 λ_{er} 为一定值,而在靠壁处引入一个表观壁膜给热系数 α_w,以考虑靠壁处导热性能的降低。α_w 由下式定义

$$\alpha_w(T_R - T_w) = -\lambda_{er}\left(\frac{\partial T}{\partial r}\right) \tag{5.12}$$

式中　T_R ——按床层径向温度分布外推到壁处所得到的温度(K)。

采用 λ_{er} 和 α_w 两个系数来描绘固定床的径向传热过程可以得到比较准确的温度分布。在此采用这种方法进行讨论。

(1)有效导热系数 λ_{er}　固定床有效导热系数不同于一般的导热系数,它是床层内颗粒之间和流体之间传导、对流和辐射能力的综合表示。床层内流体的流动状态及影响流动因素、颗

粒和流体有关传热的物理性质都影响着有效导热系数值的大小。由于床层内的混合扩散有径向轴向之别,故径向有效导热系数 λ_{er} 和轴向有效导热系数 λ_{el} 也不相等。因热量传递主要发生在径向,故径向有效导热系数较轴向有效导热系数更为重要。

径向有效导热系数 λ_{er} 可由实验数据计算而得到。方法为通过实验测得床层径向温度分布,然后将温度分布数据代入床层热量衡算式,通过计算求得 λ_{er},为使问题简化,实验测定和计算都在无化学反应情况下进行。

通过传热机理的分析和实验数据的验证,可以导出 λ_{er} 的理论计算式。如矢木和国井提出的计算式为

$$\frac{\lambda_{er}}{\lambda_f} = \frac{\lambda_e^0}{\lambda_f} + (\alpha\beta)Re \cdot Pr \tag{5.13}$$

式中 λ_e^0 ——流体静止时的有效导热系数($kJ \cdot m^{-1} \cdot h^{-1} \cdot K^{-1}$);

λ_f ——流体导热系数($kJ \cdot m^{-1} \cdot h^{-1} \cdot K^{-1}$);

α ——系数,即径向传质速度与流动方向传质速度之比;

β ——系数,即颗粒中心间距与粒径之比;

Re ——填充床雷诺数,$Re = \dfrac{d_p G}{\mu}$;

Pr ——传热普郎德数,$Pr = \dfrac{C_p \mu}{\lambda_f}$。

α、β 值由图5.8查取。式(5.13)中右侧第一项表示与流体流动无关的传热机理,也就是流体静止时床层的有效导热性能;第二项表示由流体流动状态所决定的传热机理,主要是因流体的混合扩散造成的径向传热能力。

国井和史密斯进一步分析了床层的传热机理,认为传热按图5.9方式进行。

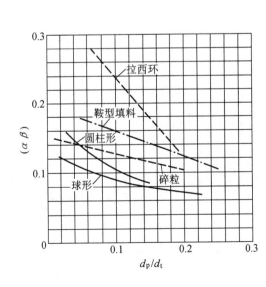

图5.8 求有效导数系数的($\alpha\beta$)图

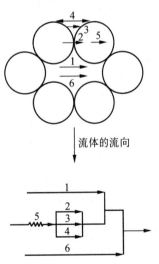

图5.9 固定床径向传热方式
1—流体间辐射和传导传热;2—颗粒接触处传导传热;3—颗料表面流体膜内的传导传热;4—颗粒间的辐射传热;5—颗粒内部的传导传热;6—流体内的对流混合扩散传热

以上第一～五项为流体静止时的传热方式,流体流动时增加第六项,上述六项中,第二项颗粒接触处的传导传热通常较小,可以忽略。按以上传热方式写出的计算式为

$$\lambda_e^0 = \varepsilon(\lambda_f + \alpha_{rV}\Delta l) + \frac{(1-\varepsilon)\Delta l}{\dfrac{1}{\left(\dfrac{\lambda_f}{l_V}\right) + \alpha_{rS}} + \dfrac{l_S}{\lambda_S}} \tag{5.14}$$

式中　α_{rV}——颗粒间空隙体积内流体的辐射给热系数($kJ \cdot m^{-2} \cdot h^{-1} \cdot K^{-1}$);

　　　α_{rS}——颗粒间辐射给热系数($kJ \cdot m^{-2} \cdot h^{-1} \cdot K^{-1}$);

　　　Δl——颗粒中心间距(m);

　　　l_V——颗粒表面处流体膜有效厚度(m);

　　　l_S——颗粒热传导有效长度(m);

　　　λ_S——颗粒导热系数($kJ \cdot m^{-1} \cdot h^{-1} \cdot K^{-1}$)。

在上式中:第一项表示通过颗粒间空隙内静止流体进行的传热,即图 5.9 中第一项;第二项表示通过颗粒进行的传热,包括图 5.9 中第三～五项。

在式(5.14)中引入 3 个与颗粒尺寸和充填方式有关的系数,即:

$\beta = \dfrac{\Delta l}{d_p}$,实际固定床中常为 0.9～1.0,取 1;

$\gamma = \dfrac{l_S}{d_p}$,可取 $\gamma = \dfrac{2}{3}$;

$\varphi = \dfrac{l_V}{d_p}$,颗粒接触表面处流体膜有效厚度的量度。它与填充紧密程度有关,已推导出理论计算公式,并绘成图 5.10 供计算使用。

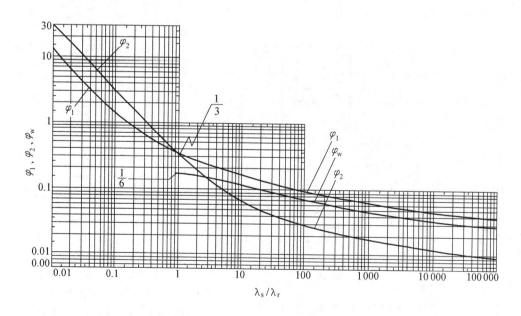

图 5.10　求 λ_e^0 的 φ 值图

把 β、γ、φ 代入式(5.14),得

$$\frac{\lambda_e^0}{\lambda_f} = \varepsilon\left(1 + \beta\frac{\alpha_{rV}d_p}{\lambda_f}\right) + \cfrac{(1-\varepsilon)\beta}{\cfrac{1}{\cfrac{1}{\varphi} + \cfrac{\alpha_{rS}d_p}{\lambda_f}} + \gamma\left(\cfrac{\lambda_f}{\lambda_S}\right)} =$$

$$\varepsilon\left(1 + \frac{\alpha_{rV}d_p}{\lambda_f}\right) + \cfrac{1-\varepsilon}{\cfrac{1}{\cfrac{1}{\varphi} + \cfrac{\alpha_{rS}d_p}{\lambda_f}} + \cfrac{2}{3}\left(\cfrac{\lambda_f}{\lambda_S}\right)} \tag{5.15}$$

α_{rV} 和 α_{rS} 分别按下式计算

$$\alpha_{rV} = 0.819\,8\,\cfrac{1}{1 + \left[\cfrac{\varepsilon}{2(1-\varepsilon)}\right]\left(\cfrac{1-P}{P}\right)}\left(\frac{T_m}{100}\right)^3 \tag{5.16}$$

$$\alpha_{rS} = 0.819\,8\left(\frac{P}{2-P}\right)\left(\frac{T_m}{100}\right)^3 \tag{5.17}$$

式中　P ——颗粒表面热辐射率;

　　　T_m ——床层平均温度,K。

系数 φ 由图 5.10 查出 φ_1、φ_2 后,用下式计算

$$0.476 \geqslant \varepsilon \geqslant 0.26 \qquad \varphi = \varphi_2 + (\varphi_1 - \varphi_2)\frac{\varepsilon - 0.26}{0.216}$$

$$\varepsilon > 0.476 \qquad \varphi = \varphi_1 \tag{5.18}$$

$$\varepsilon < 0.26 \qquad \varphi = \varphi_2$$

当流体为液体时,辐射传热项可略去,得到

$$\frac{\lambda_e^0}{\lambda_f} = \varepsilon + \cfrac{1-\varepsilon}{\varphi + \cfrac{2}{3}\left(\cfrac{\lambda_f}{\lambda_S}\right)} \tag{5.19}$$

当流体为气体时,如颗粒很小,温度较低,辐射传热可以忽略。如粒径大于 5 mm,温度高于常温,辐射传热的影响就显著了。

近年来,迪尤瓦奇和弗鲁门特提出了称为准确度较高的关联式,当流体为空气时,$Re = 30 \sim 1\,000$,有下式

$$\lambda_{er} = \lambda_e^0 + \frac{0.010\,5}{1 + 46(d_p/d_t)^2}Re \tag{5.20}$$

例 5.2　邻二甲苯空气氧化制苯酐。已知反应管内径 d_t 为 25 mm,气体表观质量流速 G 为 9 200 kg·m^{-2}·h^{-1},粘度 μ 为 0.033×10^{-3} Pa·s,密度 ρ 为 0.53 kg·m^{-3},导热系数 λ_f 为 0.187 7 kJ·m^{-1}·h^{-1}·K^{-1},比热容 C_p 为 1.075 kJ·kg^{-1}·K^{-1},催化剂颗粒直径 d_p 为 5 mm,导热系数 λ_S 为 6.3 kJ·m^{-1}·h^{-1}·K^{-1},催化剂表面辐射率 P 为 0.9,床层空隙率 ε 为 0.35,床层平均温度 T_m 为 673 K。求床层径向有效导热系数。

解　　　$$\alpha_{rV} = 0.819\,8\,\cfrac{1}{1 + \left[\cfrac{0.35}{2(1-0.35)}\right]\left(\cfrac{1-0.9}{0.9}\right)}\left(\frac{673}{100}\right)^3 =$$

242.63 kJ·m^{-2}·h^{-1}·K^{-1}

$$\alpha_{rS} = 0.819\,8\left(\frac{0.9}{2-0.9}\right)\left(\frac{673}{100}\right)^3 = 204.46 \text{ kJ} \cdot \text{m}^{-2} \cdot \text{h}^{-1} \cdot \text{K}^{-1}$$

$$\frac{\alpha_{rV}d_p}{\lambda_f} = \frac{242.63 \times 0.005}{0.187\,7} = 6.46$$

$$\frac{\alpha_{rS}d_p}{\lambda_f} = \frac{204.46 \times 0.005}{0.187\,7} = 5.45$$

$$\frac{\lambda_S}{\lambda_f} = \frac{6.3}{0.187\,7} = 33.56$$

查图 5.10,得

$$\varphi_1 = 0.11$$

$$\varphi_2 = 0.038$$

$$\varphi = 0.038 + (0.11 - 0.038)\frac{0.35 - 0.26}{0.216} = 0.068$$

所以

$$\frac{\lambda_e^0}{0.187\,7} = 0.35(1 + 6.46) + \frac{1 - 0.35}{\frac{1}{\frac{1}{0.068} + 5.45} + \frac{2}{3}\frac{1}{33.56}} = 11.96$$

$$\lambda_e^0 = 11.96 \times 0.187\,7 = 2.23 \text{ kJ} \cdot \text{m}^{-1} \cdot \text{h}^{-1} \cdot \text{K}^{-1}$$

$$\frac{d_p}{d_t} = \frac{0.005}{0.025} = 0.2(查图 5.8,得 \alpha \cdot \beta = 0.07)$$

$$Re = \frac{9\,200 \times 0.005}{3\,600 \times 0.033 \times 10^{-3}} = 387.21$$

$$Pr = \frac{1.075 \times 0.033 \times 10^{-3} \times 3\,600}{0.1877} = 0.68$$

所以

$$\frac{\lambda_{er}}{\lambda_f} = 11.96 + 0.07(387.21 \times 0.68) = 30.40$$

$$\lambda_{er} = 30.40 \times 0.187\,7 = 5.71 \text{ kJ} \cdot \text{m}^{-1} \cdot \text{h}^{-1} \cdot \text{K}^{-1}$$

因进料浓度很低,故流体可看成是空气,则用式(5.20)计算得到

$$\lambda_{er} = 2.23 + \frac{0.010\,5}{1 + 46\left(\frac{0.005}{0.025}\right)^2} \times 387.21 = 3.68 \text{ kJ} \cdot \text{m}^{-1} \cdot \text{h}^{-1} \cdot \text{K}^{-1}$$

(2)表观壁膜给热系数 α_w 矢木和国井提出固定床靠壁处热量的传递也由两部分组成,一部分为通过流体静止的床层的传热,一部分为受流动影响的传热,即

$$\alpha_w = \alpha_w^0 + (\alpha_w)_f \tag{5.21}$$

在靠壁处受流动影响的传热包括因流体径向混合扩散造成的传热和通过真正的边界层的传热,这是串联的二步,故

$$\frac{1}{(\alpha_w)_f} = \frac{1}{\alpha_w^*} + \frac{1}{(\alpha_w)_t} \tag{5.22}$$

式中 α_w^* ——边界层壁膜给热系数(kJ·m^{-2}·h^{-1}·K^{-1});

  $(\alpha_w)_t$ ——径向混合扩散的给热系数(kJ·m^{-2}·h^{-1}·K^{-1})。

α_w^* 和 $(\alpha_w)_t$ 分别按以下二式计算

$$\frac{\alpha_w^* d_p}{\lambda_f} = CPr^{\frac{1}{3}}Re^{\frac{1}{2}} \tag{5.23}$$

式中 C ——系数,气体时 $C = 4$,液体时 $C = 2.6$。

$$\frac{(\alpha_w)_t d_p}{\lambda_f} = \alpha'RePr \tag{5.24}$$

式中 α' ——靠壁处径向传质速度与流动方向传质速度之比,对于圆柱形管内壁面,α' 可取 0.054,此值约为床层中部 α 值的一半,即靠壁处混合扩散程度只约为床层中部的一半。由式 (5.21) ~ (5.24)得

$$\frac{\alpha_w d_p}{\lambda_f} = \frac{\alpha_w^0 d_p}{\lambda_f} + \frac{1}{\dfrac{1}{\alpha_w^* d_p/\lambda_f} + \dfrac{1}{\alpha'RePr}} \tag{5.25}$$

式(5.25)适用于全部 Re 数值的范围。

流体静止时,床层的表观壁膜给热系数 α_w^0 可用下式计算

$$\frac{1}{\alpha_w^0 d_p/\lambda_f} = \frac{1}{\lambda_w^0/\lambda_f} - \frac{0.5}{\lambda_e^0/\lambda_f} \tag{5.26}$$

$$\frac{\lambda_w^0}{\lambda_f} = \varepsilon_w\left(2 + \frac{\alpha_{rV} d_p}{\lambda_f}\right) + \frac{1 - \varepsilon_w}{\dfrac{1}{\dfrac{1}{\varphi_w} + \dfrac{\alpha_{rS} d_p}{\lambda_f}} + \dfrac{1}{3}\dfrac{\lambda_f}{\lambda_S}} \tag{5.27}$$

式中 λ_w^0 ——流体静止时,靠近壁面处的有效导热系数($kJ \cdot m^{-1} \cdot h^{-1} \cdot K^{-1}$);

ε_w ——靠近壁面处空隙率,可取 0.7;

φ_w ——靠近壁面处的 φ 值,由图 5.10 查取。

流体为空气,$Re = 30 \sim 1\,000$,迪尤瓦奇和弗鲁门特提出的关联式为

$$\alpha_w = \alpha_w^0 + \frac{0.048\,3 d_t}{d_p}Re \tag{5.28}$$

例 5.3 条件同例 5.2,求表观壁膜给热系数 α_w。

解
$$\frac{\lambda_S}{\lambda_f} = 33.56 \quad (查图5.10,得 \varphi_w = 0.07)$$

$$\frac{\lambda_w^0}{\lambda_f} = 0.7(2 + 6.46) + \frac{1 - 0.7}{\dfrac{1}{\dfrac{1}{0.07} + 5.45} + \dfrac{1}{3 \times 33.56}} = 10.88$$

$$\frac{1}{\alpha_w^0 d_p/\lambda_f} = \frac{1}{10.88} - \frac{0.5}{11.96} = 0.05$$

$$\alpha_w^0 = \frac{0.187\,7}{0.05 \times 0.005} = 750.96 \text{ kJ} \cdot \text{m}^{-2} \cdot \text{h}^{-1} \cdot \text{K}^{-1}$$

$$\frac{\alpha_w^* d_p}{\lambda_f} = 4(0.68)^{\frac{1}{3}} \cdot (387.21)^{\frac{1}{2}} = 69.23$$

$$\frac{1}{\alpha_w^* d_p/\lambda_f} = 0.014$$

$$\frac{1}{\alpha'RePr} = \frac{1}{0.054 \times 387.21 \times 0.68} = 0.07$$

$$\frac{\alpha_w d_p}{\lambda_f} = 20 + \frac{1}{0.014 + 0.07} = 31.90$$

$$\alpha_w = 31.90 \times \frac{0.187\,7}{0.005} = 1\,179.90 \text{ kJ} \cdot \text{m}^{-2} \cdot \text{h}^{-1} \cdot \text{K}^{-1}$$

如用式(5.28)计算,则得

$$\alpha_w = 750.96 + \frac{0.048\,3 \times 0.025}{0.005} \times 387.21 = 844.45 \text{ kJ} \cdot \text{m}^{-2} \cdot \text{h}^{-1} \cdot \text{K}^{-1}$$

由有效导热系数 λ_{er} 和表观壁膜给热系数 α_w 的结合也可求得床层对壁总给热系数 α_t。

$$\frac{\alpha_t d_p}{\lambda_f} = \left(\frac{d_p}{d_t}\right)\left(\frac{\lambda_{er}}{\lambda_f}\right)(a_1^2 + \varphi(b)/y) \tag{5.29}$$

式中 a_1^2 和 $\varphi(b)$ 为无因次数 b 的函数,可由图 5.11 查出。

$$b = \frac{\alpha_w(d_t/2)}{\lambda_{er}} = \frac{(1/2)(d_t/d_p)(\alpha_w d_p/\lambda_f)}{\lambda_{er}/\lambda_f} \tag{5.30}$$

$$y = \frac{4\lambda_{er}l}{GC_p d_t^2} = \frac{4(d_p/d_t)(l/d_t)(\lambda_{er}/\lambda_f)}{PrRe} \tag{5.31}$$

式中　l ——床层长度,m。

当 $y > 0.2$ 时,式(5.29)适用。一般固定床的 $y > 0.2$,故常可采用此式进行计算。

弗鲁门特提出由 λ_{er} 和 α_w 求 α_t 的计算式为

$$\frac{1}{\alpha_t} = \frac{1}{\alpha_w} + \frac{R}{4\lambda_{er}} \tag{5.32}$$

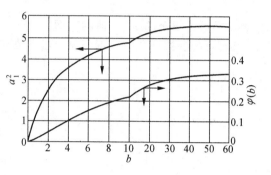

图 5.11　求 α_t 时的 a_1^2 和 $\varphi(b)$ 图

式中　R ——管半径(m)。

例 5.4　由例 5.2 和例 5.3 求得的 λ_{er} 和 α_w 计算 α_t。假设床层长度为 2.5 m。

解

$$b = \frac{1\,179.90 \times 0.025/2}{5.71} = 2.62$$

$$y = \frac{4 \times 5.71 \times 2.5}{9\,200 \times 1.075 \times 0.025^2} = 9.23 > 0.2$$

由图 5.11 查得

$$a_1^2 = 3$$

$$\varphi(b) = 0.07$$

$$\frac{\alpha_t d_p}{\lambda_f} = \left(\frac{0.005}{0.025}\right)\left(\frac{5.71}{0.187\,7}\right)(3 + 0.07/9.23) = 18.30$$

所以

$$\alpha_t = \frac{18.30 \times 0.188\,7}{0.005} = 687.12 \text{ kJ} \cdot \text{m}^{-2} \cdot \text{h}^{-1} \cdot \text{K}^{-1}$$

如将 $\lambda_{er} = 3.68$、$\alpha_w = 844.45$ 代入式(5.32),得

$$\frac{1}{\alpha_t} = \frac{1}{844.45} + \frac{0.012\,5}{4 \times 3.68} = 0.002\,0$$

$$\alpha_t = 494.12 \text{ kJ} \cdot \text{m}^{-1} \cdot \text{h}^{-1} \cdot \text{K}^{-1}$$

由例 5.1～5.4 计算均能看出,运用不同的公式计算结果相差较大,说明这方面的研究工作尚待深入。

5.3.3 流体与催化剂颗粒间给热系数

当流体与催化剂颗粒外表面间存在较大的温度差时,就不能把流体和催化剂看成是一个整体,而应考虑流体与颗粒间的传热阻力,以传热方程式表示为

$$q = \alpha_p S_e \varphi (T_S - T_G) \tag{5.33}$$

式中　　q ——传热速率($\text{kJ} \cdot \text{m}^{-3} \cdot \text{h}^{-1}$);

α_p ——流体与催化剂颗粒间给热系数($\text{kJ} \cdot \text{m}^{-2} \cdot \text{h}^{-1} \cdot \text{K}^{-1}$);

S_e ——单位体积床层中催化剂的外表面积(m^{-1});

φ ——外表面积校正系数,考虑颗粒间存在线接触或面接触时对外表面积的影响,球形 $\varphi = 1$,圆柱形、无定形 $\varphi = 0.9$,片状 $\varphi = 0.81$。

T_S ——颗粒外表面温度(K);

T_G ——流体温度(K)。

α_p 常以传热 j_H 因子表示,其好处在于 j_H 仅仅是 Re 数的函数,因而整理实验数据十分方便,即

$$j_H = \frac{Nu}{RePr^{\frac{1}{3}}} = \frac{\alpha_p}{C_p G} \left(\frac{C_p \mu}{\lambda_f} \right)^{\frac{2}{3}} \tag{5.34}$$

式中　　Nu ——传热努塞尔特数,$Nu = \dfrac{\alpha_p d_p}{\lambda_f}$。

上式中,Re 和 Nu 数中定性尺寸 d_p,对于非球形颗粒,采用面积相当直径 d_a。经过实验研究得到如下的关联式,可供计算使用

$$\varepsilon j_H = 2.876/(d_p G/\mu) + 0.302\ 3/(d_p G/\mu)^{0.35}$$
$$d_p G/\mu = 10 \sim 10\ 000 \tag{5.35}$$

$$j_H = 0.904 Re^{-0.51} \qquad 0.01 < Re < 50 \tag{5.36}$$

$$j_H = 0.613 Re^{-0.41} \qquad 50 < Re < 1\ 000 \tag{5.37}$$

式中　　　　　　　　　　$Re = G/S_e \varphi \mu = d_S G/6(1 - \varepsilon)\varphi \mu$

上述二式均未包括辐射传热,适用于 $d_p < 6$ mm,温度小于 400℃。

利用流体与催化剂颗粒间的给热系数,可以计算流体与催化剂颗粒间的温度差。反应器内稳定操作时,建立了如下热平衡

$$\rho_B r_A (-\Delta_r H)_A = \alpha_p S_e \varphi (T_S - T_G) = \alpha_p S_e \varphi \Delta T$$

所以　　　　　　$\Delta T = \dfrac{\rho_B r_A (-\Delta_r H)_A}{S_e \varphi \alpha_p} = \dfrac{\rho_B r_A (-\Delta_r H)_A (Pr)^{\frac{2}{3}}}{S_e \varphi G j_H C_p} \tag{5.38}$

式中　　r_A ——单位质量催化剂上反应物 A 的反应速率。$r_A = \dfrac{-\text{d} n_A}{W \text{d} \tau}$,$W$ 为催化剂的质量。

在工业装置内,一般流速较高,流体与催化剂颗粒间的温差也较小,常可忽略不计,但在一些快速强放热反应中,流体与颗粒间温度差可达数百度。

例 5.5　邻二甲苯空气氧化制苯酐,已知邻二甲苯分压为 7.5 kPa,流体温度为 637 K 时反应速度 r_A 为 1.015×10^{-3} kmol·kg^{-1}·h^{-1},反应热 $(-\Delta_r H)_A$ 为 1.30×10^6 kJ·kmol^{-1},催化剂床层堆积密度 ρ_B 为 1 300 kg·m^{-3},其余条件同例 5.2,试计算此时流体与催化剂颗粒外表面间的温度差。

解　用式(5.35)求 j_H,从例 5.2 计算为已知:$d_p G/\mu = 387.21$,$C_p\mu/\lambda_f = 0.68$,$\varepsilon = 0.35$。

所以
$$j_H = \frac{2.876/387.21 + 0.302\ 3/(387.21)^{0.35}}{0.35} = 0.129$$

$$S_e = (1 - \varepsilon)6/d_S = 0.65 \times 6/0.005 = 780 \text{ m}^{-1}$$

$$\varphi = 1$$

所以
$$\Delta T = \frac{1\ 300 \times 1.30 \times 10^6 \times 1.015 \times 10^{-3} \times (0.68)^{\frac{2}{3}}}{780 \times 1 \times 1.075 \times 9\ 200 \times 0.129} = 1.33 \text{ K}$$

5.4　固定床反应器内的传质

气固相催化反应发生在催化剂的表面上,因此,反应组分必须到达催化剂表面才能进行反应。固定床反应器内,由于催化剂粒径不能太小,常常采用多孔催化剂以提供反应所需要的表面,造成反应主要在内表面上进行。为此,反应物不仅要从流体主体向催化剂外表面传递,还要通过催化剂颗粒上的微孔向内表面传递。与此同时,反应产物则不断地从内表面向外表面传递,然后从外表面传递至流体主体中。我们通常把流体与催化剂外表面之间的传质称为外扩散,把催化剂颗粒内部的传质称为内扩散。固定床反应器内的传质过程包括了外扩散、内扩散和床层内的混合扩散。固定床反应器内的传质过程,特别是内扩散过程直接影响着反应过程的总速度,现分别进行讨论。

5.4.1　流体与催化剂颗粒外表面间的传质

流体与催化剂外表面间的传质过程以下式表示
$$N_A = k_{CA} S_e \varphi (C_{GA} - C_{SA}) \tag{5.39}$$
式中　N_A——组分 A 的传递速度(kmol·h^{-1}·m^{-3});

k_{CA}——以浓度差为推动力的外扩散传质系数(m·h^{-1});

C_{GA}——组分 A 在流体主体中的浓度(kmol·m^{-3});

C_{SA}——组分 A 在催化剂外表面处的浓度(kmol·m^{-3})。

对于气体,又常以下式表示
$$N_A = k_{GA} S_e \varphi (p_{GA} - p_{SA}) \tag{5.40}$$
式中　k_{GA}——以分压差为推动力的外扩散传质系数(kmol·h^{-1}·m^{-2}·Pa^{-1});

p_{GA}——组分 A 在气相主体中的分压(Pa);

p_{SA}——组分 A 在催化剂外表面处的分压(Pa)。

如气体可当做理想气体,则
$$k_{GA} = k_{CA}/RT$$

外扩散传质系数的大小,反映了主流体中的涡流扩散阻力和颗粒外表面层流膜中的分子扩散阻力的大小。它与扩散组分的性质、流体的性质、颗粒表面形状和流动状态等因素有关,增大流速可以显著地提高外扩散传质系数。外扩散传质系数在床层内随位置而变,通常是对整个床层取同一平均值。

外扩散传质系数 k_C 和 k_G 常以传质因子 j_D 表示。

$$j_D = \frac{Sh}{Re Sc^{\frac{1}{3}}} = \frac{k_C \rho}{G}\left(\frac{\mu}{\rho D}\right)^{\frac{2}{3}} = \frac{k_G p_t}{G_M}\left(\frac{\mu}{\rho D}\right)^{\frac{2}{3}} \tag{5.41}$$

式中　Sh——含伍德数, $Sh = \frac{k_C d_p}{D}$;

Se——施密特数, $Se = \frac{\mu}{\rho D}$;

D——分子扩散系数($m^2 \cdot h^{-1}$);

G——质量流量($kg \cdot m^{-2} \cdot h^{-1}$);

G_M——物质的量流量($kmol \cdot m^{-2} \cdot h^{-1}$);

p_t——系统总压(Pa);

μ——流体粘度($kg \cdot m^{-1} \cdot h^{-1}$);

ρ——流体密度($kg \cdot m^{-3}$)。

上式只适用于二元等分子逆流扩散系统。对于反应过程有分子数变化的多元系统,如

$$aA + bB \longrightarrow lL + mM$$

存在惰性组分 U 时,组分 A 扩散时的 j_D 为

$$j_D = \frac{k_{CA} \rho y_{fA}}{G}\left(\frac{\mu}{\rho D_{Am}}\right)^{\frac{2}{3}} = \frac{k_{GA} p_{fA}}{G_M}\left(\frac{\mu}{\rho D_{Am}}\right)^{\frac{2}{3}}$$

式中　p_{fA}——组分 A 的压力因子;

y_{fA}—— $y_{fA} = \frac{p_{fA}}{p}$;

D_{Am}——多元系统中组分 A 的有效扩散系数($m^2 \cdot h^{-1}$)。

p_{fA} 和 D_{Am} 分别按下列二式计算

$$p_{fA} = \frac{(p_t + \delta_A p_{GA}) - (p_t + \delta_A p_{SA})}{\ln \dfrac{p_t + \delta_A p_{GA}}{p_t + \delta_A p_{SA}}} \tag{5.42}$$

$$D_{Am} = \frac{1 + \delta_A \bar{y}_A}{\dfrac{\bar{y}_B - \left(\dfrac{b}{a}\right)\bar{y}_A}{D_{AB}} + \dfrac{\bar{y}_L + \left(\dfrac{1}{a}\right)\bar{y}_A}{D_{AL}} + \dfrac{\bar{y}_M + \left(\dfrac{m}{a}\right)\bar{y}_A}{D_{AM}} + \dfrac{\bar{y}_J}{D_{AJ}}} \tag{5.43}$$

式中　δ_A——膨胀因子, $\delta_A = \dfrac{l + m - a - b}{a}$;

$\bar{y}$——组分在气固界面处有效膜中的平均物质的量分数。如 $\bar{y} = \dfrac{y_{GA} + y_{SA}}{2}$,即 A 在流体中的催化剂表面上物质的量的平均值;

D_{AB}、D_{AL}、D_{AM}、D_{AJ}——AB、AL、AM、AJ 各二元系统中的分子扩散系数。

在外扩散传质方面,已进行了大量的实验,提出了各种关联式,如吉田、豪根等人提出

$$j_D = 0.84 Re^{-0.51} \qquad 0.05 < Re < 50 \tag{5.44}$$

$$j_D = 0.57 Re^{-0.41} \qquad 50 < Re < 1\,000 \tag{5.45}$$

式中　$Re = G/S_e\varphi\mu = d_S G/6(1-\varepsilon)\varphi\mu$。

近年来,皮特罗维克和托多斯提出下列关联式,被认为比较准确。

$$\varepsilon j_D = \frac{0.357}{Re^{0.359}} \tag{5.46}$$

式中　$Re = \dfrac{d_p G}{\mu}$,适用范围 $3 < Re < 2\,000$。

利用 j_D 值可以计算反应过程流体主体与催化剂外表面间的分压差。反应器内稳定状态时,反应速度与外扩散速度相等,故

$$\rho_B r_A = k_{GA} S_e \varphi (p_{GA} - p_{SA}) = k_{GA} S_e \varphi \Delta p$$

所以

$$\Delta p = \frac{\rho_B r_A}{k_{GA} S_e \varphi} = \frac{\rho_B r_A p_{fA}}{S_e \varphi G_M j_D}\left(\frac{\mu}{\rho D_{Am}}\right)^{\frac{2}{3}} \tag{5.47}$$

工业反应器一般都在较高流速下操作,外扩散的影响通常都可消除。利用式(5.47)对一些常见的气固催化反应进行计算也得知,除表面反应速度极快情况外,流体主体与催化剂外表面间分压差很小,一般可以忽略不计。

实验表明,$j_D/j_H = 0.7 \sim 1.0$。这说明了传热和传质的相似性。根据上述关系可以进行流体与催化剂外表面间传质系数和给热系数的换算。此外也可以建立起流体与催化剂外表面之间温度差与浓度差的关系式。在稳定状态下

$$k_{CA} S_e \varphi (C_{GA} - C_{SA})(-\Delta_r H)_A = \alpha_p S_e \varphi (T_S - T_G)$$

$$T_S - T_G = \frac{k_{CA}(-\Delta_r H)_A}{\alpha_p}(C_{GA} - C_{SA}) =$$

$$\frac{(-\Delta_r H)_A j_D}{\rho C_p y_{jA} j_H}\left(\frac{Pr}{Sc}\right)^{\frac{2}{3}}(C_{GA} - C_{SA})$$

取 $j_D/j_H \approx 1$,对于大多数气体,$Pr/Sc \approx 1$,代入得

$$T_S - T_G = \frac{(-\Delta_r H)_A}{\rho C_p y_{fA}}(C_{GA} - C_{SA}) \tag{5.48}$$

等分子逆流扩散时,$y_{fA} = 1$。

由上式看出,当流体与催化剂外表面间浓度差很小时,也可能存在显著的温度差。

5.4.2　催化剂颗粒内部的传质

催化剂颗粒内部的传质及其对反应的影响,在理论基础课程中已进行了详细的讨论,由讨论得知:

① 由于催化剂颗粒内部微孔的不规则性和扩散要受到孔壁影响等因素,使催化剂微孔内的扩散过程十分复杂,通常以有效扩散系数 D_{eff} 描述。D_{eff} 除由实验测定外,也可用下式估算

$$D_{eff} = D_C \frac{\varepsilon_p}{\tau} \tag{5.49}$$

式中　D_{eff}——催化剂颗粒内有效扩散系数($m^2 \cdot h^{-1}$);

　　　D_C——考虑了微孔内努森扩散和容积扩散的综合扩散系数($m^2 \cdot h^{-1}$);

　　　ε_p——催化剂颗粒内空隙率;

　　　τ——微孔形状因子,$\tau = 1 \sim 6$。

② 催化剂微孔内的扩散过程对反应速度有很大的影响,反应物进入微孔后,边扩散边反

应,如扩散速度小于表面反应速度,沿扩散方向,反应物浓度逐渐降低,以致反应速度也随之下降。采用催化剂有效系数 η 对此进行定量的说明,即

$$\eta = \frac{\text{催化剂颗粒实际反应速率}}{\text{催化剂内表面与外表面温度浓度相同时的反应速度}} = \frac{r_{\mathrm{P}}}{r_{\mathrm{S}}} \qquad (5.50)$$

催化剂有效系数 η 可通过实验测定。首先测得颗粒实际反应速度 r_{P},然后将颗粒逐次压碎,使内表面暴露为外表面,在同上条件下测定反应速度,当颗粒变小而反应速度不变时,测得的就是消除了内扩散影响的反应速度 r_{S},r_{P} 与 r_{S} 之比值即为 η。

通过建立和求解催化剂颗粒内部的物料衡算式、反应动力学方程式和热量衡算式可以得到颗粒内部为等温和非等温时的催化剂有效系数计算公式。公式表明:各种不同形状的催化剂进行不同级数的反应,其有效系数均为一无因次数群——齐勒模数的函数。如对于催化剂颗粒的两种极端几何外形——球形和片状,其梯尔模数分别为

$$\text{球形} \qquad\qquad \phi_{\mathrm{S}} = R\sqrt{\frac{k_{\mathrm{V}}C_{\mathrm{S}}^{n-1}}{D_{\mathrm{eff}}}} \qquad (5.51)$$

$$\text{片状} \qquad\qquad \phi_{\mathrm{L}} = L\sqrt{\frac{k_{\mathrm{V}}C_{\mathrm{S}}^{n-1}}{D_{\mathrm{eff}}}} \qquad (5.52)$$

式中　ϕ_{S}、ϕ_{L}——球形、片状催化剂的梯尔模数;

　　R、L——球形、片状催化剂的特性长度,R 为球半径,L 为片状催化剂仅一个面暴露于反应物中时的厚度(m);

　　k_{V}——反应速度常数($\mathrm{m}^{3n-3} \cdot \mathrm{kmol}^{1-n} \cdot \mathrm{s}^{-1}$);

　　C_{S}——组分在催化剂外表面处的浓度($\mathrm{kmol} \cdot \mathrm{m}^{-3}$);

　　n——反应级数。

如把特性长度定义为催化剂颗粒的体积 V_{p} 和其外表面积 A_{p} 之比,即 $V_{\mathrm{p}}/A_{\mathrm{p}}$,则任意形状催化剂的齐勒模数为

$$\phi_{\mathrm{p}} = \frac{V_{\mathrm{p}}}{A_{\mathrm{p}}}\sqrt{\frac{k_{\mathrm{V}}C_{\mathrm{S}}^{n-1}}{D_{\mathrm{eff}}}} \qquad (n = 0,1,2) \qquad (5.53)$$

对于球形催化剂,$V_{\mathrm{p}}/A_{\mathrm{p}} = R/3$,故 $\phi_{\mathrm{p}} = \frac{1}{3}\phi_{\mathrm{S}}$。

对于片状催化剂,$V_{\mathrm{p}}/A_{\mathrm{p}} = L$,故 $\phi_{\mathrm{p}} = \phi_{\mathrm{L}}$。

球形和片状催化剂进行不同级数反应时的 η – ϕ_{p} 关系曲线如图 5.12 所示。由图看出,除

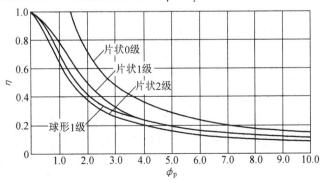

图 5.12　不同形状催化剂不同级数反应时的有效系数

零级反应外，ϕ_p 很小时，$\eta \approx 1$；$\phi_p > 3$，$\eta \approx \dfrac{1}{\phi_p}$。这是容易理解的，因为 ϕ_p 值小，就表示催化剂粒径小，化学反应速度慢，内扩散速度快，此时内扩散对反应速度无影响，故 $\eta \approx 1$。反之，当 ϕ_p 值大时，催化剂粒径大，化学反应速度快，内扩散速度慢，内扩散的影响就不容忽视，这时 $\eta \ll 1$。其它形状的催化剂可认为处于球形和片状之间，故此结论具有普遍意义。

内扩散不仅影响反应速度，而且影响复杂反应的选择性。如平行反应中，对于反应速度快、级数高的一个反应，内扩散阻力的存在将降低其选择性。又如连串反应以中间产物为目的产物时，深入到微孔中去的扩散将增加中间产物进一步反应的机会而降低其选择性。

固定床反应器内常用的是直径 3~5 mm 的大颗粒催化剂，一般难以消除内扩散的影响。实际生产中采用的催化剂，其有效系数值可为 0.01~1。因而工业生产上必须充分估计内扩散的影响，采取措施尽可能减少其影响。在反应器的设计中，则应采用估计了内扩散影响的总反应速度方程式。

在催化剂颗粒内部等温的情况下，对于大多数气-固催化反应，可用一个简单的标准来判断内扩散的影响，即当

$$R\sqrt{\frac{k_V}{D_{eff}}} < 1 \qquad \text{或} \qquad R^2\frac{k_V}{D_{eff}} < 1 \tag{5.54}$$

时，内扩散的影响可以忽略不计。其依据是由图 5.12 看出，当 $\phi_p < \dfrac{1}{3}$ 时，$\eta > 0.9$，而 $\phi_p = \dfrac{\phi_S}{3}$，故 $\phi_S < 1$ 时，$\eta > 0.9$。由于 k_V 不易测得，此判断标准又常以实测的反应速度表示。如一级不可逆反应

$$r_p = r_S\eta = k_V C_S\eta$$

将 $k_V = \phi_S^2 D_{eff}/R^2$ 代入上式，得

$$r_p = \phi_S^2 D_{eff} C_S\eta/R^2$$

即

$$\frac{r_p R^2}{D_{eff} C_S} = \phi_S^2\eta$$

由前已知，当 $\phi_S < 1$ 时，$\eta \approx 1$，故内扩散影响可以忽略时，必存在下式

$$R^2\frac{r_p}{D_{eff} C_S} < 1 \tag{5.55}$$

反之，当内扩散影响不容忽略时，必存在下式

$$R^2\frac{r_p}{D_{eff} C_S} > 1 \tag{5.56}$$

上式虽从一级不可逆反应推出，但由图 5.12 可知，无论一级或更高级反应，当 $\phi_p < \dfrac{1}{3}$ 时，曲线均趋一致，故此式可作为大多数气-固催化反应是否受内扩散控制的判别式。

判明了内扩散的影响，就可以选用工业上适宜的催化剂颗粒尺寸。当必须采用细颗粒时，可以考虑改用径向反应器或改用流化床反应器。此外也有从改变催化剂结构入手的，如制造双孔分布型催化剂，把具有小孔但消除了内扩散影响的细粒挤压成型为大孔的粗粒，既提供了足够的表面积，又减少了扩散阻力。还有把活性组分只浸渍或喷涂在颗粒外层的表面薄层催化剂等。

例 5.6 采用直径 d_p 为 2.4 mm 的催化剂颗粒进行反应物 A 的一级分解反应。已测得反应速度 r_{pA} 为 100 kmol·h^{-1}·m^{-3}，气相中 A 的浓度 C_{GA} 为 0.02 kmol·m^{-3}。并已知催化剂颗粒

内部有效扩散系数 D_{eff} 为 5×10^{-5} m²·h⁻¹,外扩散传质系数 k_{CA} 为 300 m·h⁻¹。试判断外扩散和内扩散的影响。

解 (1)判断外扩散的影响

$$k_{\text{CA}} A_{\text{p}} (C_{\text{GA}} - C_{\text{SA}}) = k_{\text{V测}} V_{\text{p}} C_{\text{GA}}$$

$$\frac{k_{\text{V测}} V_{\text{p}}}{k_{\text{CA}} A_{\text{p}}} = \frac{C_{\text{GA}} - C_{\text{SA}}}{C_{\text{GA}}}$$

如外扩散很快,则 $C_{\text{GA}} \approx C_{\text{SA}}$,故 $\dfrac{k_{\text{V测}} V_{\text{p}}}{k_{\text{CA}} A_{\text{p}}} \approx 0$。如外扩散很慢,则 $C_{\text{SA}} \approx 0$,故 $\dfrac{k_{\text{V测}} V_{\text{p}}}{k_{\text{CA}} A_{\text{p}}} \approx 1$。按上所述进行判断,即

$$\frac{k_{\text{V测}} V_{\text{p}}}{k_{\text{CA}} A_{\text{p}}} = \frac{(r_{\text{pA}}/C_{\text{GA}})(\pi d_{\text{p}}^3/6)}{k_{\text{CA}}(\pi d_{\text{p}}^2)} = \frac{r_{\text{pA}} d_{\text{p}}}{6 k_{\text{CA}} C_{\text{GA}}} =$$

$$\frac{100 \times 0.002\,4}{300 \times 0.02 \times 6} = \frac{1}{150} \approx 0$$

故外扩散速度很快,可不考虑其影响。

(2)判断内扩散的影响 把已知数据代入判别式(5.55)。由上已知 $C_{\text{GA}} \approx C_{\text{SA}}$

$$\frac{R^2 r_{\text{pA}}}{D_{\text{eff}} C_{\text{SA}}} = \frac{(0.001\,2)^2 \times 100}{5 \times 10^{-5} \times 0.02} = 144 > 1$$

故知内扩散影响强烈,不容忽略。

5.4.3 床层内的混合扩散

如同均相反应器中非理想流动的扩散模型一样,固定床内的混合扩散,也可仿照费克定律,用有效扩散系数来描述,即

$$N_{\text{A}} = -D_{\text{e}} \frac{\text{d} C_{\text{A}}}{\text{d} l}$$

式中 N_{A}——因混合扩散引起的组分 A 的传递速率(kmol·m⁻²·h⁻¹);

D_{e}——床层内混合扩散的有效扩散系数(m²·h⁻¹);

l——流动方向距离(m)。

有效扩散系数常以传质毕克来数 Pe 表示。

$$Pe = ReSc = \frac{d_{\text{p}} u \rho}{\mu} \cdot \frac{\mu}{\rho D_{\text{e}}} = \frac{d_{\text{p}} u}{D_{\text{e}}} = \frac{\text{质量的对流传递}}{\text{质量的混合扩散传递}}$$

径向和轴向的有效扩散系数分别为 D_{er} 和 D_{eL},相应的 Pe 数为 Pe_{r} 和 Pe_{L},即

$$Pe_{\text{r}} = \frac{d_{\text{p}} u}{D_{\text{er}}}$$

$$Pe_{\text{L}} = \frac{d_{\text{p}} u}{D_{\text{eL}}} \tag{5.57}$$

式中,u 为床层总截面上的平均流速,m·s⁻¹;Pe_{r} 和 Pe_{L} 在固定床中随位置而变化,通常取床层平均值。Pe_{r} 和 Pe_{L} 是 Re 的函数。实验指出,当 $Re = \dfrac{d_{\text{p}} G}{\mu} > 40$,流动处于湍流时,无论是气体或液体,$Pe_{\text{r}} \approx 10$,不再随 Re 数据的改变而改变;当 $Re = \dfrac{d_{\text{p}} G}{\mu} > 10$ 时,气体的 Pe_{L} 趋于不变,$Pe_{\text{L}} \approx 2$,液体的 Pe_{L} 约为 $0.3 \sim 1$;当 $Re > 1\,000$ 时,液体的 $Pe_{\text{L}} \approx 2$。由 Pe_{r} 和 Pe_{L} 值就可计算

De_r 和 D_{eL} 的值。研究表明,在工业反应器通常流速下,当反应器长度和催化剂粒径之比大于100倍时,轴向混合的影响可以略而不计,一般反应器都能满足这个条件,故固定床反应器通常不考虑轴向混合的影响。

5.5　总反应速度方程式

在固定床反应器的设计中,为了直接计算得到催化剂的用量,反应速度常以催化剂质量或催化剂床层体积为基准来表示,即

$$r_A = -\frac{1}{W}\frac{dn_A}{d\tau}\quad(\text{kmol}\cdot\text{kg}^{-1}(\text{催化剂})\cdot\text{h}^{-1})$$

$$r'_A = -\frac{1}{V_R}\frac{dn_A}{d\tau}\quad(\text{kmol}\cdot\text{m}^{-1}(\text{催化剂})\cdot\text{h}^{-1})$$

$$r'_A = \rho_B r_A$$

式中　W——催化剂质量(kg);

　　　V_R——催化剂床层体积(m^3);

　　　ρ_B——催化剂床层堆积密度($\text{kg}\cdot\text{m}^{-3}$)。

固定床反应器设计中采用的反应速度方程式,除了包括实验室内排除了内外扩散影响测得的真正的表面化学反应速度方程式外,还需要结合工业操作条件下的传热、传质速度方程式。它是一个总反应速度方程式。

以颗粒内部和流体与颗粒外表面间的温度差均可忽略时的一级可逆反应

$$A \rightleftharpoons B$$

为例,我们可以方便地建立总反应速度方程式。反应器内操作稳定时,外扩散速度应等于实际化学反应速度,并都与总反应速度相等。

$$\rho_B r_A = k_{CA}S_e\varphi(C_{GA} - C_{SA}) = k_S S_i(C_{SA} - C_{SA}^*)\eta$$

式中　k_S——以单位催化剂内表面积为基准的表面化学反应速度常数($\text{m}\cdot\text{h}^{-1}$);

　　　S_i——单位体积床层中催化剂的内表面积(m^{-1});

　　　C_{SA}^*——操作温度、压力下,催化剂表面上组分 A 的化学反应平衡浓度($\text{kmol}\cdot\text{m}^{-3}$)。

因为催化剂的外表面积相对于内表面积是很小的,故上式忽略了外表面积上发生的反应。由上式可以得到

$$\rho_B r_A = \frac{C_{GA} - C_{SA}^*}{\dfrac{1}{k_{CA}S_e\varphi} + \dfrac{1}{k_S S_i\eta}} \tag{5.58}$$

式(5.58)就是考虑了内、外扩散影响的一级可逆反应总反应速度方程式。

由上式可知,如

$$\frac{1}{k_{CA}S_e\varphi} \gg \frac{1}{k_S S_i\eta}$$

则外扩散阻力很大,总反应速度方程式就成为外扩散控制反应速度方程式

$$\rho_B r_A = k_{CA}S_e\varphi(C_{GA} - C_{SA}^*) \tag{5.59}$$

如
$$\frac{1}{k_{CA}S_e\varphi} \ll \frac{1}{k_S S_i\eta}$$

外扩散影响可略而不计,则总反应速度方程式就成为

$$\rho_B r_A = k_S S_i(C_{GA} - C_{SA}^*)\eta \tag{5.60}$$

如内扩散影响可以忽略,$\eta = 1$,则总反应速度方程式就成为动力学控制反应速度方程式

$$\rho_B r_A = k_S S_i(C_{SA} - C_{SA}^*) \tag{5.61}$$

如 $\eta \ll 1$,式(5.60)可称为内扩散控制反应速度方程式。

各种总反应速度方程,催化剂颗粒内外浓度分布如图 5.13 所示。

当颗粒内部和颗粒外表面与流体之间的温度差不可忽略时,建立总反应速度方程式比较复杂,需要用试差法。这时反应速度又是温度的函数,即

$$\rho_B r_A = f(C_{SA}, T_S)\eta \tag{5.62}$$

催化剂有效系数 η 是齐勒模数 ϕ_p、阿仑尼乌斯参数 γ $(\gamma = \dfrac{E}{RT_S})$、热效参数 β $(\beta = \dfrac{(-\Delta H_r)D_e C_S}{\lambda_{eff} T_S}$,$\lambda_{eff}$ 为粒内有效导热系数)的函数,即

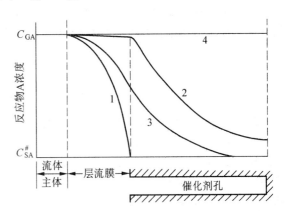

图 5.13　各种反应速度下反应物浓度的分布
1—外扩散控制;2—内扩散控制;
3—内、外扩散共同控制;4—动力学控制

$$\eta = f(\phi_p, \gamma, \beta)$$

故须先假设 T_S 和 C_{SA},由 ϕ_p、γ、β 值确定 η,由式(5.62)计算出 r_A,而后用流体与颗粒间的给热系数 α_p 和外扩散传质系数 k_{CA},由流体主体温度 T_G、浓度 C_{GA} 计算出相应的 T_S 和 C_{SA}。如与原假设的 T_S 和 C_{SA} 值一致,则式(5.62)计算的结果就是总反应速度;如不一致,则应重新假设 T_S、C_{SA} 值,重复上述计算至一致为止。

必须注意的是:工业反应器内由于存在温度和浓度分布,整个床层随位置不同,可能分别属于不同的控制步骤。如进口处,由于反应物浓度高,反应速度快,可能出现外扩散控制,床层中部可能为内扩散和动力学共同控制,出口处可能为动力学控制等。因而设计反应器时必须搞清控制步骤,才能选用符合实际情况的总反应速度方程式。

在实践中,也常采用如下方法建立总反应速度方程式。首先,在实验室反应器内排除内、外扩散影响,测得真实化学反应速度方程式。然后,在中间试验反应器内,在排除外扩散影响下,改变反应温度、浓度和粒度,测定相应的反应速度,与真实化学反应速度对比,求得不同情况时的催化剂有效系数,并整理出催化剂有效系数函数式即是总反应速度方程式,可供设计使用。此外也有从中间试验反应器中直接测定把扩散和动力学因素结合在一起的总反应速度方程式,供设计使用的。

5.6 固定床反应器设计

固定床反应器设计主要有经验法和数学模型法。

5.6.1 经验法

经验法是取用实验室、中试装置或工厂现有生产装置中测得的一些最佳条件如空速或催化剂空时收率等数据作为设计计算依据。空速和催化剂空时收率定义分别为

$$空速 = \frac{原料气体标准体积流量}{催化剂床层体积}$$

$$催化剂空时收率 = \frac{主产品量}{催化剂用量}$$

设计的前提是新设计的反应器也能保持与提供数据的装置相同操作条件,如催化剂性质、粒度、原料组成、气体流速、温度和压力等。由于规模的改变,要做到全部相同是困难的,尤其是温度条件。故这种方法虽然能在缺乏动力学等数据的情况下简便地估算出催化剂体积,但因对整个反应体系的反应动力学、传热和传质等特性缺乏真正的了解,因而是比较原始、不精确的,不能实现高倍数的放大。

例 5.7 乙烯以银催化剂氧化制环氧乙烷,主要反应为

$$C_2H_4 + \frac{1}{2}O_2 \longrightarrow C_2H_4O \tag{1}$$

$$(\Delta_r H)_1 = -103.70 \text{ kJ} \cdot \text{mol}^{-1}$$

$$C_2H_4 + 3O_2 \longrightarrow 2CO_2 + 2H_2O \tag{2}$$

$$(\Delta_r H)_2 = -1\ 327.20 \text{ kJ} \cdot \text{mol}^{-1}$$

要求年产环氧乙烷 $1\ 000 \times 10^3$ kg,采用二段空气氧化法,试根据中试经验,取用下列数据估算第一反应器尺寸。

(1)进入第一反应器的原料气各组分的体积分数 φ 为

	C_2H_4	O_2	CO_2	N_2	$C_2H_4Cl_2$
φ(组分)/%	3.5	6.0	7.7	82.8	微量

(2)第一反应器内进料温度为 210℃,反应温度为 250℃,反应压力为 1 000 kPa,乙烯转化率为 20%,反应选择性为 66%,催化剂空速 5 000 h^{-1}。

(3)第一反应器采用列管式固定床反应器,列管为 ϕ27 mm × 2.5 mm,管长 6 m,催化剂充填高度 5.7 m。

(4)管间采用道生油强制外循环换热。道生油进口温度 230℃,出口温度 235℃,道生油对管外壁给热系数 α_2 可取 2 730 kJ·m^{-2}·h^{-1}·K^{-1}。

(5)催化剂为球形,直径 d_p 为 5 mm,床层空隙率 ε 为 0.48。

(6)年工作 7 200 h,反应后分离、精制过程回收率为 90%,第一反应所产环氧乙烷占总产量的 90%。

(7)在 250℃、1 000 kPa 下,反应混合物有关物性数据为

导热系数 $\lambda_f = 0.127\ 7$ kJ·m^{-2}·h^{-1}·K^{-1} 密度 $\rho = 7.17$ kg·m^{-3}

粘度 $\mu = 2.6 \times 10^{-5}$ Pa·s

各组分 25~250℃ 在范围内平均比热容 C_p(kJ·kg^{-1}·K^{-1})为

C_2H_4	O_2	N_2	CO_2	H_2O	C_2H_4O
1.97	0.97	1.05	0.97	1.97	1.39

解 (1)物料衡算(表 5.1)

要求年产 $1\,000 \times 10^3$ kg 环氧乙烷,考虑过程损失后每小时应生产环氧乙烷量为

$$\frac{1\,000 \times 1\,000}{0.90 \times 7\,200} = 154.32 \text{ kg·h}^{-1}$$

由第一反应器反应生成环氧乙烷量为

$$154.32 \times 0.9 = 139 \text{ kg·h}^{-1} = 3.16 \text{ kmol·h}^{-1}$$

第一反应器要加入的乙烯量为

$$\frac{3.16}{0.66 \times 0.20} = 23.94 \text{ kmol·h}^{-1}$$

按原料气组成,求得原料气中其余各组分量为

O_2 $\qquad\qquad 23.94 \times \dfrac{6.0}{3.5} = 41.04 \text{ kmol·h}^{-1}$

CO_2 $\qquad\qquad 23.94 \times \dfrac{7.7}{3.5} = 52.67 \text{ kmol·h}^{-1}$

N_2 $\qquad\qquad 23.94 \times \dfrac{82.8}{3.5} = 566.35 \text{ kmol·h}^{-1}$

根据乙烯转化率 20% ,选择性 66% ,按化学计量关系计算反应器出口气体中各组分量。

反应(1)消耗乙烯量 $\qquad 23.94 \times 0.2 \times 0.66 = 3.16 \text{ kmol·h}^{-1}$
消耗氧气量 $\qquad\qquad 3.16 \times 0.5 = 1.58 \text{ kmol·h}^{-1}$
生成环氧乙烷量 $\qquad 3.16 \text{ kmol·h}^{-1}$
反应(2)消耗乙烯量 $\qquad 23.94 \times 0.2 \times 0.34 = 1.63 \text{ kmol·h}^{-1}$
消耗氧气量 $\qquad\qquad 1.63 \times 3 = 4.89 \text{ kmol·h}^{-1}$
生成二氧化碳量 $\qquad 1.63 \times 2 = 3.26 \text{ kmol·h}^{-1}$
生成水量 $\qquad\qquad 1.63 \times 2 = 3.26 \text{ kmol·h}^{-1}$

故反应器出口气体中各组分量为

C_2H_4 $\qquad 23.94 - (3.16 + 1.63) = 19.15 \text{ kmol·h}^{-1}$
O_2 $\qquad\quad 41.04 - (1.58 + 4.89) = 34.57 \text{ kmol·h}^{-1}$
CO_2 $\qquad 52.67 + 3.26 = 55.93 \text{ kmol·h}^{-1}$
N_2 $\qquad\quad 566.35 \text{ kmol·h}^{-1}$
C_2H_4O $\quad 3.16 \text{ kmol·h}^{-1}$
H_2O $\qquad 3.26 \text{ kmol·h}^{-1}$

表 5.1 物料衡算

组 分	进 料		出 料	
	kmol·h^{-1}	kg·h^{-1}	kmol·h^{-1}	kg·h^{-1}
C_2H_4	23.94	670.32	19.15	536.20
O_2	41.04	1 313.28	34.57	1 106.24
CO_2	52.67	2 317.48	55.93	2 460.92
N_2	566.35	15 857.80	566.35	15 857.80
C_2H_4O			3.16	139.04
H_2O			3.26	58.68
总 计	684	20 158.88	682.42	20 158.88

（2）计算催化剂床层体积 V_R　进入反应器的气体总流量为 684 kmol·h^{-1}，给定空速 5 000 h^{-1}，所以

$$V_R = \frac{684 \times 22.4}{5\,000} = 3.06 \text{ m}^3$$

（3）计算反应器管数 n　给定管子为 $\phi 27$ mm $\times 2.5$ mm，故管内径 d_t 为 0.022 m，管长为 6 m，催化剂充填高度 l 为 5.7 m。

$$n = \frac{V_R}{\frac{\pi}{4} d_t^2 l} = \frac{3.06}{0.785 \times (0.022)^2 \times 5.7} = 1\,413$$

采用正三角形排列，实取管数为 1 459 根。

（4）热量衡算　基准温度 25℃。

原料气带入热量 Q_1

$$Q_1 = (670.32 \times 1.97 + 1\,313.28 \times 0.97 + 2\,317.48 \times 0.97 + 15\,857.8 \times$$
$$1.05) \times (210 - 25) = 3.97 \times 10^6 \text{ kJ·h}^{-1}$$

反应后气体带走热量 Q_2

$$Q_2 = (536.2 \times 1.97 + 1\,106.24 \times 0.97 + 2\,460.92 \times 0.97 + 15\,857.8 \times$$
$$1.05 + 139.04 \times 1.39 + 58.68 \times 1.97)(250 - 25) = 4.83 \times 10^6 \text{ kJ·h}^{-1}$$

反应放出热量 Q_r

$$Q_r = 3.16 \times 10^3 \times 103.70 + 1.63 \times 10^3 \times 1\,327.20 = 2.49 \times 10^6 \text{ kJ·h}^{-1}$$

传给道生油的热量 Q_C

$$Q_C = Q_1 - Q_2 + Q_r = 1.63 \times 10^6 \text{ kJ·h}^{-1}$$

（5）核算换热面积　床层对壁总给热系数按式（5.11）计算。

$$\alpha_t = \frac{\lambda_f}{d_t} 3.5 \left(\frac{d_p G}{\mu} \right)^{0.7} \exp\left(-4.6 \frac{d_p}{d_t} \right)$$

$$G = \frac{20\,158.88}{1\,459 \times \frac{\pi}{4}(0.022)^2} = 36\,366 \text{ kg·m}^{-2}\text{·h}^{-1}$$

$$Re = \frac{d_p G}{\mu} = \frac{0.005 \times 36\,366}{2.6 \times 10^{-5} \times 3\,600} = 1\,943$$

所以

$$\alpha_t = \frac{0.127\,7}{0.022} \times 3.5 \times (1\,943)^{0.7} \times \exp\left(-4.6 \frac{0.005}{0.022} \right) =$$
$$1\,424.81 \text{ kJ·m}^{-2}\text{·h}^{-1}\text{·K}^{-1}$$

总传热系数 K

$$K = \frac{1}{\frac{1}{\alpha_t} + \frac{1}{\alpha_2} \frac{d_t}{d_0} + \frac{\delta_壁}{\lambda_钢} \frac{d_t}{d_m} + \frac{\delta_垢}{\lambda_垢}} =$$

$$\frac{1}{\frac{1}{1\,424.81} + \frac{0.022}{2\,730 \times 0.027} + \frac{0.002\,5 \times 0.022}{168 \times 0.024\,5} + 0.000\,2} =$$

$$\frac{1}{0.001\,1} = 943.82 \text{ kJ·m}^{-2}\text{·h}^{-1}\text{·K}^{-1}$$

因转化率低,故整个反应器床层可近似地看成等温,为250℃。传热推动力为

$$\Delta t_{\mathrm{m}} = \frac{(250 - 230) + (250 - 235)}{2} = 17.5℃$$

需要传热面积为

$$A_{需} = \frac{Q_{\mathrm{C}}}{K\Delta t_{\mathrm{m}}} = \frac{1.63 \times 10^6}{943.82 \times 17.5} = 98.69 \text{ m}^2$$

实际传热面积为

$$A_{实} = \pi d_{\mathrm{t}} l n = 3.14 \times 0.022 \times 5.7 \times 1\ 459 = 574.78 \text{ m}^2$$

$A_{实} > A_{需}$,能满足传热要求。

(6)床层压降计算

$$Re_M = \frac{d_{\mathrm{p}} G}{\mu}\left(\frac{1}{1 - \varepsilon}\right) = 1\ 943\left(\frac{1}{1 - 0.48}\right) = 3\ 736 \quad 属湍流$$

$$\Delta p = 1.75\frac{\rho u^2(1 - \varepsilon)l}{d_{\mathrm{S}}\varepsilon^3} =$$

$$1.75 \times \frac{7.17 \times \left(\frac{36\ 366}{7.17 \times 3\ 600}\right)^2 \times 0.52 \times 5.7}{0.005 \times 0.48^3} = 1.34 \times 10^5 \text{ Pa}$$

5.6.2 数学模型法

数学模型法是20世纪60年代迅速发展起来的先进方法,它建立在对反应器内部过程的本质和规律有一定认识的基础上,用数学方程式来比较真实地描述实际过程——即建立过程的数学模型。运用电子计算机可以进行高倍数放大的设计计算。当然,数学模型的可靠性和基础物性数据测定的准确性是正确设计的关键。在讨论固定床反应器内流体流动、传热和传质过程的基础上,可以建立固定床反应器内传递过程的数学模型,结合反应动力学的数学模型,就得到了描述固定床反应器内全部过程的数学模型。目前,固定床反应器的数学模型被认为是反应器中比较成熟、可靠的模型。它不仅用于设计,也用于检验现有反应器的操作性能,以探求技术改造的途径和实现最佳控制。

描述固定床反应器的模型按其传递过程的不同,可分为拟均相和非均相两大类。拟均相模型不考虑流体与催化剂间的差别,即不考虑流体与催化剂间的传热和传质阻力,认为 $T_{\mathrm{G}} = T_{\mathrm{S}}$,$C_{\mathrm{G}} = C_{\mathrm{S}}$,把流体和催化剂看成一个整体。非均相模型则考虑了流体与催化剂外表面间的温度梯度和浓度梯度,须对流体催化剂分别列出物料和热量衡算式。两大类中按复杂程度的不同,又进一步分类。拟均相模型中包括理想流动一维基础模型,考虑了轴向混合的一维模型和考虑径向混合的二维模型。非均向模型中包括只考虑流体与催化剂外表面间温度梯度和浓度梯度的一维模型,同时考虑颗粒内部温度和浓度梯度的一维模型,和考虑径向混合的二维模型,如表5.2所示。

表5.2 固定床反应器数学模型分类

		A 拟均相 $T_{\mathrm{G}} = T_{\mathrm{S}}$ $C_{\mathrm{G}} = C_{\mathrm{S}}$		B 非均相 $T_{\mathrm{G}} \neq T_{\mathrm{S}}$ $C_{\mathrm{G}} \neq C_{\mathrm{S}}$
一维	AI	理想流动基础模型	BI	AI + 流体与催化剂外表面间温度、浓度梯度
	AII	AI + 轴向混合	BII	BI + 催化剂内部温度、浓度梯度
二维	AIII	AII + 径向混合	BIII	BII + 径向混合

(1)拟均相一维理想流动基础模型　这是 20 世纪 50 年代主要采用的模型。这个模型假设固定床内流体以均匀速度作理想置换流动。径向无速度梯度和温度梯度，故也无浓度梯度。轴向传热和传质仅由理想置换式的总体流动所引起。由于作了拟均相、一维和理想流动三个基本假设，它完全类似于均相反应器中的理想管式流动反应器。

物料衡算式

$$F_{AO}dx_A = \rho_B r_A dV_R = \rho_B r_A \frac{\pi}{4} d_t^2 dl \tag{5.63}$$

热量衡算式

$$F_t \overline{MC_p} dT = F_{AO}dx_A(-\Delta H_r)_A - K(T - T_S)\pi dl \tag{5.64}$$

反应动力学这方程式

$$r_A = f(x_A, T)$$

式中　F_{AO}——反应物 A 进料物质的量流量（kmol·h^{-1};）；

　　　F_t——任一位置总物料物质的量流量（kmol·h^{-1}）；

　　　$\overline{M}$——任一位置总物料平均分子量（kg·kmol^{-1}）；

　　　K——床层与载热体间的总传热系数（kJ·m^{-2}·h^{-1}·K^{-1}）；

　　　$\overline{C_p}$——任一位置总物料平均比热容（kJ·kg^{-1}·K^{-1}）；

　　　T_S——载热体温度（K）；

　　　r_A——总反应速度（kmol·kg^{-1}（催化剂）·h^{-1}）；

　　　l——反应器长度方向距离（m）。

　　　ρ_B——催化剂床层堆积密度（kg·m^{-3}）。

经整理后也可改写成如下微分方程组。

$$\frac{dx_A}{dl} = \rho_B \frac{r_A \overline{M}}{Gy_{AO}} \tag{5.65}$$

$$\frac{dT}{dl} = \frac{\rho_B r_A(-\Delta H_r)_A}{G\overline{C_p}} - \frac{4K}{G\overline{C_p}d_t}(T - T_S) \tag{5.66}$$

$$r_A = f(x_A, T)$$

式中　y_{AO}——进料中组分 A 的摩尔分数。

忽略反应过程体积变化，以反应物 A 的浓度代替转化率，则上述方程组改为

$$-u\frac{dC_A}{dl} = \rho_B r_A \tag{5.67}$$

$$u\rho_B \overline{C_p}\frac{dT}{dl} = \rho_B r_A(-\Delta H_r)_A - \frac{4K}{d_t}(T - T_S) \tag{5.68}$$

$$r_A = f(C_A, T)$$

如反应过程等温，则只需对反应温度下的物料衡算式和反应动力学方程式求解。实际反应器内很难维持等温。由于此法计算简单，有时也用于对非等温反应器进行粗略估算。

如反应过程绝热，则上述热量衡算式中，载热体换热项（右侧第二项）为零。

如反应过程非绝热、非等温，则联解上述方程组，结合相应的边界条件，就可以计算出催化剂床层体积和催化剂用量，并得到反应器内沿长度方向各截面上的平均转化率（或浓度）和平均温度。通常求得数值解。

拟均相一维理想流动基础模型，对于热效应较小，反应速度较低、床层内气体流速较大、管

径较小的场合,计算结果与实验测定较为一致。在热效应和反应速度较大时,径向的温度梯度和浓度梯度就不能忽视。这时,如仍采用一维模型就不能预计反应器内温度和浓度的径向分布,不能正确判明热点位置和热点温度值。但是,由于一维理想流动基础模型简单,能较快地算出反应器的大体尺寸,估计参数变化所造成的影响,现常用于反应器的初步设计和电子计算机的在线计算和过程控制。

(2)拟均相二维模型　前已指出,固定床反应器内径向存在着温度分布。在非等温、非绝热条件下,由于床层导热性较差,床层径向传热阻力不可能为零,则必存在温度梯度。温度对反应速度的影响又进一步增大了径向的浓度梯度。径向的混合扩散虽可减少温度和浓度梯度,但从 $Pe_r \approx 10$ 知径向有效扩散系数 D_{er} 是很小的,径向不可能达到完全混合,径向的温度梯度和浓度梯度也不可避免地存在着。

拟均相二维模型通过床层的径向有效导热系数和表观壁膜给热系数 λ_{er} 描述径向的传热特性。通过径向有效扩散系数 D_{er} 描述混合扩散对传质的影响,从而可以计算出非等温、非绝热固定床反应器内径向和轴向的温度、浓度分布。

习　题

5.1　若气体通过固定床的线速度按空床计算时为 0.2 m·s⁻¹,则真正的线速度应为多少?已知所充填的固体颗粒的堆密度为 1.2 g·cm⁻³,颗粒密度为 1.8 g·cm⁻³。

5.2　为了测定形状不规则的合成氨用铁催化剂的形状系数,将其充填在内径为 98 mm 的容器中,填充高度为 1 m。然后连续地以流量为 1 m³·h⁻¹ 的空气通过床层,相应测得床层的压力降为 101.3 Pa,实验操作温度为 298 K。试计算该催化剂颗粒的形状系数。

已知催化剂颗粒的等体积相当直径为 4 mm,堆密度为 1.45 g·cm⁻³,颗粒密度为 2.6 g·cm⁻³

5.3　由直径为 3 mm 的多孔球形催化剂组成的等温固定床,在其中进行一级不可逆反应,基于催化剂颗粒体积计算的反应速率常数为 0.8 s⁻¹,有效扩散系数为 0.013 cm²·s⁻¹。当床层高度为 2 m 时,可达到所要求的转化率。为了减小床层的压力降,改用直径为 6 mm 的球形催化剂,其余条件均保持不变,流体在床层中的流动均为层流。试计算:

(1)催化剂床层高度;

(2)床层压力降减小的百分率。

5.4　拟设计一多段间接换热式二氧化硫催化氧化反应器,每小时处理原料气 35 000 m³(标准状况下),组成为 $\varphi(SO_2) = 7.5\%$、$\varphi(O_2) = 10.5\%$、$\varphi(N_2) = 82\%$。采用直径 5 mm、高 10 mm 的圆柱形钒催化剂共 80 m³。试决定反应器的直径和高度,使床层的压力降小于 4 052 Pa。

为简化起见,取平均操作压力为 0.1 216 MPa,平均操作温度为 733 K。混合气体的粘度等于 3.4×10^{-5} Pa·s,密度按空气计算。

5.5　乙炔水合生产丙酮的反应式为

$$2C_2H_2 + 3H_2O \longrightarrow CH_3COCH_3 + CO_2 + 2H_2$$

在 $ZnO - Fe_2O_3$ 催化剂上乙炔水合反应的速率方程为

$$r_A = 7.06 \times 10^7 \exp[-7\,413/T] C_A \quad kmol \cdot h^{-1} \cdot m^{-3} 床层$$

式中,C_A 为乙炔的浓度。拟在绝热固定床反应器中处理体积分数 3% 的 C_2H_2 气体 1 000 m³·h⁻,要求乙炔转化 68%。若入口气体温度为 380℃,假定扩散影响可忽略,试计算所需催化剂量。反

应热效应为 -178 kJ·mol^{-1}。气体的平均恒压热容按 36.4 J·mol^{-1}·K^{-1} 计算。

5.6　在氧化铝催化剂上进行乙腈的合成反应

$$C_2H_2 + NH_3 \longrightarrow CH_3CN + H_2, \Delta H_r = -92.2 \text{ kJ·mol}^{-1}$$

设原料气的物质的量比为 $C_2H_2 : NH_3 : H_2 = 1 : 2.2 : 1$，采用三段绝热式反应器，段间间接冷却，使每段出口温度均为 $550℃$，而每段入口温度亦均相同，已知反应速率式可近似地表示为

$$r_A = k(1 - x_A) \text{ kmol·h}^{-1}·\text{kg}^{-1}$$

$$k = 3.08 \times 10^4 \exp(-7\,960 / T)$$

式中，x_A 为乙炔的转化率。流体的平均等压热容为

$$\overline{C_p} = 128 \text{ J·mol}^{-1}·\text{K}^{-1}$$

如要求乙炔转化率达 92%，并且日产乙腈 20 t，问所需催化剂的量。

5.7　在充填 10 m^3 催化剂的绝热固定床反应器中进行甲苯氢解反应以生产苯

$$C_6H_5CH_3 + H_2 \longrightarrow C_6H_6 + CH_4$$

原料气的体积分数为：$\varphi(C_6H_6) = 3.85\%$、$\varphi(C_6H_5) = 3.18\%$、$\varphi(CH_4) = 23\%$、$\varphi(H_2) = 69.97\%$；温度为 863 K。操作压力为 6.08 MPa。若采用空速为 $1\,000$ m^3·h^{-1}·m^{-3} 催化剂，试计算反应器出口的气体组成。该反应的速率方程为

$$r_A = 5.73 \times 10^6 \exp(-17\,800 / T) C_A C_B^{0.5}$$

式中，C_A 和 C_B 分别为甲苯和氢的浓度（kmol·m^{-3}），甲苯转化速率 r_A 的单位为 kmol·m^{-3}·s^{-1}。反应热效应为 $-49\,974$ J·mol^{-1}。为简化计，反应气体可按理想气体处理，平均定压热容为常数，等于 42.3 J·mol^{-1}·K^{-1}。

下编　分离过程与设备

　　精细有机化工生产的产品品种繁多,生产方法各异,但都有原料预处理、化学反应、加工精制等过程。原料预处理之所以必要,是因为存在于自然界的原料多数是不纯的。例如,石油是由多种碳氢化合物组成的混合液体;煤也是组分复杂的固体混合物。其中有我们需要的物质,也有我们不需要的,甚至有害的物质。如果直接采用这样的原料进行化学反应,让那些与反应无关的多余组分一起通过反应器,轻则影响反应器的处理能力,使生成的产物组成复杂化;重则损坏催化剂和设备,使反应无法顺利进行,因此,反应前的分离操作往往是必不可少的。

　　至于从反应器出来的中间产物或粗产品需要分离,其理由也是十分明显的。因为,绝大多数精细有机化学反应都不可能百分之百地完成;而且除主反应外,尚有副反应发生,这样出反应器的产物往往是由目的产物、副产物以及未反应的原料组成的。要得到产品,必须进行分离。

　　在实际产品生产中,尽管反应器是至关重要的设备,但我们往往发现在整个流程中,分离设备所占的地位在数量上远远超过反应设备,在投资上也不在反应设备以下,而消耗于分离的能量和操作费用在产品成本中也占极大的比重。因此,对分离过程必须予以应有的重视。

　　本编主要介绍精细化工生产中常遇到的分离过程与设备,包括过滤、精馏、萃取、干燥等。

第六章 过 滤

6.1 概 述

过滤既是一种古老的分离方法,也是现代化工生产中广泛应用的一种必不可少的重要处理过程。过滤是以某种多孔物质作为介质来处理悬浮液,在外力作用下,悬浮液中的液体通过介质的孔道,而固体颗粒被截留下来,从而实现固、液分离的一种操作。过滤操作所处理的悬浮液称为滤浆,所用的多孔物质称为过滤介质,通过介质孔道的液体称为滤液,被截留的物质称为滤饼或滤渣。图6.1为过滤操作示意图。

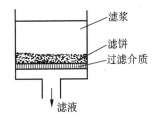

图 6.1 过滤操作示意图

赖以实现过滤操作的外力,可以是重力或惯性离心力,但在化工中应用最多的还是多孔物质上、下游两侧的压强差。

用沉降方法处理悬浮液,需要较长时间,而且沉渣中的液体含量较高。过滤操作则可使悬浮液得到迅速分离,滤渣中的液体含量也较低。但若被处理的悬浮液比较稀薄而且其中固体颗粒较易沉降,则应先在增稠器中进行沉降,然后将沉渣送至过滤机,以提高经济效益。过滤属于机械分离操作,与蒸发、干燥等非机械的分离操作相比,其能量消耗较低。

(1)过滤方式 过滤操作分为两大类:一类为饼层过滤,其特点是固体颗粒呈现饼层状沉积于过滤介质的上游一侧,适用于处理固相含量稍高(固相体积份率约在1%以上)的悬浮液;另一类为深床过滤,其特点是固体颗粒的沉积发生在较厚的粒状过滤介质床层内部。悬浮液中的颗粒直径小于床层孔道直径,当颗粒随流体在床层内的曲折孔道穿过时,便粘附在过滤介质上。这种过滤适用于悬浮液中颗粒甚小且含量甚微(固相体积分率在1%以下)的场合,例如,自来水厂里用很厚的石英砂层作为过滤介质来实现水的净化。化工生产中所处理的悬浮液浓度较高,故本章中只讨论饼层过滤。

(2)过滤介质 过滤介质是滤饼的支承物,应具有足够的机械强度和尽可能小的流动阻力。过滤介质中的微细孔道的直径,稍大于一部分悬浮颗粒的直径,所以,过滤之初会有一些细小颗粒穿过介质而使滤液浑浊,此种滤液应送回滤浆槽重新处理。过滤开始后颗粒会在孔道中迅速地发生"架桥现象"(见图6.2),使得尺寸小于孔道直径的细小颗粒被拦住,滤饼开始生成,滤液也变得澄清,此时过滤才能有效地进行。可见,在饼层过滤中,真正发挥分离作用的主要是滤饼层,而不是过滤介质。

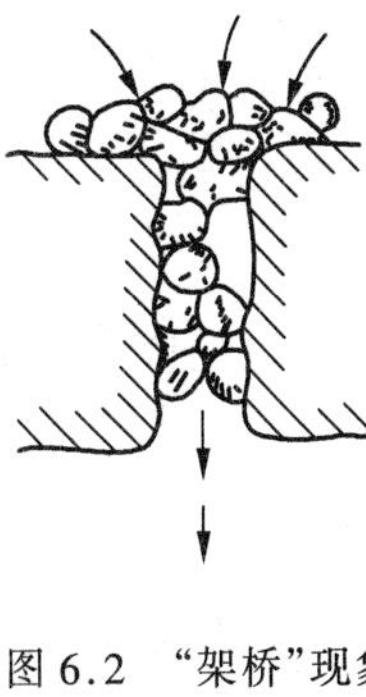

工业上常用的过滤介质主要有以下几类:

① 织物介质。又称滤布,包括由棉、毛、丝、麻等天然纤维及各种合成纤维制成的织物,以及由玻璃丝等织成的网。织物介质在工业上应用最广。

图 6.2 "架桥"现象

② 粒状介质。包括细砂、木炭、石棉、硅藻土等细小坚硬的颗粒状物质,多用于深床过滤。

③ 多孔固体介质。是具有很多微细孔道的固体材料,如多孔陶瓷、多孔塑料和多孔金属制成的管或板。此类介质耐腐蚀,孔道细微,适用于处理只含少量细小颗粒的腐蚀性悬浮液及

其他特殊场合。

(3)滤饼 滤饼是由被截留下来的颗粒垒积而成的固定床层,滤饼的厚度与流动阻力随着过滤的进行逐渐增加。

构成滤饼的颗粒如果是不易变形的坚硬固体,如硅藻土、碳酸钙等,当滤饼两侧的压强差增大时,颗粒的形状和颗粒间的空隙都没有显著变化,单位厚度床层的流体阻力可以认为恒定,这种滤饼称为不可压缩性滤饼。反之,如果滤饼是由某些氢氧化物之类的胶体物质所构成,则当两侧压强差增大时,颗粒的形状和颗粒间空隙有显著的改变,单位厚度滤饼的流动阻力增大,这种滤饼称为可压缩性滤饼。

(4)助滤剂 对于可压缩性滤饼,当过滤压强差增大时,颗粒间的孔道变窄,有时因颗粒过于细密而将通道堵塞。逢此情况,可将质地坚硬而能形成疏松床层的某种固体颗粒预先涂于过滤介质上,或混入悬浮液中,以形成较为疏松的滤饼,使滤液得以畅流。这种预涂或预混的粒状物质称为助滤剂。对助滤剂的基本要求如下:

① 能够形成多孔床层,以使滤饼有良好的渗透性和较低的流动阻力。

② 具有化学稳定性,不与悬浮液发生化学反应,也不溶解于溶液之中。

③ 在过滤操作的压差范围内,具有不可压缩性,以保持较高的空隙。

6.2 过滤基本方程式

6.2.1 滤液的流动

滤饼是由被截留的颗粒垒积而成的固定床层,颗粒之间存在网络状的空隙,滤液从中流过。这样的固定床层可视为一个截面形状复杂多变而空隙截面维持恒定的流通管道。流道的当量直径可仿照非圆形管道当量直径的定义。非圆形管道当量直径 d_e 为

$$d_e = 4 \times 水力半径 = 4 \times \frac{管道截面积}{润湿周边长}$$

故颗粒床层的当量直径为

$$d_e \propto \frac{流道截面积 \times 流道长度}{润湿周边长 \times 流道长度}$$

则

$$d_e \propto \frac{流道容积}{流道表面积}$$

取面积为 1 m^2、厚度为 1 m 的滤饼进行考虑,即

$$床层体积 = 1 \times 1 = 1 \ m^3$$

$$流道容积(即空隙体积) = 1 \times \varepsilon = \varepsilon \ m^3$$

ε 为床层空隙率。若忽略床层中因颗粒相互接触而彼此覆盖的表面积,则

$$流道表面积 = 颗粒体积 \times 颗粒比表面 = 1(1 - \varepsilon)S_V \ m^2$$

式中 S_V——颗粒比表面积(m^{-1})。

所以床层的当量直径为

$$d_e \propto \frac{\varepsilon}{(1 - \varepsilon)S_V} \tag{6.1}$$

式中 d_e——床层流道的当量直径(m)。

由于构成滤饼的固体颗粒通常很小,颗粒间孔隙十分细微,流体流速颇低,而液、固之间的

接触面积很大,故流动为粘性摩擦力所控制,常属于滞流流型。因此,可以仿照圆管内滞流流动的泊谡叶公式来描述滤液通过滤饼的流动。泊谡叶公式为

$$u = \frac{d^2(\Delta p)}{32\mu l}$$

式中　u——圆管内滞流流体的平均流速($m \cdot s^{-1}$);

　　　d——管道内径(m);

　　　l——管道长度(m);

　　　Δp——流体通过管道时产生的压强降(Pa);

　　　μ——流体粘度($Pa \cdot s$)。

仿照上式,可以写出滤液通过滤饼床层的流速与压强降的关系

$$u_1 = \frac{d_e^2(\Delta p_C)}{\mu L} \tag{6.2}$$

式中　u_1——滤液在床层孔道中的流速($m \cdot s^{-1}$);

　　　L——床层厚度(m);

　　　Δp_C——流体流过滤饼床层产生的压强降(Pa);

　　　μ——滤液粘度($Pa \cdot s$)。

在与过滤介质相垂直的方向上,床层空隙中的滤液流速 u_1 与按整个床层截面积计算的滤液平均流速 u 之间的关系为

$$u_1 = \frac{u}{\varepsilon} \tag{6.3}$$

将式(6.1)、(6.3)代入式(6.2),并写成等式,得

$$u = \frac{1}{K'} \frac{\varepsilon^3}{S_V^2(1-\varepsilon)^2}\left(\frac{\Delta p_C}{\mu L}\right) \tag{6.4a}$$

式(6.4a)中的比例常数 K' 与滤饼的空隙率、粒子形状、排列与粒度范围诸因素相关。对于颗粒床层内的滞流流动,K' 值可取为 5,于是

$$u = \frac{\varepsilon^3}{5S_V^2(1-\varepsilon)^2}\left(\frac{\Delta p_C}{\mu L}\right) \tag{6.4b}$$

6.2.2　过滤速度与过滤速率

上式中的 u 为单位时间通过单位过滤面积的滤液体积,称为过滤速度,$m \cdot s^{-1}$。通常将单位时间获得的滤液体积称为过滤速率,单位 $m^3 \cdot s^{-1}$。过率速度是单位过滤面积上的过滤速率,应防止将二者混淆。若过滤进程中其他因素维持不变,则由于滤饼厚度不断增加而使过滤速度逐渐变小。任一瞬间的过滤速度应写成如下形式

$$u = \frac{dV}{Ad\tau} = \frac{\varepsilon^3}{5S_V^2(1-\varepsilon)^2}\left(\frac{\Delta p_C}{\mu L}\right) \tag{6.4c}$$

而过滤速率为

$$\frac{dV}{d\tau} = \frac{\varepsilon^3}{5S_V^2(1-\varepsilon)^2}\left(\frac{A\Delta p_C}{\mu L}\right) \tag{6.4d}$$

式中　V——滤液量(m^3);

　　　τ——过滤时间(s)。

6.2.3 滤饼的阻力

对于不可压缩性滤饼,式(6.4)中的空隙率 ε 可视为常数,颗粒的形状、尺寸也不改变,因而比表面积 S_V 亦为常数。$\dfrac{\varepsilon^3}{5S_V^2(1-\varepsilon)^2}$ 反映了颗粒的特性,其值随物料而不同。若 r 代表其倒数,则式(6.4c)可写成

$$\frac{\mathrm{d}V}{A\mathrm{d}\tau} = \frac{\Delta p_C}{\mu r L} = \frac{\Delta p_C}{\mu R} \tag{6.5}$$

式中 r——滤饼的比阻(m^{-2}),其计算式为

$$r = \frac{5S_V^2(1-\varepsilon)^2}{\varepsilon^3} \tag{6.6}$$

R——滤饼阻力(m^{-1}),其计算式为

$$R = rL \tag{6.7}$$

式(6.5)表明,当滤饼不可压缩时,任一瞬间单位面积上的过滤速率与滤饼上、下游两侧的压强差成正比,而与当时的滤饼厚度成反比,并与滤液粘度成反比。还可看出,过滤速率也可表示成推动力与阻力之比的形式:过滤推动力,即促成滤液流动的因素,是压强差 Δp_C;而单位面积上的过滤阻力便是 $\mu r L$,其中又包括两方面的因素,一是滤液本身的粘性 μ,二是滤饼阻力 $r\cdot L$。

比阻 r 是单位厚度滤饼的阻力,它在数值上等于粘度为 $1~\mathrm{Pa\cdot s}$ 的滤液以 $1~\mathrm{m\cdot s}^{-1}$ 的平均流速通过厚度为 $1~\mathrm{m}$ 的滤饼层时所产生的压强降。比阻反映了颗粒形状、尺寸及床层空隙率对滤液流动的影响。床层空隙率 ε 愈小及颗粒比表面 S_V 愈大,则床层愈致密,对流体流动的阻滞作用也愈大。

例 6.1   直径为 $0.1~\mathrm{mm}$ 的球形颗粒状物质悬浮于水中,用过滤方法予以分离。过滤时形成不可压缩滤饼,其空隙率为 60%,试求滤饼的比阻 r。又知此悬浮液中固相所占的体积分率为 10%,求每平方米过滤面积上获得 $0.5~\mathrm{m}^3$ 滤液时的滤饼阻力 R。

解   (1)滤饼的比阻   根据式(6.6)知

$$r = \frac{5S_V^2(1-\varepsilon)^2}{\varepsilon^3}$$

已知滤饼的空隙率 $\varepsilon = 0.60$,球形颗粒的比表面

$$S_V = \frac{颗粒表面积}{颗粒体积} = \frac{\pi d^2}{\dfrac{\pi}{6}d^3} =$$

$$\frac{6}{d} = \frac{6}{0.1 \times 10^{-3}} = 6 \times 10^4~\mathrm{m}^{-1}$$

所以

$$r = \frac{5 \times (6 \times 10^4)^2 \times (1-0.6)^2}{(0.60)^3} = 1.333 \times 10^{10}~\mathrm{m}^{-2}$$

(2)滤饼阻力 R 根据式(6.7)知

$$R = rL$$

每平方米过滤面上获得 $0.5~\mathrm{m}^3$ 滤液时的滤饼厚度可以通过对滤饼、滤液及滤浆中的水分作物料衡算求得。过滤时水的密度没有变化,故

滤液体积 + 滤饼中水的体积 = 滤浆中水的体积

即 $0.5 + 1 \times 0.60L = (0.5 + L \times 1)(1 - 0.1)$

解得
$$L = 0.166\ 7\ \mathrm{m}$$
则
$$R = r \cdot L = 1.333 \times 10^{10} \times 0.166\ 7 = 2.22 \times 10^9\ \mathrm{m}^{-1}$$

6.2.4 过滤介质的阻力

饼层过滤中,过滤介质的阻力一般都比较小,但有时却不能忽略,尤其在过滤初始阶段滤饼尚薄期间,过滤介质的阻力当然也与其厚度和本身的致密程度有关。通常把过滤介质的阻力视为常数,仿照式(6.5)可以写出滤液穿过过滤介质层的速度关系式

$$\frac{\mathrm{d}V}{A\mathrm{d}\tau} = \frac{\Delta p_m}{\mu R_m} \tag{6.8}$$

式中　Δp_m——过滤介质上、下游两侧的压强差(Pa);

　　　R_m——过滤介质阻力(m^{-1})。

由于很难划定过滤介质与滤饼之间的分界面,更难测定分界面处的压强,因而过滤介质的阻力与最初所形成的滤饼层的阻力往往是无法分开的,所以过滤操作中总是把过滤介质与滤饼联合起来考虑。滤液通过这两个多孔层的速度表达式为

滤饼层　　　　　　　　　　$\dfrac{\mathrm{d}V}{A\mathrm{d}\tau} = \dfrac{\Delta p_C}{\mu R}$

滤布层　　　　　　　　　　$\dfrac{\mathrm{d}V}{A\mathrm{d}\tau} = \dfrac{\Delta p_m}{\mu R_m}$

通常,滤饼与滤布的面积相同,所以两层中的过滤速度相等,即

$$\frac{\mathrm{d}V}{A\mathrm{d}\tau} = \frac{\Delta p_C + \Delta p_m}{\mu(R + R_m)} = \frac{\Delta p}{\mu(R + R_m)} \tag{6.9}$$

式中 $\Delta p = \Delta p_C + \Delta p_m$,代表滤饼与滤布两侧的总压强降,称为过滤压强差。在实际过滤设备上,一侧常处于大气压下,此时 Δp 就是另一侧表压的绝对值,所以 Δp 也称为过滤的表压强。式(6.9)表明,可用滤液通过串联的滤饼与滤布的总压强降来表示过滤推动力,用两层的阻力之和来表示总阻力。

为方便起见,设想以一层厚度为 L_e 的滤饼来代替滤布,而过程仍能完全按照原来的速率进行,那么,这层设想中的滤饼就应当具有与滤布相同的阻力,即

$$rL_e = R_m$$

于是,式(6.9)可写成

$$\frac{\mathrm{d}V}{A\mathrm{d}\tau} = \frac{\Delta p_t}{\mu(rL + rL_e)} = \frac{\Delta p}{\mu r(L + L_e)} \tag{6.10}$$

式中　L_e——过滤介质的当量滤饼厚度,或称虚拟滤饼厚度(m)。

在一定的操作条件下,以一定介质过滤一定悬浮液时,L_e 为定值;但同一介质在不同的过滤操作中,L_e 值不同。

若每获得 $1\ \mathrm{m}^3$ 滤液所形成的滤饼体积为 $\nu\ \mathrm{m}^3$,则在任一瞬间的滤饼厚度与当时已经获得的滤液体积之间的关系应为

$$LA = \nu V$$
则
$$L = \frac{\nu V}{A} \tag{6.11}$$

式中　ν——滤饼体积与相应的滤液体积之比。

同理,如生成厚度为 L_e 的滤饼所应获得的滤液体积以 V_e 表示,则

$$L_e = \frac{\nu V_e}{A} \qquad (6.12)$$

式中 V_e——过滤介质的当量滤液体积或称虚拟滤液体积,m^3。

在一定操作条件下,以一定介质过滤一定的悬浮液时,V_e 为定值,但同一介质在不同的过滤操作中,V_e 值不同。

于是,式(6.10)可以写成

$$\frac{\mathrm{d}V}{A\mathrm{d}\tau} = \frac{\Delta p}{\mu r\nu \left(\dfrac{V + V_e}{A}\right)} \qquad (6.13a)$$

或

$$\frac{\mathrm{d}V}{\mathrm{d}\tau} = \frac{A^2 \Delta p}{\mu r\nu (V + V_e)} \qquad (6.13b)$$

式(6.13b)是过滤速率与各有关因素间的一般关系式。

可压缩滤饼的情况比较复杂,它的比阻是两侧压强差的函数。考虑到滤饼的压缩性,可借用下面的经验公式来粗略估算压强差增大时比阻的变化,即

$$r = r'(\Delta p)^s \qquad (6.14)$$

式中 r'——单位压强差下滤饼的比阻(m^{-2});

Δp——过滤压强差(Pa);

s——滤饼的压缩性指数,一般情况下,$s = 0 \sim 1$,对于不可压缩滤饼,$s = 0$。

在一定压强差范围内,上式对大多数可压缩滤饼适用。

将式(6.14)代入式(6.13b),得

$$\frac{\mathrm{d}V}{\mathrm{d}\tau} = \frac{A^2 \Delta p^{1-s}}{\mu r' \nu (V + V_e)} \qquad (6.15)$$

上式称为过滤基本方程式,表示过滤进程中任一瞬间的过滤速率与各有关因素间的关系,是进行过滤计算的基本依据。该式适用于可压缩滤饼及不可压缩滤饼。对于不可压缩滤饼,因 $s = 0$,故上式简化为式(6.13b)。

应用过滤基本方程式作过滤计算时,还需针对过程进行的具体方式对上式积分。一般说来,过滤操作有恒压、恒速及先恒速、后恒压三种方式。

6.3 恒压过滤与恒速过滤

6.3.1 恒压过滤

若过滤操作是在恒定压强差下进行的,称为恒压过滤,恒压过滤是最常见的过滤方式。连续过滤机上进行的过滤都是恒压过滤,间歇过滤机上进行的过滤也多为恒压过滤。恒压过滤时,滤饼不断变厚致使阻力逐渐增加,但推动力恒定,因而过滤速率逐渐变小。

对于一定的悬浮液,若 μ、r' 及 ν 皆可视为常数,令

$$k = \frac{1}{\mu r' \nu} \qquad (6.16)$$

式中 k——表示过滤物料特性的常数($m^4 \cdot N^{-1} \cdot s^{-1}$)。

将式(6.16)代入式(6.15),得

$$\frac{\mathrm{d}V}{\mathrm{d}\tau} = \frac{kA^2 \Delta p^{1-s}}{V + V_e}$$

恒压过滤时,压强差 Δp 不变,k、A、S、V_e 又都是常数,故上式的积分形式为

$$\int (V + V_e)\mathrm{d}V = kA^2\Delta p^{1-s}\int \mathrm{d}\tau$$

如前所述,与过滤介质阻力相对应的虚拟滤液体积为 V_e(常数),假定获得体积为 V_e 的滤液所需的过滤时间为 τ_e,则积分的边界条件为

过滤时间　　　滤液体积

$0 \text{—} \tau_e$ 　　　　$0 \text{—} V_e$

$\tau_e \rightarrow \tau + \tau_e$ 　　　$V_e \rightarrow V + V_e$

此处过滤时间是指虚拟的过滤时间(τ_e)与实在的过滤时间(τ)之和;滤液体积是指虚拟滤液体积(V_e)与实在的滤液体积(V)之和,于是可写出

$$\int_0^{V_e} (V + V_e)\mathrm{d}(V + V_e) = kA^2\Delta p^{1-s}\int_0^{\tau_e}\mathrm{d}(\tau + \tau_e)$$

及

$$\int_{V_e}^{V+V_e} (V + V_e)\mathrm{d}(V + V_e) = kA^2\Delta p^{1-s}\int_{\tau_e}^{\tau+\tau_e}\mathrm{d}(\tau + \tau_e)$$

积分上二式,并令

$$K = 2k\Delta p^{1-s} \tag{6.17}$$

得到

$$V_e^2 = KA^2\tau_e \tag{6.18a}$$

及

$$V^2 + 2V_eV = KA^2\tau \tag{6.19a}$$

上二式相加,可得

$$(V + V_e)^2 = KA^2(\tau + \tau_e) \tag{6.20a}$$

上式称为恒压过滤方程式,它表明恒压过滤时滤液体积与过滤时间的关系为一抛物线方程,如图6.3所示。图中曲线的 Ob 段表示实在的过滤时间 τ 与实在的滤液体积 V 之间的关系,而 O_eO 段则表示与介质阻力相对应的虚拟过滤时间 τ_e 与虚拟滤液体积 V_e 之间的关系。

当过滤介质阻力可以忽略,$V_e = 0$,$\tau_e = 0$,则式(6.19a)可简化为

$$V^2 = KA^2\tau \tag{6.21}$$

又令

$$q = \frac{V}{A}$$

及

$$q_e = \frac{V_e}{A}$$

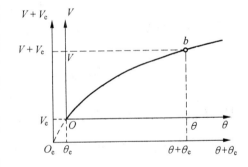

图6.3　恒压过滤滤液体积与过滤时间的关系曲线

则式(6.18a)、(6.19a)、(6.20a)可分别写成如下形式,即

$$q_e^2 = K\tau_e \tag{6.18b}$$

$$q^2 + 2q_eq = K\tau \tag{6.19b}$$

$$(q + q_e)^2 = K(\tau + \tau_e) \tag{6.20b}$$

上式亦称恒压过滤方程式。

恒压过滤方程式中的 K 是由物料特性及过滤压强差所决定的常数,称为滤饼常数,其单位为 $\mathrm{m^2 \cdot s^{-1}}$;$\tau_e$ 与 q_e 是反映过滤介质阻力大小的常数,均称为介质常数,其单位分别为 s 及 m,三者总称过滤常数。

又当介质阻力可以忽略时,$q_e = 0$,$\tau_e = 0$,则式(6.20b)可简化为

$$q^2 = K\tau \tag{6.21}$$

例 6.2 拟 9.81×10^3 Pa 的恒定压强差下过滤例 6.1 中的悬浮液。已知水的粘度为 1.0×10^{-3} Pa·s,过滤介质阻力可以忽略,试求:

(1)每平方米过滤面积上获得 1.5 m³ 滤液所需的过滤时间。

(2)若将此过滤时间延长 1 倍,可再得滤液多少?

解 (1)过滤时间 已知过滤介质阻力可以忽略时的恒压过滤方程式为

$$q^2 = K\tau$$

单位面积上所得滤液量
$$q = 1.5 \text{ m}$$

过滤常数
$$K = 2k\Delta p^{1-s} = \frac{2\Delta p^{1-s}}{\mu r' \nu}$$

对于不可压缩滤饼,$s = 0$,$r' = r = $ 常数,则

$$K = \frac{2\Delta p}{\mu r \nu}$$

已知:$\Delta p = 9.81 \times 10^7$ Pa,$\mu = 1.0 \times 10^{-3}$ Pa·s,$r = 1.333 \times 10^{10}$ m^{-2},又根据例 6.1 的计算,可知滤饼体积与滤液体积之比为

$$\nu = \frac{0.166\ 7}{0.5} = 0.333$$

则
$$K = \frac{2 \times (9.81 \times 10^3)}{(1.0 \times 10^{-3}) \times (1.333 \times 10^{10}) \times 0.333} = 4.42 \times 10^{-3} \text{ m}^2 \cdot \text{s}^{-1}$$

所以
$$\tau = \frac{q^2}{K} = \frac{1.5^2}{4.42 \times 10^{-3}} = 509 \text{ s}$$

(2)过滤时间加倍时增加的滤液量

$$\tau' = 2\tau = 2 \times 509 = 1\ 018 \text{ s}$$

则
$$q' = \sqrt{K\tau'} = \sqrt{(4.42 \times 10^{-3}) \times 1\ 018} = 2.12 \text{ m}$$

$$q' - q = 2.12 - 1.5 = 0.62 \text{ m}$$

即每平方米过滤面积上将再得 0.62 m³ 滤液。

6.3.2 恒速过滤与先恒速后恒压的过滤

过滤设备(如板框压滤机)内部空间的容积是一定的。当料浆充满此空间后,供料的体积流量就等于滤液流出的体积流量,即过滤速率。所以,当用排量固定的正位移泵向过滤机供料而未打开支路阀时,过滤速率便是恒定的。这种速率维持恒定的过滤方式称为恒速过滤。

恒速过滤时的过滤速率为

$$\frac{\mathrm{d}V}{\mathrm{d}\tau} = \frac{V}{\tau} = 常数$$

若过滤面积以 A 表示,过滤速度为

$$\frac{\mathrm{d}V}{A\mathrm{d}\tau} = \frac{\mathrm{d}q}{\mathrm{d}\tau} = u_\mathrm{R} = 常数 \tag{6.22}$$

所以
$$q = u_\mathrm{R}\tau \tag{6.23a}$$

或写成
$$V = Au_\mathrm{R}\tau \tag{6.23b}$$

式中　u_R——恒速阶段的过滤速度($\mathrm{m \cdot s^{-1}}$)。

上式表明,恒速过滤时 V 与 τ 的关系是一条通过原点的直线。

对于不可缩滤饼,根据过滤基本方程式(6.13)及式(6.9)可以写出

$$\frac{\mathrm{d}q}{\mathrm{d}\tau} = \frac{\Delta p}{\mu r \nu q + \mu R_\mathrm{R}} = u_\mathrm{R} = 常数$$

式中过滤介质阻力 R_m 为常数,μ、r、ν、u_R 亦为常数,仅 Δp 及 q 随时间 τ 而变化,又因

$$q = u_\mathrm{R}\tau$$

则得

$$\Delta p = \mu r \nu u_\mathrm{R}^2 \tau + \mu u_\mathrm{R} R_\mathrm{m} \tag{6.24a}$$

或写成

$$\Delta p = a\tau + b \tag{6.24b}$$

式中,常数 $a = \mu r \nu u_\mathrm{R}^2$, $b = \mu u_\mathrm{R} R_\mathrm{m}$。

式(6.24b)表明,在滤饼不可压缩的情况下进行恒速过滤时,其过滤压强差应与过滤时间成直线关系。

由于过滤压强差随过滤时间成直线增长,所以实际上几乎没有把恒速方式进行到底的过滤操作。通常,只是在过滤开始阶段比较低的恒定速率操作,以免滤液混浊或滤布堵塞。当表压升至给定数值后,便采用恒压操作。这种先恒速、后恒压的过滤装置见图6.4。

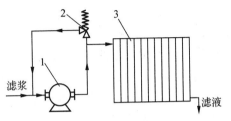

图 6.4　先恒速、后恒压的过滤装置
1—正位移泵;2—支路阀;3—压滤机

由于采用正位移泵,过滤初期维持恒定速率,泵出口表压强逐渐升高。经过 τ_R 时间后,获得体积为 V_R 的滤液,若此时表压强恰已升至能使支路阀自动开启的给定数值,则开始有部分料浆返回泵的入口,进入压滤机的料浆流量逐渐减小,而压滤机入口表压强维持恒定。这后一阶段的操作即为恒压过滤。

对于恒压阶段 $V\text{-}\tau$ 的关系,仍可用过滤基本方程式(6.15)求得,即

$$\frac{\mathrm{d}V}{\mathrm{d}\tau} = \frac{kA^2 \Delta p^{1-s}}{V + V_\mathrm{e}}$$

若令 τ_R、V_R 分别代表升压阶段终了瞬间的滤液体积及过滤时间,则上式的积分形式为

$$\int_{V_\mathrm{R}}^{V} (V + V_\mathrm{e}) \mathrm{d}V = kA^2 \Delta p^{1-s} \int_{\tau_\mathrm{R}}^{\tau} \mathrm{d}\tau$$

积分并将式(6.17)代入,得

$$(V^2 - V_\mathrm{R}^2) + 2V_\mathrm{e}(V - V_\mathrm{R}) = KA^2(\tau - \tau_\mathrm{R}) \tag{6.25}$$

此式即为恒压阶段的过滤方程,式中 $(V - V_\mathrm{R})$、$(\tau - \tau_\mathrm{R})$ 分别代表转入恒压操作后所获得的滤液体积及所经历的过滤时间。

将式(6.25)中各项除以 $(V - V_\mathrm{R})$,得

$$(V + V_\mathrm{R}) + 2V_\mathrm{e} = KA^2 \frac{\tau - \tau_\mathrm{R}}{V - V_\mathrm{R}}$$

或

$$\frac{\tau - \tau_\mathrm{R}}{V - V_\mathrm{R}} = \frac{1}{KA^2}(V + V_\mathrm{R}) + \frac{2V_\mathrm{e}}{KA^2} =$$

$$\frac{1}{KA^2}V + \frac{V_\mathrm{R} + 2V_\mathrm{e}}{KA^2} \tag{6.26}$$

上式中 K、A、V_R、V_e 皆为常数,可见恒压阶段的过滤时间对所得滤液体积之比 $\dfrac{\tau - \tau_\mathrm{R}}{V - V_\mathrm{R}}$ 与总滤液体积 V 成直线关系。

6.3.3 过滤常数的测定

前述过滤方程中的过滤常数 K、V_e 及 τ_e 都可由实验测定,或采用已有的生产数据计算。过滤常数的测定,一般应对规定的悬浮液在恒压条件下进行。

首先将式(6.20b)微分,得

$$\frac{d\tau}{dq} = \frac{2}{K}q + \frac{2}{K}q_e \qquad (6.27a)$$

为便于根据测定的数据计算过滤常数,上式左端的 $\frac{d\tau}{dq}$ 可用增量比 $\frac{\Delta\tau}{\Delta q}$ 代替,即

$$\frac{\Delta\tau}{\Delta q} = \frac{2}{K}q + \frac{2}{K}q_e \qquad (6.27b)$$

从该式可知,若以 $\frac{\Delta\tau}{\Delta q}$ 对 q 作图,可得一直线。其斜率为 $\frac{1}{K}$,截距为 $\frac{2}{K}q_e$,这样可先测出不同时刻 τ 的单位面积的累积滤液量 q,然后以 $\frac{\Delta\tau}{\Delta q}$ 为纵坐标,q 为横坐标作图,即可求出 K、q_e 或 V_e。再利用式(6.18b)便可求得 τ_e。但必须注意,K 与操作压力差有关,故上述求出的 K 值仅适用于过滤压力差与实验压力差相同的生产中。若实际操作压力差与实验不同,则对于不可压缩滤饼依式(6.17)可得下述关系

$$\frac{K_1}{K_2} = \frac{\Delta p_1}{\Delta p_2} \qquad (6.28)$$

式中　K_1——过滤压差为 Δp_1 时的过滤常数;

　　　　K_2——过滤压差为 Δp_2 时的过滤常数。

对于可压缩性滤饼

$$K = \frac{2\Delta p^{1-s}}{\mu r \nu}$$

将该式取对数,则有

$$\lg K = \lg\frac{2}{\mu r \nu} + (1-s)\lg\Delta p \qquad (6.29)$$

由该式可知,若在不同的压力差下进行过滤实验,以 $\lg K$ 对 $\lg\Delta p$ 作图可得一直线,该直线的斜率为 $1-s$,截距为 $\lg\frac{2}{\mu r \nu}$。从而可求得滤饼的压缩指数和单位压力差下滤饼的比阻 r_0,然后利用式(6.17)即可求得任意压差下的过滤常数 K。

例 6.3 在 25℃下对每升水中含 25 g 某种颗粒的悬浮液进行了三次过滤试验,所得数据见表6.1。试求:

表 6.1

试 验 序 号	Ⅰ	Ⅱ	Ⅲ
过滤压强差 $\Delta p/(10^5\ \text{Pa})$	0.463	1.95	3.39
单位面积滤液量 $q/(10^3\ \text{m})$	过　滤　时　间 τ/s		
0	0	0	0
11.35	17.3	6.5	4.3
22.70	41.4	14.0	9.4
34.05	72.0	24.1	16.2
45.40	108.4	37.1	24.5
56.75	152.3	51.8	34.6
68.10	201.6	69.1	46.1

(1) 各 Δp 下的过滤常数 K、q_e 及 τ_e。

(2) 滤饼的压缩性指数 s。

解 (1)过滤常数(以试验 I 为例) 根据试验数据整理各段时间间隔的 $\dfrac{\Delta \tau}{\Delta q}$ 与相应的 q 值,列于表 6.2 中。

表 6.2

	$q/(10^3\text{ m})$	$\Delta q/(10^3\text{ m})$	τ/s	$\Delta \tau/\text{s}$	$\dfrac{\Delta \tau}{\Delta q}/(10^{-3}\text{ s}\cdot\text{m}^{-1})$
	0		0		
试	11.35	11.35	17.3	17.3	1.524
	22.70	11.35	41.4	24.1	2.123
验	34.05	11.35	72.0	30.6	2.696
	45.40	11.35	108.4	36.4	3.207
I	56.75	11.35	152.3	43.9	3.868
	68.10	11.35	201.6	49.3	4.344

在普通坐标纸上以 $\dfrac{\Delta \tau}{\Delta q}$ 为纵轴、q 为横轴,根据表中数据绘出 $\dfrac{\Delta \tau}{\Delta q} \sim q$ 的阶梯形函数关系,再经各阶梯水平线段中点作直线,见图 6.5 中的直线 I。由图求得此直线的斜率为

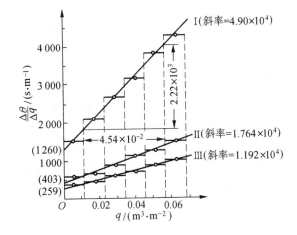

图 6.5

$$\frac{2}{K} = \frac{2.22 \times 10^3}{45.4 \times 10^{-3}} = 4.90 \times 10^4 \text{ s}\cdot\text{m}^{-2}$$

由图读出此直线的截距为

$$\frac{2}{K}q_e = 1\ 260 \text{ s}\cdot\text{m}^{-1}$$

则可得知当 $\Delta p = 0.463 \times 10^5 \text{Pa}$ 时的过滤常数为

$$K = \frac{2}{4.90 \times 10^4} = 4.08 \times 10^{-5} \text{ m}^2\cdot\text{s}^{-1}$$

$$q_e = \frac{1\ 260}{4.90 \times 10^4} = 0.025\ 7 \text{ m}$$

$$\tau_e = \frac{q_e^2}{K} = \frac{(0.025\ 7)^2}{4.08 \times 10^{-5}} = 16.2 \text{ s}$$

现将试验 II 及 III 的 $\dfrac{\Delta\tau}{\Delta q} - q$ 关系计算值列于表6.3中。

表 6.3

	$q/(10^3\text{ m})$	$\Delta q/(10^3\text{ m})$	τ/s	$\Delta\tau/\text{s}$	$\dfrac{\Delta\tau}{\Delta q}/(10^{-3}\text{s}\cdot\text{m}^{-1})$
试	0		0		
	11.35	11.35	6.5	6.5	0.573
	22.70	11.35	14.0	7.5	0.661
验	34.05	11.35	24.1	10.1	0.890
	45.40	11.35	37.1	13.0	1.145
II	56.75	11.35	51.8	14.7	1.295
	68.10	11.35	69.1	17.3	1.524
试	0		0		
	11.35	11.35	4.3	4.3	0.379
	22.70	11.35	9.4	5.1	0.449
验	34.05	11.35	16.2	6.8	0.599
	45.40	11.35	24.5	8.3	0.731
III	56.75	11.35	34.6	10.1	0.896
	68.10	11.35	46.1	11.5	1.013

现将各次试验条件下的过滤常数计算过程及结果整理于表6.4中。

(2)滤饼的压缩性指数 s　将表6.4中三次试验的 $K - \Delta p$ 数据在对数坐标纸上进行标绘,得到图6.6中的 I、II、III 三个点。由此三点可获一条直线,在图上测得此直线的斜率为

$$1 - s = 0.7$$

于是可知滤饼的压缩性指数为

$$s = 1 - 0.7 = 0.3$$

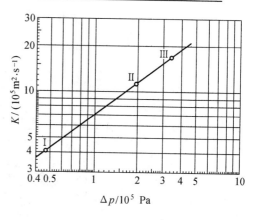

图 6.6

表 6.4

试 验 序 号		I	II	III
过滤压强差 $\Delta p/(10^5\text{ Pa})$		0.463	1.95	3.39
$\dfrac{\Delta\tau}{\Delta q} - q$ 直线的斜率 $\dfrac{2}{K}/(\text{s}\cdot\text{m}^{-2})$		4.90×10^4	1.746×10^4	1.192×10^4
$\dfrac{\Delta\tau}{\Delta q} - q$ 直线的截距 $\dfrac{2}{K}q_e/(\text{s}\cdot\text{m}^{-1})$		1 260	403	259
过滤常数	$K/(\text{m}^2\cdot\text{s}^{-1})$	4.08×10^{-5}	1.133×10^{-4}	1.678×10^{-4}
	q_e/m	0.025 7	0.029 9	0.021 7
	τ_e/s	16.2	4.63	2.81

6.4 过滤设备

过滤悬浮液的设备可按其操作方式分为两类:间歇过滤机与连续过滤机。间歇过滤机早为工业所使用,它的构造一般比较简单,可在较高压强下操作,目前常见的间歇过滤机有压滤机和叶滤机等。连续过滤机出现较晚,且多采用真空操作,常见的有转筒真空过滤机、圆盘真空过滤机等。下面介绍几种化工中采用较多的过滤设备。

(1)板框压滤机 板框压滤机是由许多块滤板和滤框交替排列而成,如图6.7所示。板和框都用支耳架在一对横梁上,可用压紧装置压紧或拉开。

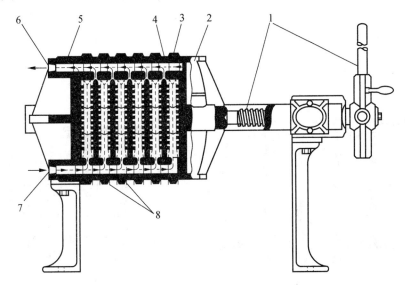

图6.7 板框压滤机

1.—压紧装置;2.—可动头;3.—滤框;4.—滤板;
5.—固定头;6.—滤液出口;7.—滤浆进口;8.—滤布

板和框多做成正方形,其构造如图6.8所示。板、框的角端均开有小孔,装合并压紧后即构成供港督浆或洗水流通的孔道。框的两侧复以滤布,空框与滤布围成了容纳滤浆及滤饼的空间。滤板的作用有两个:一是支撑滤布;二是提供滤液流出的通道。为此,板面上制成各种凹凸纹路,凸者起支撑滤布的作用,凹者形成滤液流道。滤板又分为洗涤板与非洗涤板两种,

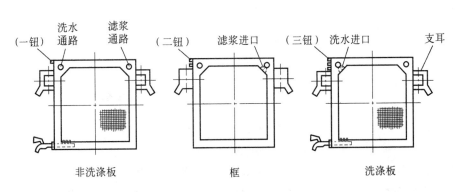

图6.8 滤板和滤框

其结构与作用有所不同。为了组装时易于辨别,常在板、框外侧铸有小钮或其他标志(图6.6),故有时洗涤板又称三钮板,非洗涤板又称一钮板,而滤框则带二钮。装合时即按钮数以 1—2—3—2—1—2……的顺序排列板与框。所需框数由生产能力及滤浆浓度等因素决定。每台板框压滤机有一定的总框数,最多的可达 60 个,当所需框数不多时,可取一盲板插入,以切断滤浆流通的孔道,后面的板和框即失去作用。

过滤时,悬浮液在指定压强下经滤浆通道由滤框角端的暗孔进入框内,如图 6.9(a)所示,滤液分别穿过两侧滤布,再沿邻板板面流至滤液出口排走,固体则被截留于框内。待滤饼充满全框后,即停止过滤。

若滤饼需要洗涤时,则将洗水压入洗水通道,并经由洗涤板角端的暗孔进入板面与滤布之间。此时应关闭洗涤板下部的滤液出口,洗水便在压强差推动下,横穿一层滤布及整个滤框厚度的滤饼,然后再横穿另一层滤布,最后由非洗涤板下部的滤液出口排出,如图 6.9(b)所示。这样安排的目的在于提高洗涤效果,减少洗水将滤饼冲出裂缝而造成短路的可能。

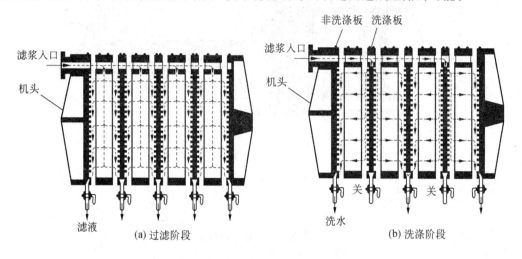

图 6.9　板框压滤机内液体流动路径

洗涤结束后,旋开压紧装置并将板框拉开,卸出滤饼,清洗滤布,整理板、框,重新装合,进行另一个操作循环。

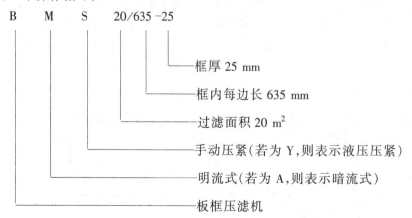

板框压滤机的操作表压,一般不超过 8×10^5 Pa,个别有达到 15×10^5 Pa 者。滤板和滤框可用多种金属材料或木材制成,并可使用塑料涂层,以适应滤浆性质及机械强度等方面的要求。滤液的排出方式有明流和暗流之分。若滤液经由每块滤板底部小管直接排出,则称为明流,如

图 6.7 所示。明流便于观察各块滤板工作是否正常,如见到某板出口滤液浑浊,即可关闭该处旋塞,以免影响全部滤液质量。若滤液不宜曝露于空气之中,则需将各板流出的滤液汇集于总管后送走,称为暗流,如图 6.5 所示。暗流在构造上比较简单,因为省去了许多排出阀。压紧装置的驱动有手动与机动两种。当板、框尺寸较大因而需要较大的压紧力时,必须采用电动或液压传动等机动压紧方式。我国已编有板框压滤机产品的系列标准及规定代号。

板框压滤机结构简单、制造方便、附属设备少、占地面积较小、过滤面积较大、操作压强高、对各种物料性质的适应能力强,应用颇为广泛。但因为间歇操作,故生产效率低、劳动强度大、滤布损耗也较快。目前国内虽已出现自动操作的板框压滤机,但使用不多。

(2)转筒真空过滤机　转筒真空过滤机是一种连续操作的过滤机械,广泛应用于工业上。如图 6.10 所示,设备的主体是一个能转动的水平圆筒,其表面有一层金属网,网上覆盖滤布,筒的下部浸入滤浆中。圆筒沿径向分隔成若干扇形格,每格都有单独的孔道通至分配头上。圆筒转动时,凭借分配头的作用使这些孔道依次分别与真空管和压缩空气管相通,因而在回转一周的过程中每个扇形格表面即可顺序进行过滤、洗涤、吸干、吹松、卸饼等项操作。

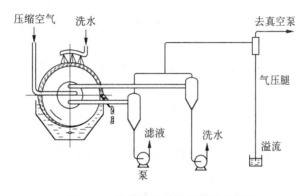

图 6.10　转筒真空过滤机装置示意图

分配头由紧密贴合着的转动盘与固定盘构成,转动盘随着筒体一起旋转,固定盘内侧面各凹槽分别与各种不同作用的管道相通。如图 6.11 所示,当扇形格 1 开始浸入滤浆内时,转动盘上相应的小孔便与固定盘上的凹槽 f 相对,从而与真空管道连通,吸走滤液。图上扇形格1~7所处的位置称为过滤区。扇形格转出滤浆槽后,仍与凹槽 f 相通,继续吸干残留在滤饼中

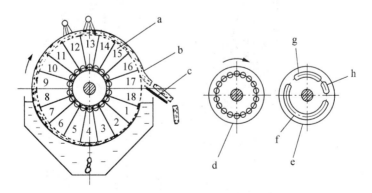

图 6.11　转筒及分配头的结构

a—转筒;b—滤饼;c—割刀;d—转动盘;e—固定盘;f—吸走滤液的真空凹槽;g—吸走洗水的真空凹槽;h—通入压缩空气的凹槽

的滤液。扇形格 8~10 所处的位置称为吸干区。扇形格转至 12 的位置时,洗涤水喷洒于滤饼上,此时扇形格与固定盘上的凹槽 g 相通,以另一真空管道吸走洗水。扇形格 12、13 所处的位置称为洗涤区。扇形格 11 对应于固定盘上凹槽 f 与 g 之间,不与任何管道相连通,该位置称为不工作区。当扇形格由一区转入另一区时,因有不工作区的存在,方使各操作区不致相互串通。扇形格 14 的位置为吸干区,15 为不工作区。扇形格 16、17 与固定盘凹槽 h 相通,再与压缩空气管道相连,压缩空气从内向外穿过滤布而将滤饼吹松,随后由割刀将滤饼卸除。扇形格 16、17 的位置称为吹松区及卸料区,18 为不工作区。如此连续运转,整个转筒表面上便构成了连续的过滤操作。转筒过滤机的操作关键在于分配头,它使每个扇形格通过不同部位时依次进行过滤、吸干、洗涤、再吸干、吹松、卸料等几个步骤。

转筒的过滤面积一般为 5~40 m²,浸没部分占总面积的 30%~40%。转速可在一定范围内调整,通常为 0.1~3 r·min⁻¹。滤饼厚度一般保持在 40 mm 以内,对难于过滤的胶质物料,厚度可小于 10 mm 以下。转筒过滤机所得滤饼中的液体含量很少低于 10%,常可达 30% 左右。

转筒真空过滤机能连续地自动操作,节省人力,生产能力强,特别适宜于处理量大而容易过滤的料浆,但附属设备较多,投资费用高,过滤面积不大。此外,由于它是真空操作,因而过滤推动力有限,尤其不能过滤温度较高(饱和蒸气压高)的滤浆。对较难过滤的物料适应能力较差,滤饼的洗涤也不充分。

(3)加压叶滤机 图 6.12 所示的加压叶滤机是由许多不同宽度的长方形滤叶装合而成。滤叶由金属多孔板或金属网制造,内部具有空间,外罩滤布。过滤时滤叶安装在能承受内压的密闭机壳内。滤浆用泵压送到机壳内,滤液穿过滤布进入叶内,汇集至总管后排出机外,颗粒则积于滤布外侧形成滤饼。滤饼的厚度通常为 5~35 mm,视滤浆性质和操作情况而定。若滤饼需要洗涤,则于过滤完毕后通入洗水,洗水的路径与滤液的相同。洗涤过后打开机壳上盖,拔出滤叶卸除滤饼,或在壳内对滤叶加以清洗。

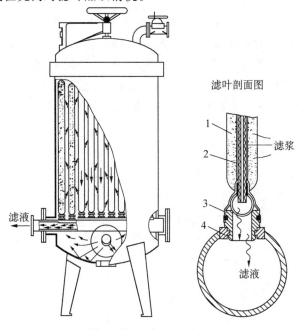

图 6.12 加压叶滤机
1—滤饼;2—滤布;3—拔出装置;4—橡胶圈

加压叶滤机的优点是密闭操作,改善了操作条件;过滤速度大,洗涤效果好。缺点是造价较高,更换滤布(尤其对于圆形滤叶)比较麻烦。

6.5　过滤机生产能力

6.5.1　滤饼的洗涤

洗涤滤饼的目的在于回收滞留在颗粒缝隙间的滤液,或净化构成滤饼的颗粒。由于洗水里不含固相,故洗涤过程中滤饼厚度不变。因而,在恒定的压强差推动下,洗水的体积流量不会改变。

洗水的流量称为洗涤速率,以 $\left(\dfrac{\mathrm{d}V}{\mathrm{d}\tau}\right)_W$ 表示。若每次过滤终了以体积为 V_W 的洗水洗涤滤饼,则所需洗涤时间为

$$\tau_W = \frac{V_W}{\left(\dfrac{\mathrm{d}V}{\mathrm{d}\tau}\right)_W} \tag{6.30}$$

式中　V_W——洗水用量(m^3);

　　　τ_W——洗涤时间(s)。

影响洗涤速率的因素可根据过滤基本方程式来分析,即

$$\frac{\mathrm{d}V}{\mathrm{d}\tau} = \frac{A\Delta p^{1-s}}{\mu r_0(L+L_e)}$$

对于一定的悬浮液,r_0 为常数。若洗涤压强差与过滤终了时的压强差相同,并假定洗水粘度与滤液粘度相近,则洗涤速率 $\left(\dfrac{\mathrm{d}V}{\mathrm{d}\tau}\right)_W$ 与过滤终了时的过滤速率 $\left(\dfrac{\mathrm{d}V}{\mathrm{d}\tau}\right)_E$ 有一定关系,这个关系取决于过滤设备上采用的洗涤方式。

叶滤机等所采用的是简单洗涤法,洗水与过滤终了时的滤液流过的路径基本相同,故

$$(L+L_e)_W = (L+L_e)_E$$

式中下标 E 表示过滤终了。洗涤面积与过滤面积相同,故洗涤速率约等于过滤终了时的过滤速率,即

$$\left(\frac{\mathrm{d}V}{\mathrm{d}\tau}\right)_W = \left(\frac{\mathrm{d}V}{\mathrm{d}\tau}\right)_E$$

板框压滤机采用的是横穿洗涤法,洗水横穿两层滤布和整个滤框厚度的滤饼,流经长度约为过滤终了时滤液流动路径的 2 倍,而供洗水流通的面积仅为过滤面积的一半,即

$$(L+L_e)_W = 2(L+L_e)_E$$

$$A_W = \frac{1}{2}A$$

将以上关系代入过滤基本方程式,可得

$$\left(\frac{\mathrm{d}V}{\mathrm{d}\tau}\right)_W = \frac{1}{4}\left(\frac{\mathrm{d}V}{\mathrm{d}\tau}\right)_E$$

即板框压滤机上的洗涤速率约为过滤终了时过滤速率的1/4。

当洗水粘度、洗水表压与滤液粘度、过滤压强差有明显差异时,所需的洗涤时间可按下式进行校正,即

$$\tau'_W = \tau_W \left(\frac{\mu_W}{\mu} \right) \left(\frac{\Delta p}{\Delta p_W} \right) \tag{6.31}$$

式中　τ'_W——校正后的洗涤时间(s);

　　　τ_W——未经校正的洗涤时间(s);

　　　μ_W——洗水粘度(Pa·s);

　　　μ——滤液粘度(Pa·s);

　　　Δp——过滤终了时刻的压强差(Pa);

　　　Δp_W——洗涤压强差(Pa)。

6.5.2　过滤机的生产能力

过滤机的生产能力通常是指单位时间获得的滤液体积,少数情况下,也有按滤饼的产量或滤饼中固相物质的产量来计算。

(1)间歇过滤机的生产能力　间歇过滤机的特点是在整个过滤机上依次进行过滤、卸渣、清理、装合等步骤的循环操作。在每一循环周期中,全部过滤面积只有部分时间在进行过滤,而过滤之外的各步操作所占用的时间也必须计入生产时间内。因此在计算生产能力时,应以整个操作周期为基准。操作周期为

$$T = \tau + \tau_W + \tau_D$$

式中　T——一个操作循环的时间,即操作周期(s);

　　　τ——一个操作循环内的过滤时间(s);

　　　τ_W——一个操作循环内的洗涤时间(s);

　　　τ_D——一个操作循环内的卸渣、清理、装合等辅助操作所需时间(s)。

则生产能力的计算式为

$$Q = \frac{3\ 600\ V}{T} = \frac{3\ 600\ V}{\tau + \tau_W + \tau_D} \tag{6.32}$$

式中　V——一个操作循环内所获得的滤液体积(m³);

　　　Q——生产能力(m³·h⁻¹)。

例 6.4　将例 6.3 中的悬浮液用一台 BMS20/635－25 板框压滤机进行过滤,在过滤机入口处滤浆的表压为 3.39×10^5 Pa,所用滤布与试验时的相同,料浆温度仍为 25℃。每次过滤完毕用清水洗涤滤饼,洗水温度和表压与滤浆相同,其体积为滤液体积的 8%。每次卸渣、清理、装合等辅助操作时间为 15 min。已知固相密度为 2 930 kg/m³,又测得滤饼密度为 1 930 kg/m³。求此板框压滤机的生产能力。

BMS20/635－25 板框压滤机的框内空间尺寸为 $635 \times 635 \times 25$ mm,总框数为 26 个。

解　　　　　　　过滤面积 $A = (0.635)^2 \times 2 \times 26 = 20.8$ m²

　　　　　　　　滤框总容积 $= (0.635)^2 \times 0.025 \times 26 = 0.262$ m³

已知滤饼的质量为 1 930 kg,设其中含水 x kg,水的密度按 1 000 kg/m³ 考虑,则

$$\frac{1\ 930 - x}{2\ 930} + \frac{x}{1\ 000} = 1$$

解得

$$x = 518\ \text{kg}$$

故知 1 m³ 滤饼中固相质量为

$$1\ 930 - 518 = 1\ 412\ \text{kg}$$

生成 1 m³ 滤饼所需的滤浆质量为

$$1\ 412 \times \frac{1\ 000 + 25}{25} = 57\ 890\ \text{kg}$$

则 1 m³ 滤饼所对应的滤液质量为

$$57\ 890 - 1\ 930 = 55\ 960\ \text{kg}$$

1 m³ 滤饼所对应的滤液体积为

$$\frac{55\ 960}{1\ 000} = 55.96\ \text{m}^3$$

由此可知,滤框全部充满时的滤液体积为

$$V = 55.96 \times 0.262 = 14.66\ \text{m}^3$$

则过滤终了时的单位面积滤量液为

$$q = \frac{V}{A} = \frac{14.66}{20.8} = 0.705\ \text{m}$$

根据例 6.3 中过滤试验结果写出 $\Delta p_t = 3.39 \times 10^5$ Pa 时的恒压过滤方程式为

$$(q + 0.021\ 7)^2 = 1.678 \times 10^{-4}(\tau + 2.81)$$

将 $q = 0.705$ m 代入上式,得

$$(0.705 + 0.021\ 7)^2 = 1.678 \times 10^{-4}(\tau + 2.81)$$

解得过滤时间为

$$\tau = 3\ 144\ \text{s}$$

由式(6.30)可得

$$\tau_W = \frac{V_W}{\frac{1}{4}\left(\dfrac{\mathrm{d}V}{\mathrm{d}\tau}\right)_E}$$

对恒压过滤方程式(6.20b)进行微分,得

$$2(q + q_e)\mathrm{d}q = K\mathrm{d}\tau$$

$$\frac{\mathrm{d}q}{\mathrm{d}\tau} = \frac{K}{2(q + q_e)}$$

已求得过滤终了时 $q = 0.705$ m,代入上式可得过滤终了时的过滤速率为

$$\left(\frac{\mathrm{d}V}{\mathrm{d}\tau}\right)_E = A\frac{K}{2(q + q_e)} = 20.8 \times \frac{1.678 \times 10^{-4}}{2(0.705 + 0.021\ 7)} = 2.40 \times 10^{-3}\ \text{m}^3 \cdot \text{s}^{-1}$$

已知 $V_W = 0.08V = 0.08 \times 14.66 = 1.173\ \text{m}^3$,则

$$\tau_W = \frac{1.173}{\frac{1}{4}(2.40 \times 10^{-3})} = 1\ 955\ \text{s}$$

又知 $\tau_D = 15 \times 60 = 900$ s,则生产能力为

$$Q = \frac{3\ 600V}{T} = \frac{3\ 600V}{\tau + \tau_W + \tau_D} = \frac{3\ 600 \times 14.66}{3\ 144 + 1\ 955 + 900} = 8.8\ \text{m}^3 \cdot \text{h}^{-1}$$

(2)连续过滤机的生产能力　以转筒真空过滤机为例,连续过滤机的特点是过滤、洗涤、卸饼等操作在转筒表面的不同区域内同时进行。任何时刻总有一部分表面浸没在滤浆中进行过滤,任何一块表面在转筒回转一周过程中都只有部分时间进行过滤操作。

转筒表面浸入滤浆中的分数称为浸没度,以 φ 表示,即

$$\varphi = \frac{\text{浸没角度}}{360°} \tag{6.33}$$

因转筒以匀速运转,故浸没度 φ 就是转筒表面任何一小块过滤面积每次浸滤浆中的时间(即过滤时间)τ 与转筒回转一周所用时间 T 的比值。若转筒转速为 n（r·min^{-1}),则

$$T = \frac{60}{n}$$

在此时间内,整个转筒表面上任何一小块过滤面积所经历的过滤时间均为

$$\tau = \varphi T = \frac{60\varphi}{n}$$

所以,从生产能力的角度来看,一台总过滤面积为 A、浸没度为 φ、转速为 n（r·min^{-1})的连续式转筒真空过滤机,与一台在同样条件下操作的过滤面积为 A、操作周期为 $T = \frac{60}{n}$、每次过滤时间为 $\tau = \frac{60\varphi}{n}$ 的间歇式板框压滤机是等效的。因而,可以完全依照前面所述的间歇式过滤机生产能力的计算方法来解决连续式过滤机生产能力的计算问题。

根据恒压过滤方程式(6.20a)

$$(V + V_e)^2 = KA^2(\tau + \tau_e)$$

可知转筒每转一周所得的滤液体积为

$$V = \sqrt{KA^2(\tau + \tau_e)} - V_e = \sqrt{KA^2\left(\frac{60\varphi}{n} + \tau_e\right)} - V_e$$

则每小时所得滤液体积,即生产能力为

$$Q = 60nV = 60\left[\sqrt{KA^2(60\varphi n + \tau_e n^2)} - V_e n\right] \tag{6.34a}$$

当滤布阻力可以忽略时,$\tau_e = 0$、$V_e = 0$,则上式简化为

$$Q = 60n\sqrt{KA^2\frac{60\varphi}{n}} = 465A\sqrt{Kn\varphi} \tag{6.34b}$$

可见,连续过滤机的转速愈高,生产能力就愈强。但若旋转过快,每一周期中的过滤时间便缩至很短,使滤饼太薄,难于卸除,也不利于洗涤,且使功率消耗增大。合适的转速需经实验决定。

例 6.5 密度为 1 116 kg·m^{-3} 的某种悬浮液,于 53 300 Pa 的真空度下用小型转筒真空过滤机作试验,测得过滤常数 $K = 5.15 \times 10^{-6}$ m^2·s^{-1},每送出 1 m^3 滤液所得的滤饼中含有固相 594 kg。固相密度为 1 500 kg·m^{-3},液相为水。

现用一直径为 1.75 m、长 0.98 m 的转筒真空过滤机进行生产操作,维持与试验时相同的真空度,转速为 1 r·min^{-1},浸没角度为 125.5°,且知滤布阻力可以忽略,滤饼不可压缩。求:

(1) 过滤机的生产能力 Q。

(2) 转筒表面的滤饼厚度 L。

解 (1)生产能力 Q

转筒过滤面积 $\qquad A = \pi Dl = \pi(1.75)(0.98) = 5.39$ m^2

转筒的浸没度 $\qquad \varphi = \dfrac{125.5}{360} = 0.349$

每分钟转数 $\qquad n = 1$

过滤常数 $\qquad K = 5.15 \times 10^{-6}$ m^2·s^{-1}

将各已知数值代入式(6.34b),得

$$Q = 465 \times 5.39 \sqrt{5.15 \times 10^{-6} \times 1 \times 0.349} = 3.36 \ \text{m}^3 \cdot \text{h}^{-1}$$

(2)滤饼厚度 L　欲求滤饼厚度,应先通过物料衡算求得滤饼体积与滤液体积之比。以 $1 \ \text{m}^3$悬浮液为基准,设其中固相质量分率为 x,则

$$\frac{1\ 116x}{1\ 500} + \frac{1\ 116(1-x)}{1\ 000} = 1$$

解得

$$x = 0.312$$

故知

$$1 \ \text{m}^3 \ \text{悬浮液中的固相质量} = 1\ 116 \times 0.312 = 348 \ \text{kg}$$

$$1 \ \text{m}^3 \ \text{悬浮液所得滤液体积} = \frac{348}{594} = 0.586 \ \text{m}$$

$$1 \ \text{m}^3 \ \text{悬浮液所得滤饼体积} = 1 - 0.586 = 0.414 \ \text{m}^3$$

于是

$$\upsilon = \frac{0.414}{0.586} = 0.706$$

转筒每转一周所得滤液量为

$$V = \frac{QT}{3\ 600} = \frac{3.35}{3\ 600} \times \frac{60}{1} = 5.58 \times 10^{-2} \ \text{m}^3$$

则相应的滤饼体积为

$$V_e = \upsilon V = 0.706 \times 5.58 \times 10^{-2} = 0.039\ 4 \ \text{m}^3$$

故知滤饼厚度为

$$L = \frac{V_e}{A} = \frac{0.039\ 4}{5.38} = 0.007\ 3 \ \text{m} = 7.3 \ \text{mm}$$

习　题

6.1　以小型板框压滤机对碳酸钙颗粒在水中的悬浮液进行过滤试验,测得数据列于题表 6.1 中。

题表 6.1

过滤压强差 $\Delta p / \text{Pa}$	过滤时间 τ / s	滤液体积 V / m^3
1.05×10^5	50	2.27×10^{-3}
	660	9.10×10^{-3}
3.50×10^5	17.1	2.27×10^{-3}
	233	9.10×10^{-3}

已知过滤面积为 $0.093 \ \text{m}^2$,试求:

(1)过滤压强差为 $1.05 \times 10^5 \ \text{Pa}$ 时的过滤常数 K、q_e 及 τ_e。

(2)滤饼的压缩性指数 s。

(3)若滤布阻力不变,试写出此滤浆在过滤压强差为 $2 \times 10^5 \ \text{Pa}$ 时的过滤方程式。

6.2　用一台 BMS50/810 – 25 型板框压滤机过滤某悬浮液,悬浮液中固相质量分率为 0.139,固相密度为 $2\ 200 \ \text{kg/m}^3$,液相为水。每 $1 \ \text{m}^3$ 滤饼中含 500 kg 水,其余全为固相。已知操作条件下的过滤常数 $K = 2.72 \times 10^{-5} \ \text{m}^2 \cdot \text{s}^{-1}$,$q_e = 3.45 \times 10^{-3} \ \text{m}$。滤框尺寸为 810 mm × 810 mm × 25 mm,共 38 个框。试求:

(1)过滤至滤框内全部充满滤渣所需的时间及所得的滤液体积。

(2)过滤完毕用 0.8 m³ 清水洗涤滤饼,求洗涤时间。洗水温度及表压与滤浆的相同。

6.3 在实验室用一片过滤面积为 0.1 m² 的滤叶对某种颗粒在水中的悬浮液进行试验,滤叶内部真空度为 66.7 kPa。过滤 5 min 得滤液 1 L。又过滤 5 min 得滤液 0.6 L。若再过滤 5 min,可再得滤液多少?

6.4 若上题中的滤渣不可压缩,且知每获得 1 L 滤液便在滤叶表面积累 2 mm 厚的滤渣。今拟用 BMS30/635 - 25 型板框压滤机在 3×10^5 Pa 的表压下处理该悬浮液,所用滤布与上题中滤叶上的滤布阻力相同。试求:

(1)过滤至全部框内充满滤渣所需的时间。

(2)若每次过滤完毕用 0.26 m³ 清水在相同的温度及表压下洗涤滤饼,求洗涤时间。

6.5 在恒定的压强差下对某种料浆进行过滤试验,所得数据列于题表 6.2 中。试求过滤常数 K、q_e 及 τ_e。

题表 6.2

单位面积滤液量 q/m	0	0.1	0.3	0.4
过滤时间 τ/s	0	38.2	114.4	228.0	379.4

6.6 在实验室中用一个每边长 0.162 m 的小型滤框对 $CaCO_3$ 颗粒在水中的悬浮液进行过滤试验。料浆温度为 19℃,其中 $CaCO_3$ 的质量分数为 0.072 3。测得每 1 m³ 滤饼烘干后的质量为 1 602 kg。在过滤压强差为 275 800 Pa 时所得的数据列于题表 6.3 中。

题表 6.3

过滤时间 τ/s	1.8	4.2	7.5	11.2	15.4	20.5	26.7	33.4	41.0	48.8	57.7	67.2	77.3	88.7
滤液体积 V/L	0.2	0.4	0.6	0.8	1.0	1.2	1.4	1.6	1.8	2.0	2.2	2.4	2.6	2.8

试求过滤介质的当量滤液体积 V_e,滤饼的比阻 r,滤饼的空隙率 ε 及滤饼颗粒的比表面积 S_V。已知 $CaCO_3$ 颗粒的密度为 2 930 kg·m⁻³,其形状可视为圆球。

6.7 在 0.02 m² 的过滤面积上以 4×10^{-5} m³·s⁻¹ 的过滤速率进行试验,测得的数据见题表 6.4。

题表 6.4

过滤时间 τ/s	100	500
过滤压强差 Δp/Pa	4×10^4	1.2×10^5

今要在框内尺寸为 500×500×80 mm 的板框压滤机上过滤同一滤浆,所用滤布与试验用的相同。初为恒速过滤,滤液流速与试验时的相同,至过滤压强差达到 8.0×10^4 Pa 时改为恒压操作。已知滤渣不可压缩,每获得 1 m³ 滤液所生成的滤渣体积为 0.02 m³。求框内充满滤渣所需的时间。

6.8 用叶滤机处理某种悬浮液,先以等速过滤 20 min,得滤液 2 m³。随即保持当时的压强差再过滤 40 min,问共得滤液多少 m³?若该叶滤机每次卸渣、重装等全部辅助操作共需 20 min,求滤液日产量。滤布阻力可以忽略。

6.9 在 3×10^5 Pa 的压强差下对钛白粉在水中的悬浮液进行过滤试验,测得过滤常数 $K = 5 \times 10^{-5}$ m²·s⁻¹、$q_e = 0.01$ m,又测得滤饼体积与滤液体积之比 $\nu = 0.08$。在拟用有 38 个框的 BMY50/810 - 25 型板框压滤机处理此料浆,过滤推动力及所用滤布也与试验用的相同。试求:

(1)过滤至框内全部充满滤渣所需的时间。

(2)过滤完毕以相当于滤液量 1/10 的清水进行洗涤,求洗涤时间。

(3)若每次卸渣、重装等全部辅助操作共需 15 min,求每台过滤机的生产能力(以每小时平均可得多少 m³ 滤饼计)。

6.10　某悬浮液中固相质量分率为 9.3% ,固相密度为 3 000 kg·m⁻³ ,液相为水。在一小型压滤机中测得此悬浮液的物料特性常数 $k = 1.1 \times 10^{-9}$ m²·s⁻¹·Pa⁻¹ ,滤饼的空隙率为 40% 。现采用一台 GP5 - 1.75 型转筒真空过滤机进行生产(此过滤机的转鼓直径为 1.75 m,长度为 0.98 m,过滤面积为 5 m,浸入角度为 120°),转速为 0.5 r·min⁻¹ ,操作真空度为 80 kPa。已知滤饼不可压缩,过滤介质阻力可以忽略。试求此过滤机的生产能力及滤饼厚度。

第七章 精 馏

在精细化工生产中,使用的原料或粗产品多是由若干组分组成的液体混合物,经常需要将它们进行一定程度的分离,以达到提纯或回收有用组分的目的。互溶液体混合物的分离方法很多,精馏是其中最常用的一种。

7.1 概 述

在生产实际中,分离多组分溶液更为常见,因此,研究和分析多组分精馏问题更有实际意义。所谓多组分精馏就是用精馏的方法分离三种或更多种组分的溶液。多组分精馏依据的原理和使用的设备与双组分精馏基本相同,但由于多组分精馏中溶液的组分数目增多,故影响精馏操作的因素也增多,计算过程更为复杂。

多组分混合液精馏主要有以下几种方式:

(1)间歇精馏 适用于中小生产规模,可以顺序得到不同沸点范围的馏分,经常用于处理易胶化或结垢的原料液。

(2)多塔精馏 用普通精馏塔(指仅有一个进料口、塔顶和塔底出料口的塔)以连续精馏的方式将多组分溶液分离为纯组分,则需要多个精馏塔。当分离 n 组分溶液时需要 $(n-1)$ 个塔。以分离三组分溶液为例,可以有如图7.1所示两种流程方案。组分数目增多,不仅塔增多,而且可能操作的流程方案数目也加多。

对于多组分精馏,首先要确定流程方案,然后才能进行计算。一般较好的方案应满足以下要求:

① 满足工艺要求,生产能力强。

② 耗能低,收率高,操作费用低。

③ 流程短,设备投资费用低。

下面仅以分离三组分溶液为例,予以简单分析。

如图7.1所示,流程(a)是按组分挥发度递降的顺序,各组分逐个从塔顶蒸出,最难挥发组分从最后一塔的塔釜分离出来。在这种方案中,组分 A 和 B 都气化一次和冷凝一次,而组分 C

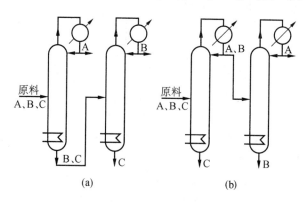

图7.1 三组分溶液精馏方案比较

既没有被气化也没有被冷凝。流程(b)是按组分挥发度递增的顺序,各组分逐个从塔釜中分离出来,最易挥发组分 A 从最后一塔的塔顶蒸出。在这种方案中,组分 A 被气化和冷凝各两次,组分 B 被气化和冷凝各一次。组分 C 既没有被气化也没有被冷凝。

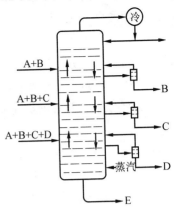

比较方案(a)和(b)可知,方案(b)中组分被气化和冷凝的总次数较方案(a)为多,因而加热和冷却介质消耗量大,操作费用高。同时,方案(b)的上升蒸汽量比方案(a)的要多,因此所需的塔径和再沸器及冷凝器的传热面积均较大,即投资费用也高。所以若以操作和投资费用来考虑,方案(a)优于方案(b)。但实际生产中还需综合考虑其他因素,如原料液的性质、产品的质量要求等。

(3)侧线精馏 有时不要求将全部组分都分离为纯组分,或原料液中各组分的性质和数量差异较大时,可以采用具有侧线出料口的塔,此时塔数可减少。基本装置如图7.2所示。侧线精馏时沿塔的不同地段的回流比是逐步改变的。

图7.2 侧线精馏示意图

7.2 多组分物系的气-液平衡

气-液平衡是多组分精馏计算的理论基础。根据相律可知,相平衡体系的自由度为

$$F = C - \Phi + 2$$

式中 F——自由度;

C——组分数;

Φ——相数。

对于气-液两相平衡体系,$\Phi = 2$。因此,$F = C$。对于双组分气-液平衡体系,$F = 2$,当体系的总压和任一组分的液相浓度确定后,则与之平衡的气相组成和体系的温度就确定了。对于 n 个组分体系的气-液平衡,共有 n 个自由度。当压强确定后,还需确定 $(n-1)$ 个独立变量,体系的平衡状态才能确定。可见,多组分体系的气-液相平衡计算比双组分溶液更复杂。

7.2.1 相平衡常数

多组分溶液的气-液平衡数据主要是通过计算得到。在计算时经常用到相平衡常数。当体系的气-液两相在一定温度和压力下达到平衡时,气相中某组分 i 的组成 y_i 与该组分在液相中的平衡组成 x_i 的比值,称为组分 i 在此温度和压力下的相平衡常数 K_i,即

$$K_i = \frac{y_i}{x_i} \tag{7.1}$$

热力学分析表明,多组分体系的气-液两相处于平衡状态时,除两相的温度和压力相等外,各组分在气-液两相的逸度必须相等,即

$$f_{iL} = f_{iG} \tag{7.2}$$

式中 f_{iL}——组分 i 在液相中的逸度;

f_{iG}——组分 i 在气相中的逸度。

气相逸度 f_{iG} 与气相组成 y_i 和压力 p 之间关系为

$$f_{iG} = \varphi_i p y_i \tag{7.3}$$

式中　φ_i——混合物中组分的逸度系数。

气相逸度 f_{iG} 还可表示为

$$f_{iG} = f_{iG}^0 \nu_{iG} y_i \tag{7.4}$$

式中　ν_{iG}——组分 i 在气相的活度系数；

　　　f_{iG}^0——纯相分 i 在气相的逸度。

液相逸度 f_{iL} 与液相组成 x_i 的关系为

$$f_{iL} = f_{iL}^0 \nu_{iL} x_i \tag{7.5}$$

式中　f_{iL}^0——纯组分 i 在液相中的逸度；

　　　ν_{iL}——组分 i 在液相的活度系数。

根据平衡条件，气-液平衡的普遍式为

$$\varphi_i p y_i = f_{iG}^0 \nu_{iG} y_i = f_{iL}^0 \nu_{iL} x_i \tag{7.6}$$

将式(7.6)代入式(7.1)得相平衡常数 K_i 的表达式

$$K_i = \frac{f_{iL}^0 \nu_{iL}}{f_{iG}^0 \nu_{iG}} \quad \text{或} \quad K_i = \frac{f_{iL}^0 \nu_{iL}}{p \varphi_i} \tag{7.7}$$

可见，组分的相平衡常数 K_i 是温度、压强和组成的函数。根据体系的温度、压力和溶液的性质不同，K_i 可分为以下几种类型：

① 体系的压力比较低，且各组分的分子结构相似，可视为完全理想体系。此时，$\varphi_i = 1$，$f_{iL}^0 = p_i^0$，$\nu_{iL} = 1$。于是有

$$K_i = \frac{p_i^0}{p}$$

式中　p_i^0——纯组分在体系温度时的饱和蒸气压。

完全理想体系的相平衡常数 K_i 仅与温度、压力有关，而与溶液的组成无关。低压下轻质烃组成的体系属于这种类型。

② 体系的压力比较低，各组分分子结构差异较大。气相可视为理想气体，液相视为非理想溶液。此时，$\varphi_i = 1$，$f_{iL}^0 = p_i^0$，$\nu_{iG} = 1$，$\nu_{iL} \neq 1$。于是有

$$K_i = \frac{p_i^0 \nu_{iL}}{p}$$

此类体系的 K_i 值不仅与温度、压力有关，还与溶液组成有关。当 $\nu_{iL} > 1$ 时，溶液产生正偏差；$\nu_{iL} < 1$ 时，溶液产生负偏差。低压下水和醇、醛、酸所组成的体系属于此种类型。

③ 中压下，气相为真实气体，但体系分子结构相似，气相可视为真实气体的理想混合物，液相可视为理想溶液。此时，$\varphi_i = 1$，$\nu_{iG} = 1$，$\nu_{iL} = 1$，故

$$K_i = \frac{f_{iL}^0}{f_{iG}^0}$$

在这种情况下，K_i 只和体系的温度、压力有关，与组成无关。3.5 MPa 下裂解气的分离属于这种情况。

④ 高压下，体系的分子结构差异大，此时可视为完全非理想体系。φ_i、ν_{iG}、ν_{iL} 均不等于 1。故

$$K_i = \frac{f_{iL}^0 \nu_{iL}}{f_{iG}^0 \nu_{iG}} \quad \text{或} \quad K_i = \frac{f_{iL}^0 \nu_{iL}}{p \varphi_i}$$

在精细化工生产中,经常遇到的是前三类情况,完全非理想体系遇到得很少。对于由烷烃、烯烃所构成的混合液,经过实验测定和理论推算,得到如图7.3所示的 P-T-K 列线图。

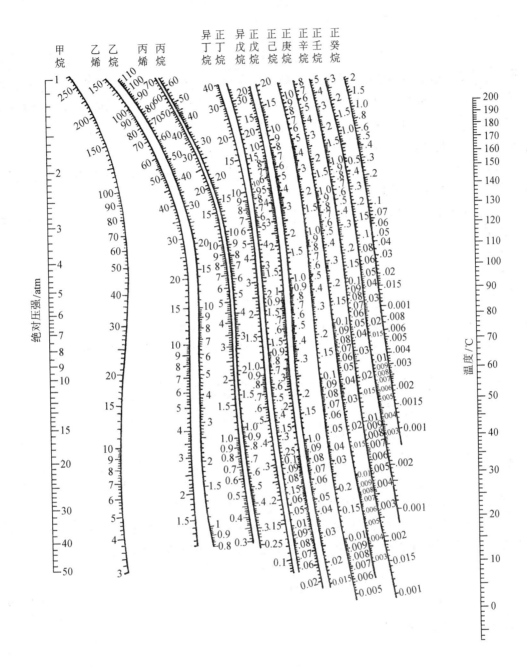

图 7.3 烃类的 P-T-K 图(高温段)

7.2.2 相平衡常数的应用

在多组分精馏的计算中,相平衡常数可用来计算泡点温度、露点温度和气化率等。

(1)泡点温度及平衡气相组成的计算 在一定压力下加热液体混合物,当液体开始沸腾第一个气泡时的温度,叫泡点温度。泡点与液相组成和压力有关。

因
$$y_1 + y_2 + \cdots + y_n = 1$$

即
$$\sum_{i=1}^{n} y_i = 1 \tag{7.8}$$

将式(7.1)代入上式,得

$$\sum_{i=1}^{n} K_i x_i = 1 \tag{7.9}$$

计算已知液相组成的混合液在一定压力下的泡点需用试差法。先假设泡点温度,根据已知的压强和假设温度,求出平衡常数,再校核 $\sum y_i$ 是否等于1。若是,即表示所假设的泡点温度正确。否则,当 $\sum y_i > 1$ 时,说明假设温度偏高,$\sum y_i < 1$ 时,说明假设温度偏低,必须重新假设温度,重复上述的计算,直至 $\sum y_i \approx 1$ 为止,此时的温度和气相组成即为所求。

例 7.1 有一含正丁烷0.2、正戊烷0.5和正己烷0.3(均为物质的量分数)的混合液,试求在压强为1 000 kPa下的泡点温度及平衡气相组成。

解 假设该混合液的泡点温度为130℃,由图7.2查出在1 000 kPa、130℃下各组分的平衡常数如下:

正丁烷 $K_1 = 2.05$

正戊烷 $K_2 = 0.96$

正己烷 $K_3 = 0.50$

所以 $\sum y_i = K_1 x_1 + K_2 x_2 + K_3 x_3 = 2.05 \times 0.2 + 0.9 \times 0.5 + 0.5 \times 0.3 = 1.04$

由于 $\sum y_i > 1$,故再设泡点温度为127℃,查出的得 K_i 值及计算结果列于表7.1中。

表 7.1

组 分	x_i	K_i(127℃100 kPa)	$y_i = K_i x_i$
正丁烷	0.2	1.95	0.39
正戊烷	0.5	0.92	0.49
正烷己	0.3	0.49	0.147
$\sum$	1.00		0.997

因 $\sum y_i \approx 1$,故所设泡点温度正确,表中所列的气相组成即为所求。

(2)露点温度和平衡液相组成的计算 在一定压力下,冷却气体混合物,当蒸汽开始冷凝出现第一个液滴时的温度,叫露点温度,简称露点。露点与气相组成和压力有关。

因
$$x_1 + x_2 + \cdots + x_n = 1$$

即
$$\sum_{i=1}^{n} x_i = 1 \tag{7.10}$$

将式(7.1)代入上式,得

$$\sum_{i=1}^{n} \frac{y_i}{K_i} = 1 \tag{7.11}$$

利用式(7.10)、(7.11)可计算气相混合物的露点温度及平衡液相组成。计算应用试差法。试差原则与计算泡点温度时完全相同。

(3)多组分溶液的部分气化 在压力一定的条件下,当液体混合物的温度升到泡点与露点之间的某一温度时,液体部分气化,体系分为气、液两相,两相的量和组成将随温度而变化。

设 F、V、L 分别为混合液量、蒸汽量和液体量(mol);x_{F_i}、y_i、x_i 分别为混合液、蒸汽和液体

中任一组分的物质的量,则

总物料衡算 $\qquad F = V + L \qquad\qquad$ (7.12)

组分 i 的物料衡算 $\qquad Fx_{F_i} = Vy_i + Lx_i \qquad\qquad$ (7.13)

因气-液两相平衡,故 $\qquad x_i = \dfrac{y_i}{K_i} \qquad\qquad$ (7.14)

由以上三式联解得

$$y_i = \frac{x_{F_i}}{\dfrac{V}{F}\left(1 - \dfrac{1}{K_i}\right) + \dfrac{1}{K_i}} \qquad\qquad (7.15)$$

或

$$x_i = \frac{x_{F_i}}{\dfrac{V}{F}(K_i - 1) + 1} \qquad\qquad (7.16)$$

式中 $\dfrac{V}{F}$ ——汽化率。

当温度和压强一定时,可利用式(7.15)、(7.16)通过试差法计算气化率及相应的气液相组成。反之,当汽化率一定时,也可利用上式计算汽化条件。

例 7.2 若将例 7.1 中的液体混合物部分汽化,汽化压强为 1 000 kPa、温度为 135℃,试求汽化率及气、液两相组成。

解 由图 7.1 查出在 1 000 kPa、135℃下各组分的平衡常数为

正丁烷 $\qquad\qquad K_1 = 2.18$

正戊烷 $\qquad\qquad K_2 = 1.04$

正己烷 $\qquad\qquad K_3 = 0.56$

设 $\dfrac{V}{F} = 0.49$ 代入式(7.15),得

$$y_1 = \frac{xF_i}{\dfrac{V}{F}\left(1 - \dfrac{1}{K_i}\right) + \dfrac{1}{K_i}} = \frac{0.2}{0.49\left(1 - \dfrac{1}{2.18}\right) + \dfrac{1}{2.18}} = 0.276\ 2$$

$$y_2 = \frac{0.5}{0.49\left(1 - \dfrac{1}{1.04}\right) + \dfrac{1}{1.04}} = 0.51$$

$$y_3 = \frac{0.3}{0.49\left(1 - \dfrac{1}{0.56}\right) + \dfrac{1}{0.56}} = 0.214\ 2$$

$$\sum y_i = 1.000\ 4 \approx 1$$

计算结果表明所设汽化率符合要求。再由式(7.16)求平衡液相组成,即

$$x_1 = \frac{y_1}{K_1} = \frac{0.276\ 2}{2.18} = 0.126\ 7$$

$$x_2 = \frac{y_2}{K_2} = \frac{0.51}{1.04} = 0.490\ 4$$

$$x_3 = \frac{y_3}{K_3} = \frac{0.214\ 2}{0.56} = 0.382\ 5$$

$$\sum x_i = 0.999\ 6 \approx 1$$

7.2.3 相对挥发度

用相对挥发度法表示多组分溶液的平衡关系时,一般取较难挥发的组分 j 作为基准组分来表示其他组分的相对挥发度,如下式所示

$$\alpha_{ij} = \frac{\dfrac{y_i}{x_i}}{\dfrac{y_i}{x_j}} = \frac{K_i}{K_j} \tag{7.17}$$

式中　α_{ij}——组分 i 对组分 j 的相对挥发度。

对于理想体系,两组分的相对挥发度就是此两组分纯态的蒸气压之比

$$\alpha_{ij} = p_i^0 / p_j^0$$

因为对于理想体系,相对挥发度随温度的变化较小,在一个相当大的温度范围内可以近似地视为常数,因此利用 α 计算气、液两相的平衡组成比较方便。

气-液平衡组成与相对挥发度的关系可推导为

因为

$$y_i = K_i x_i = \frac{p_i^0 x_i}{p}$$

而

$$p = p_1^0 x_1 + p_2^0 x_2 + \cdots + p_n^0 x_n$$

所以

$$y_i = \frac{p_i^0 x_i}{p_1^0 x_1 + p_2^0 x_2 + \cdots + p_n^0 x_n}$$

上式等号右边分子、分母同除 p_j^0,并将式(7.17)代入,可得

$$y_i = \frac{\alpha_{ij} x_i}{\alpha_{1j} x_1 + \alpha_{2j} x_2 + \cdots + \alpha_{nj} x_n} = \frac{\alpha_{ij} x_i}{\displaystyle\sum_{i=1}^{n} \alpha_{ij} x_i} \tag{7.18}$$

同理可得

$$x_i = \frac{y_i / \alpha_{ij}}{\displaystyle\sum_{i=1}^{n} y_i / \alpha_{ij}} \tag{7.19}$$

式(7.18)和式(7.19)为用相对挥发度法表示的气-液平衡关系。显然,只要求出各组分对基准组分的相对挥发度,就可利用以上二式计算平衡时的气相或液相的组成。一般,若精馏塔中相对挥发度 α 变化不大,则用相对挥发度法计算平衡关系较为简便。若 α 变化较大,则用平衡常数法计算较为准确。

7.3　多组分精馏物料衡算

多组分精馏计算理论板层数,除应已知进料组成外,还需要知道塔顶和塔底产品的组成。在两组分精馏中,这些组成通常由工艺条件所规定。但在多组分精馏中,馏出液和釜液往往含有多个组分,一般只能规定馏出液中某组分的含量不能高于某一限值,釜液中另一组分的含量不允许高于另一限值,产品中其他组分的含量都不能任意规定,而要确定它们又很困难。根据这种情况,为了简化计算,故引入关键组分的概念。

7.3.1 关键组分

在待分离的多组分溶液中,选取工艺中最关心的两个组分(一般是选择挥发度相邻的两个

组分),对其分离要求作出规定,即指定它们在馏出液和釜液中的浓度。这样,在一定的分离条件下,所需的理论板层数和其他组分的组成也随之而定。所选定的两个组分称为关键组分。其中沸点高的那个部分称为轻关键组分,沸点低的称为重关键组分。例如,分离由组分 A、B、C、D 和 E(按沸点降低的顺序排列)所组成的混合液,根据分离要求规定 B 为轻关键组分,C 为重关键组分。因此,在馏出液中有组分 A、B 及限量的 C,而比 C 重的组分(D 及 E)在馏出液中只有极微量或没有。同样,在釜液中有组分 E、D、C 及限量的 B,比 B 轻的组分 A 在釜液中含量极微或没有。有时因相邻的轻、重关键组分之一的含量很低,也可选择与它们邻近的某一组分为关键组分,如上述的组分 C 含量若很低,就可选择 B、D 为轻、重关键组分。

7.3.2 组分在塔顶和塔底预分配方案

在多组分精馏中,一般先规定关键组成在塔顶和塔底产品中的组成,其他组分的分配应通过物料衡算或近似估算得到。待求出理论板层数后,再核算塔顶或塔底产品的组成。根据组分间挥发度的不同,可有两种预分配方案。

(1)清晰分割 如果轻、重关键组分的挥发度相差较大,且两者为相邻组分,此时可认为比重关键组分还重的组分全部在塔底产品中,比轻关键组分还轻的组分全部在塔顶产品中,这种情况称为清晰分割。非关键组分在塔顶和塔底产品中的分配可通过物料衡算求得。

例 7.3 有一苯(A)、甲苯(B)和乙苯(C)的溶液,流量为 100 kmol·h^{-1},组成为 $x_{F_A} = 0.44$, $x_{F_B} = 0.36$, $x_{F_C} = 0.2$,要求把其中的苯与甲苯和乙苯分开(即苯与甲苯分别为轻、重关键组分),塔顶馏出液中 $x_{D_B} \leq 0.026$,塔底釜残液中 $x_{W_A} \leq 0.023\,5$,试求馏出液与釜残液的流量和组成。

解 因苯与甲苯的分离要求很高,同时这三个物质的挥发性的差别较大,故可以按清晰分割考虑,即 $x_{D_C} = 0$,所以 $x_{D_A} = 0.974$,$x_{D_B} = 0.026$。

总物料衡算

$$100 = D + W$$

苯的衡算

$$0.44 \times 100 = 0.974D + 0.023\,5D$$

将以上二式联立求解,得

$$W = 56.2 \text{ kmol·h}^{-1}$$

$$D = 43.8 \text{ kmol·h}^{-1}$$

乙苯的衡算

$$0.2 \times 100 = x_{W_C} \times 56.2$$

所以

$$x_{W_C} = \frac{0.2 \times 100}{56.2} = 0.356$$

甲苯的衡算

$$0.36 \times 100 = 0.026 \times 43.8 + x_{W_B} \times 56.2$$

所以

$$x_{W_B} = \frac{0.35 \times 100 - 0.026 \times 43.8}{56.2} = 0.62$$

检验

$$x_{W_A} + x_{W_B} = x_{W_C} = 0.023\,5 + 0.62 + 0.356 = 0.999\,5 \approx 1$$

(2)非清晰分割 如果轻、重关键组分不是相邻组分,则塔顶和塔底产品中必有中间组分。此外,如果进料液中非关键组分的相对挥发度与关键组分相差不大,则塔顶产品中就含有比重关键组分还重的组分,塔底产品中含有比轻关键组分还轻的组分。上述两种情况均称为非清晰分割。

在非清晰分割时,组分在塔顶和塔底的分配不能用物料衡算求得,但可用芬斯克全回流公式进行估算。估算前需作如下假设:

① 在任何回流比下操作时,各组分在塔顶、塔釜产品中的分配情况与全回流时相同。② 非关键组分的分配情况与关键组分的分配情况也相同。多组分精馏时,全回流的的芬斯克方程式可表示为

$$N_{min} + 1 = \frac{\lg\left[\left(\frac{x_1}{x_h}\right)_D \left(\frac{x_h}{x_1}\right)_W\right]}{\lg \alpha_{lh}} \tag{7.20}$$

因为

$$\left(\frac{x_1}{x_h}\right)_D = \frac{D_1}{D_h} \qquad \left(\frac{x_h}{x_1}\right)_W = \frac{W_h}{W_1}$$

所以

$$N_{min} + 1 = \frac{\lg\left[\left(\frac{D_1}{D_h}\right)\left(\frac{W_h}{W_1}\right)\right]}{\lg \alpha_{lh}} = \frac{\lg\left[\left(\frac{D}{W}\right)_1 \left(\frac{W}{D}\right)_h\right]}{\lg \alpha_{lh}} \tag{7.21}$$

式中　下标 l——轻关键组分;下标 h——重关键组分;

下标 D——塔顶馏出液;下标 W——塔釜馏残液;

D_1、D_h——分别为馏出液中轻、重关键组分流量$(kmol \cdot h^{-1})$;

W_1、W_h——分别为釜液中轻、重关键组分的流量$(kmol \cdot h^{-1})$。

式(7.21)表示全回流下轻、重关键组分在塔顶和塔底产品中的分配关系。根据前述的假设,式(7.18)也适用于任意组分 i 和重关键组分之间的分配,即

$$\frac{\lg\left[\left(\frac{D}{W}\right)_1 \left(\frac{W}{D}\right)_h\right]}{\lg \alpha_{lh}} = \frac{\lg\left[\left(\frac{D}{W}\right)_i \left(\frac{W}{D}\right)_h\right]}{\lg \alpha} \tag{7.22}$$

因 $\alpha_{hh} = 1$,故 $\lg \alpha_{hh} = 0$,上式可改写为

$$\frac{\lg\left(\frac{D}{W}\right)_1 - \lg\left(\frac{W}{D}\right)_h}{\lg \alpha_{lh} - \lg \alpha_{hh}} = \frac{\lg\left(\frac{D}{W}\right)_i \lg\left(\frac{W}{D}\right)_h}{\lg \alpha_{ih} - \lg \alpha_{hh}}$$

$$\tag{7.23}$$

式(7.23)表示全回流下任意组分在塔顶和塔釜两产品中的分配关系。根据前述假设,式(7.23)可用于估算任意回流比下各组分的分配情况。这种估算各组分在塔顶和塔底产品中的分配方法称为亨斯特别克法。

式(7.23)也可用图解法求算,其步骤如下:

① 在双对数直角坐标上,以 $\lg \alpha_{ih}$ 为横坐标,$\left(\frac{D}{W}\right)_i$ 为纵坐标。根据 $\left[\lg \alpha_{lh}, \lg\left(\frac{D}{W}\right)_1\right]$、$\left[\lg \alpha_{hh}, \lg\left(\frac{D}{W}\right)_h\right]$ 定出相应的 a、b 两点,如图 7.4 所示。

② 连接 a、b 两点,其他组分的分配点必落在 ab 或其延长线上,由 α_{ih} 即可求得 $\left(\frac{D}{W}\right)_i$。

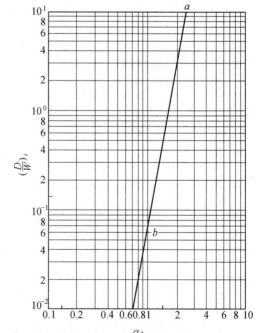

图 7.4　组分在两产品中的分配与相对挥发度的关系

应予指出,式(7.23)中相对挥发度可取为塔顶和塔底的或塔顶、进料口和塔底的几何平均值。但在开始估算时,塔顶和塔底的温度均为未知值,故需要用试差法。先假设各处的温度,由此算出平均相对挥发度,再用亨斯特别克法算出馏出液和釜残液的组成,然后由此组成校核所设的温度是否正确,如两者温度不符合,则可根据后者算出温度,重复前面的计算,直至前、后两次温度基本相符为止。为了减少试差次数,初值可按清晰分割得到的组成来估计。

例7.4 已知某脱乙烷塔的进料组成、摩尔流率和操作条件下各组分的相平衡常数见表7.2,进料为饱和液体,其温度为4℃,操作压强为2 880 kPa,要求塔顶乙烷的回收率为97%,塔釜丙烯的回收率为99%。试估算塔顶馏出物及釜液的组成。

表7.2

序号	组 分	摩尔流率/ $(\text{kmol} \cdot \text{h}^{-1})$	摩尔组成 x_{F_i}	操作条件下相平衡常数 K_i
1	甲烷	3.2	1.03	3.05
2	乙烯	186.03	61.11	1.28
3	乙烷(轻组分)	22.12	7.28	0.95
4	丙烯(重组分)	73.57	24.15	0.407
5	丙烷	2.37	0.78	0.356
6	丁二烯	6.39	2.10	0.151
7	丁烯	7.70	2.53	0.154
8	丁烷	1.35	0.44	0.133
9	C_5	1.61	0.53	0.05
10	C_6	0.14	0.05	0.020 5
	$\sum$	304.48	100.00	

解 根据题意知,第3组分乙烷为轻关键组分,第4组分为重关键组分,则第3组分与第4组分在塔顶和釜液产品中的量分别为

$$D_3 = 0.97 \times 22.12 = 21.56 \text{ kmol} \cdot \text{h}^{-1}$$

$$W_3 = F_3 - D_3 = 22.12 - 21.56 = 0.56 \text{ kmol} \cdot \text{h}^{-1}$$

$$W_4 = 0.99 \times 73.57 = 72.83 \text{ kmol} \cdot \text{h}^{-1}$$

$$D_4 = F_4 - W_4 = 73.57 - 72.83 = 0.74 \text{ kmol} \cdot \text{h}^{-1}$$

取重关键组分丙烯为参考组分,则两关键组分对参考组分的相对挥发度分别为

$$\alpha_{44(hh)} = 1 \qquad \alpha_{34(lh)} = 0.95/0.407 = 2.334$$

将以上各值代入式(7.23),得

$$\frac{\lg\left(\dfrac{D}{W}\right)_i - \lg\dfrac{0.74}{72.83}}{\lg\alpha_{ih} - \lg 1} = \frac{\lg\left(\dfrac{21.56}{0.56}\right) - \lg\left(\dfrac{0.74}{72.83}\right)}{\lg 3.14 - \lg 1} = 9.72$$

由上式可以计算出两产品中各组分的摩尔组成,以第2组分为例,计算如下

$$\alpha_{2h} = \frac{1.28}{0.407} = 3.14$$

$$\frac{\lg\left(\dfrac{D}{W}\right)_2 - \lg\dfrac{0.74}{72.83}}{\lg 3.14 - 0} = 9.72$$

解得

$$\frac{D_2}{W_2} = 699$$

由物料衡算

$$D_2 + W_2 = F_2 = 186.03 \text{ kmol} \cdot \text{h}^{-1}$$

联立上二式,解得

$$D_2 = 185.76 \text{ kmol} \cdot \text{h}^{-1} \qquad W_2 = 0.27 \text{ kmol} \cdot \text{h}^{-1}$$

其他各组分计算结果以及产品的物质量分数列于下表7.3中。

表 7.3

序号	组 分	相对挥发度 α_{ih}	馏 出 液		釜 液	
			$D_i/(\text{kmol} \cdot \text{h}^{-1})$	摩尔分数 x_{D_i}	$W_i/(\text{kmol} \cdot \text{h}^{-1})$	摩尔分数 x_{W_i}
1	甲烷	7.494	3.20	1.48	—	—
2	乙烯	3.145	185.54	87.96	0.49	0.52
3	乙烷	2.334	21.58	10.22	0.54	0.60
4	丙烯	1.0	0.69	0.33	72.88	77.96
5	丙烷	0.875	0.01	0.01	2.36	2.52
6	丁二烯	0.371	—	—	6.39	6.84
7	丁烯	0.378	—	—	7.70	8.23
8	丁烷	0.327	—	—	1.35	1.46
9	C_5	0.123	—	—	1.61	1.72
10	C_6	0.050	—	—	0.14	0.15
	Σ		211.02	100.0	93.46	100.0

7.4 最小回流比

与双组分精馏相同,在多组分精馏中,当轻、重关键组分的分离要求确定后,在一定的进料状态下,用无限多层理论塔板才能满足分离要求所需的回流比,称为最小回流比 $R_{\min}$。

在两组分精馏计算中,通常用图解法确定最小回流比。而在多组分精馏计算中,必须用解析法求最小回流比。多组分精馏在最小回流比下操作时,塔内也会出现恒浓区,且常常有两个恒浓区,一个在进料板以上某一位置,称为上恒浓区;另一个在进料板以下某一位置,称为下恒浓区。具有两个恒浓区的原因是由于进料中所有组分并非全部出现在塔顶或塔底产品中的缘故。例如,比重关键组分还重的某些组分可能不出现在塔顶产品中。这些组分在精馏段下部的几层塔板中被分离,其组成便达到无限低,而后其他组分才进入上恒浓区。同样,比轻关键组分还要轻的某些组分可能不出现在塔底产品中,这些组分在提馏段上部的几层塔板中被分离,其组成便达到无限低,而后其他组分才进入下恒浓区。若所有组分都出现在塔顶产品中,则上恒浓区接近于进料板;若所有组分都出现在塔底产品中,则下恒浓区接近于进料板;若所有组分同时出现在塔顶和塔底产品中,则上、下恒浓区合二为一,即进料板附近为恒浓区。

严格或精确的计算最小回流比很困难。一般多采用简化公式估算,常用的是恩德伍德法,推导该式时的基本假设是:

① 体系中各组分的相对挥发度为常数。

② 塔内气相和液相均为恒摩尔流。

根据物料平衡及相平衡关系,利用恒浓区的概念,恩德伍德推导出求最小回流比的两个联立公式

$$\sum_{i=1}^{n} \frac{\alpha_i x_{F_i}}{\alpha_{ij} - \theta} = 1 - q \qquad (7.24)$$

$$\sum_{i=1}^{n} \frac{\alpha_i x_{D_i}}{\alpha_{ij} - \theta} = R_{min} + 1 \tag{7.25}$$

式中　x_{F_i}、x_{D_i}——分进料和馏出液中组分 i 的摩尔分数；

　　　　α_{ij}——组分 i 对基准组分 j(一般为重组分或重关键组分)的相对挥发度,可取塔顶和塔底的几何平均值；

　　　　q——进料中的液相分率；

　　　　R_{min}——最小回流比；

　　　　θ——式(7.21)的根,其值介于轻、重关键组分的相对挥发度之间。

若轻、重关键组分是相邻组分,θ 值仅一个；若轻、重关键组分之间有一个分布组分,则有两个 θ 值；有两个分布组分,则有三个 θ 值,依次类推。

求解以上两个方程时,先用试差法由式(7.24)求出 θ 值,然后将此 θ 值代入式(7.25)求出 R_{min}。若有多个 θ 值,则分别代入式(7.25),求得多个 R_{min},取其平均值。

7.5　理论塔板数的计算

计算多组分精馏的理论塔板数主要有简捷法和逐板计算法。逐板计算法较烦琐,但可得到较准确的结果。简捷法误差较大,但具有计算快、简单的优点,可应用于缺乏完整的基础数据或初步设计中。

7.5.1　简捷法

用简捷法计算理论板层数时,基本原则是将多组分精馏简化为轻重关键组分的"双组分精馏",故可应用芬斯克方程和吉利兰图求理论板层数。具体步骤如下：

① 根据分离要求确定关键组分。

② 根据进料组成及分离要求进行物料衡算,初估各组分在塔顶和塔底产品中的组成,并计算各组分的相对挥发度。

③ 用芬斯克方程式根据轻、重关键组分在馏出液和釜液中的组成和平均相对挥发度计算最小理论塔板数 N_{min}。

④ 用恩德伍德公式估算最小回流比 R_{min},再由 $R = (1.1 - 2)R_{min}$ 的关系选定操作回流比 R。

⑤ 由图 7.5 吉利兰图求出理论塔板数 N。

⑥ 仿照两组分精馏计算中采用的方法确定进料板位置。若为泡点进料,也可用以下经验公式,即

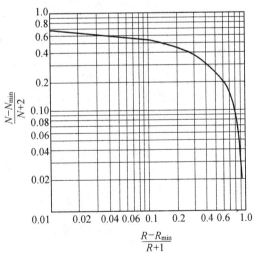

图 7.5　吉利兰图

$$\lg \frac{n}{m} = 0.206 \lg\left[\left(\frac{W}{D}\right)\left(\frac{x_{hF}}{x_{lF}}\right)\left(\frac{x_{lW}}{x_{hD}}\right)^2 \right] \tag{7.26}$$

式中　n——精馏段理论塔板数；

　　　　m——提馏段理论塔板数(不包括再沸器)。

例 7.5 在连续精馏塔中分离多组分混合液。进料和产品的组成以及平均操作条件下的各组分对重关键组分的相对挥发度示于表 7.4 中,进料为饱和液体,试求:

(1)最小回流比。

(2)若回流比 $R = 1.5 R_{min}$,用简捷法求理论板层数。

表 7.4

组　分	进料组成 x_{F_i}	馏出液组成 x_{D_i}	釜液组成 x_{W_i}	相对挥发度 α_{ih}
A	0.25	0.5	0	5
B(轻关键组分)	0.25	0.48	0.02	2.5
C(重关键组分)	0.25	0.02	0.48	1
D	0.25	0	0.5	0.2

解 (1)最小回流比　因饱和液体进料,故 $q = 1$。先用试差法求下式中的 θ 值($1 < \theta < 2.5$),即

$$\sum_{i=1}^{n} \frac{\alpha_{ih} x_{F_i}}{\alpha_{ij} - \theta} = 1 - q = 0$$

假设各 θ 值,计算得到的相应结果列于表 7.5 中。

当 $\theta \approx 1.306$ 时

$$R_{min} = \sum_{i=1}^{4} \frac{\alpha_{ih} x_{D_i}}{\alpha_{ih} - \theta} - 1 = \frac{5 \times 0.5}{5 - 1.306} + \frac{2.5 \times 0.48}{2.5 - 1.306} +$$

$$\frac{1 \times 0.02}{1 - 1.306} + \frac{0.2 \times 0}{0.2 - 1.306} - 1 = 0.62$$

表 7.5

假设的 θ 值	1.3	1.31	1.306	1.307
$\sum_{i=1}^{n} \dfrac{\alpha_{ih} x_{F_i}}{\alpha_{ih} - \theta}$	－ 0.020 1	0.012 5	－ 0.000 31	－ 0.002 87

取 $R = 1.5$,$R_{min} 1.5 \times 0.62 = 0.93$。

(2)理论板层数　由芬斯克方程求 N_{min},即

$$N_{min} = \frac{\lg\left[\left(\dfrac{x_1}{x_h} \right)_D \left(\dfrac{x_h}{x_1} \right)_W \right]}{\lg \alpha_{lh}} - 1 = \frac{\lg\left[\left(\dfrac{0.48}{0.02} \right) \left(\dfrac{0.48}{0.02} \right) \right]}{\lg 2.5} - 1 = 5.9$$

而

$$\frac{R - R_{min}}{R + 1} = \frac{0.93 - 0.62}{0.93 + 0.62} = 0.161$$

查吉利兰图得,$\dfrac{N - N_{min}}{N + 2} = 0.47$,解得 $N = 13$(不包括再沸器)。

7.5.2　逐板计算法

多组分精馏逐板计算有多种方法,常用的是刘易斯-麦捷逊法,其基本原理与两组分精馏的逐板计算法完全相同。计算过程中,多次使用平衡方程和操作线方程,依次逐板计算即可得到所需的理论塔板层数。计算步骤为:

① 根据进料组成和分离要求,估算塔顶和塔底产品的组成,再由物料衡算求得 D 和 W。

② 计算最小回流比,选定适宜操作回流比。根据进料热状况和回流比,确定精馏塔两段的气液相流量,并由初步估算得到塔顶和塔底组成,可求出精馏段和提馏段的操作线方程。

③ 精馏段逐板计算。假设采用塔顶全凝器,则塔顶第一块板上升蒸汽组成 y_{1i} 等于馏出液组成 x_{di},即

$$y_{2i} = x_{di}$$

第一层塔板下降液体组成 x_{1i} 可由平衡方程求得,即

$$x_{1i} = \frac{y_{1i}}{K_{1i}}$$

式中下标第一个字母表示塔板序号;第二个字母表示任意组分;K_{1i} 相平衡常数。

y_{2i} 和 x_{1i} 符合精馏段操作线关系,即

$$y_{2i} = \frac{R}{R+1}x_{1i} + \frac{1}{R+1}x_{Di}$$

依次逐板计算直至第 n 层及第 $(n-1)$ 层板上的液相中轻、重关键组分组成比达到下述条件为止,即

$$\left(\frac{x_1}{x_h}\right)_{n-1} \geqslant \left(\frac{x_1}{x_h}\right)_{Fl} \geqslant \left(\frac{x_1}{x_h}\right)_n$$

式中 $\left(\dfrac{x_1}{x_h}\right)_{Fl}$ ——进料中液体部分的轻、重关键组分的组成比。

④ 提馏段的逐板计算。根据塔釜的液相组成,利用相平衡关系,从相平衡关系求得气相组成,即

$$y_{Wi} = K_{Wi}x_{Wi}$$

根据 y_{Wi},利用提馏段操作线方程,求提馏段第一层板下降的液相组成 x'_{1i},即

$$y'_{Wi} = \frac{l'}{l'-W}x'_{1i} - \frac{W}{l'-W}x_{Wi}$$

依次往上逐板计算,直至第 m 层和第 $(m+1)$ 层板上液相的轻、重关键组分的组成比符合下述关系为止,即

$$\left(\frac{x_1}{x_h}\right)_m \leqslant \left(\frac{x_1}{x_h}\right)_{Fl} \leqslant \left(\frac{x_1}{x_h}\right)_{m+1}$$

需指出,在计算过程中,使用平衡方程的次数即为理论板层数。由塔顶和塔底两端计算得到的 x_{ni} 和 x_{mi} 能基本吻合,则第 n 板与第 m 板重合。当进料热状况 $q \geqslant 0$ 时,第 n 层即为加料板;当 $n < 0$ 时,第 $(n+1)$ 层即为加料板。若上述两板的组成不能相符,则需调整塔顶和塔底产品中非关键组分的组成或改变回流比,然后重复上述计算直到 x_{ni} 和 x_{mi} 较好吻合为止。目前多采用电子计算机作上述计算。

7.6 特 殊 精 馏

有时被分离混合液中组分的相对挥发度很小或者是恒沸物,也有为了避免被蒸馏物受高温分解,这些情况均应采用特殊精馏。工业上应用较广的特殊精馏主要有:恒沸精馏、萃取精馏。

在被分离混合液中加入另一新组分,因其与被分离组分的作用不同,使原组分之间的相对挥发度增加,从而可用精馏的方法实现分离,这种分离过程称为特殊精馏。特殊精馏属于多组分非理想物系的分离过程。

7.6.1 恒沸精馏

在被分离的溶剂中加入另一新组分,该组分能与原溶液中一个或两个组分形成沸点更低的恒沸物,恒沸物从塔顶蒸出,塔底引出较纯产品。加入的新组分称挟带剂,这种特殊精馏的方法称恒沸精馏。图7.6是恒沸精馏流程示意图。

恒沸物的蒸汽由塔1顶部进入冷凝器,所得冷凝液在分层器中分层,富溶剂层(上层)作为塔1的回流,富易挥发组分层(下层)则进入精馏塔2,塔1釜液为难挥发组分,从底部引出,进入分离塔3,在此将其中少量恒沸剂蒸出,然后恒沸剂与进料混合物返回恒沸精馏塔1,纯的重组分由塔3的釜底引出。塔2顶部产生为恒沸剂与易挥发组分形成的恒沸物,此恒沸物与塔1顶部的蒸汽一起进入冷凝器。塔2的釜液则为纯的易挥发组分。

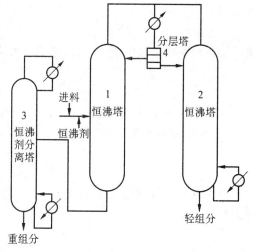

图7.6 恒沸精馏流程塔顶产品为非均相恒沸物时的流程

1,2—恒沸精馏塔;3—恒沸剂分离塔;4—分层器

恒沸精馏的关键是选择合适的恒沸剂,对恒沸剂的主要要求是:

① 挟带剂所形成的恒沸物的沸点低,与被分离的组分的沸点差大,一般应不小于10℃。

② 形成的恒沸液应主要挟带料液中含量少的组分,单位恒沸剂的挟带量要大,这样夹带剂用量与气化量少,热量消耗少。

③ 形成的恒沸液能冷凝分层,易于将恒沸剂分离,重新使用。

④ 使用安全,性质稳定,价格便宜等。

7.6.2 萃取精馏

萃取精馏是在被分离混合液中加入溶剂(又称萃取剂),与恒沸精馏不同的是萃取剂不与被分离液中任何组分形成恒沸物,萃取剂的沸点比原溶液各组分的沸点均高,它与原料液中某个组分有较强的吸引力,可显著降低该组分的蒸汽压,从而增大原料液中被分离组分的相对挥发度,使得恒沸物或沸点相差很小的物系仍能用精馏的方法分离。图7.7是萃取精馏典型流程示意图。

萃取精馏的主要设备是萃取精馏塔,它由三段组成,即提馏段、精馏段和溶剂再生段。进料加在提馏段顶部的塔板上,溶剂中在精馏段顶部的塔板上,没有重组分的蒸汽从精馏段进入再生段。再生段的作用是回收被轻组分蒸汽所带出的溶剂蒸汽,也就是用轻组分进行回流把溶剂蒸汽洗下来。若溶剂的沸点相当高,可不设再生段。

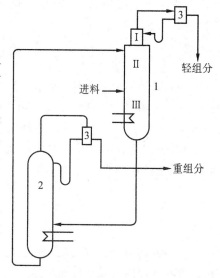

图7.7 萃取精馏流程

1—萃取精馏塔;2—蒸馏塔;3—冷凝器;
Ⅰ—溶剂再生段;Ⅱ—精馏段;Ⅲ—提馏段

溶剂与重组分一起自萃取精馏塔的底部引出,然后送入蒸馏塔,在此将重组分与溶剂分开。纯的重组分作为馏出物引出,而塔釜产物则为溶剂,可重新返回萃取精馏塔使用。

萃取剂的选择是一个关键问题,良好的萃取剂应符合以下条件:

① 选择性好,加入少量萃取剂就能使原组分间的相对挥发度有较大的提高。

② 沸点高,与被分离组分的沸点差适当地大,使萃取剂易于回收,可循环使用。

③ 与料液的互溶度大,不产生分层现象。

④ 使用安全,性质稳定,价格便宜等。

与恒沸精馏比较,萃取精馏具有以下特点:

① 萃取剂比挟带剂易于选择。

② 萃取剂以液态从塔顶进入,从塔底流出,而恒沸剂以气态挟带组分从塔顶流出,故萃取精馏的耗能量较恒沸精馏的小。

③ 萃取剂的加入量可以在较大范围内变动,操作较恒沸精馏灵活,易控制。

④ 萃取剂需要连续不断地从塔顶送入,以保证塔内液相中一定的萃取剂浓度,故萃取精馏不适于间歇操作。

7.7 板 式 塔

7.7.1 板式塔简介

板式塔是化工生产中广泛采用的传质设备。板式塔中设有相当数量的塔板,从塔顶下流的液体在各塔板上保持一定的数量并顺序往下层塔板流动,气体以鼓泡或喷射形式通过塔板上的液层,气液相相互接触,进行传质过程。气体和液体的组成沿塔板发生阶梯式的变化。

板式塔可分为有降液管和无降液管的两种形式。降液管是液体从塔板往下层流动时的溢流装置。有降液管的板式塔可按气体流动方式,分为鼓泡塔(泡罩塔、浮阀塔、筛板塔)和喷射(舌形塔、浮舌塔、浮动喷射塔等);无降液管的板式塔主要有各种形式的穿流塔。图7.8是板式塔的典型结构。

板式塔类型的不同在于其中塔板结构的不同,现将几种重要类型的板式塔分述如下:

(1)泡罩塔 泡罩塔是化工生产上应用最早的一种板式塔;其气体通道是升气管和钟形泡罩,如图7.9所示。由于升气管高出塔板,即使在气体负荷很低时也不会发生严重漏液,因此,泡罩塔板具有很大的操作弹性(塔板效率降低15%时,气体最大负荷与最小负荷之比)。升气管是泡罩塔区别于其他塔板的主要结构特征。气体从升气管上升经泡罩的齿缝鼓泡通过液层并形成大量泡沫。气液两相充分接触,塔板效率高。但泡罩塔结构复杂,安装和

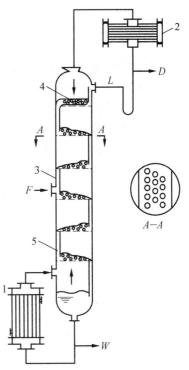

图7.8 板式塔的典型结构

F—加料;D—塔顶采出;W—塔釜采出;L—回流;1—塔釜(再沸器);2—塔顶冷凝器;3—塔身;4—塔板;5—溢流管

维修不便,同时气体流动路线曲折,塔板上液层较厚,增大了气体流动阻力。液体流过塔板由于板上液层深浅不同,气量分布不均匀,目前已采用较少。

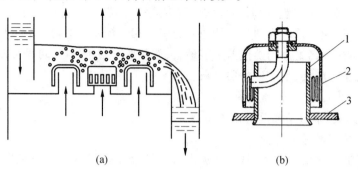

(a)   (b)

图 7.9　泡罩塔板
1—升气管;2—泡罩;3—塔板

(2)筛板塔　筛板塔的出现迟于泡罩塔20年左右,以往因操作不易掌握而未被广泛使用。近年来,由于工业发展的需要,对其结构作了改进,使筛板塔得到了较广泛的应用。

筛板与泡罩板的基本结构相同,其差别仅在于取消了泡罩与升气管,而且直接在板上开很多筛孔,以代替它们。操作时,气体以高速通过筛孔上升,板上的液体通过降液管流到下一层。分散成泡的气体使板上液层成为强烈湍动的泡沫层。

筛板塔的优点是:结构简单、造价低、气体压降小、板上液面落差小、生产能力及板效率高;缺点是:操作弹性窄、小孔筛板易堵塞。

(3)浮阀塔　浮阀塔是近二三十年发展起来的一种新型塔设备,它综合了泡罩塔和塔板塔的特点,将固定在塔板上的泡罩变成可随气速变化而上下浮动的阀门。

浮阀可随气体流量变化自动调节开度,当气量小时,阀的开度较小,气体仍能以一定的气速通过环隙,避免过多的漏液;当气量大时,阀片浮起,由阀"脚"钩住塔板来维持最大开度,如图7.10。因开度增大而使气速不致过高,从而降低了压降,也使液泛气速提高,故在高气液比下,浮阀塔的生产能力比泡罩塔提高20%。气体以水平方向吹入液层,气液接触时间较长,而液沫夹带较小。

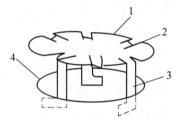

图 7.10　浮阀塔板
1—浮阀片;2—凸缘;
3—浮阀"腿";4—塔板上的孔

浮阀塔的优点是:生产能力和操作弹性大,在较宽气速范围的板效率变化较小;塔板效率高,比泡罩塔高15%左右;结构简单,液体在板上流动阻力小,液面梯度小,蒸汽分布均匀。

7.7.2　板式塔的计算

(1)塔高的计算　板式塔有效段(汽-液接触段)的高度可由下式确定,即

$$Z = \frac{N_T}{E_T}H_T \tag{7.27}$$

式中　Z——塔的有效段高度(m);

　　　H_T——板间距(m);

　　　E_T——总板效率。

塔高与板间距直接有关。为了降低塔高,尤其是对安装在厂房内的塔,常希望板间距小。但板间距对液泛与液沫夹带有重要影响,若减小板间距则需降低气速才能避免液泛,于是需要增大塔径来弥补。可见,板间距与塔径是互相关联的。应根据具体情况,权衡利弊,才能确定。从检修方便考虑,在塔体需开人孔或手孔的地方,应留有足够的工作空间,该处板间距不应小于 600 mm。

为了计算空塔速度以估算塔径时,必须先选定板间距。对板间距的尺寸还需进行流体力学验算,如不能满足流体力学的要求,可适当地调整板间距或塔径。

初选时,可参考表 7.6 中的推荐值。

表 7.6 板间距与塔径的关系

塔径 D/m	0.3 ~ 0.5	0.5 ~ 0.8	0.8 ~ 1.6	1.6 ~ 2.4
塔板间距 H_T/mm	200 ~ 300	250 ~ 350	300 ~ 450	350 ~ 600

(2)塔板效率 根据不同的研究角度,为了使用方便提出了几种板效率的表示方法,即全塔效率、单板效率和点效率。

① 全塔效率 E_T。理论板数 N_T 与实际板数 N_P 之比称为全塔效率,即

$$E_T = N_T / N_P \times 100\%$$
(7.28)

板式塔在操作时,各层塔板的流动状态不同,物性也有所不同,因而各层塔板效率均有差异。全塔效率可看成是各层效率的平均值。

② 单板效率。默弗里板效率是常用的一种表示效率的方法,又称单板效率。它是以气相或液相经过实际塔板的组成变化值与经过理论塔板时的组成变化值之比表示的。

以气相表示的单板效率
$$E_{MV} = \frac{y_n - y_{n+1}}{y_n^* - y_{n+1}}$$
(7.29)

以液相表示的单板效率
$$E_{ML} = \frac{x_{n-1} - x_n}{x_{n-1} - x_n^*}$$
(7.30)

式中 y_{n+1}、y_n——进入和离开板的气相(摩尔分数)组成;

y_n^*——与板上液体浓度 x_n 成平衡的气相(摩尔分数)组成;

x_{n-1}、x_n——进入和离开 n 板的液相(摩尔分数)组成;

x_n^*——与 y_n 成平衡的液相(摩尔分数)组成。

③ 点效率。为了了解塔板上各个地方的传质情况,必须考虑塔板上各点的局部效率 E_{OG}。

$$E_{OG} = \frac{y_n - y_{n+1}}{y_0^* - y_{n+1}}$$
(7.31)

式中 y_0^*——与其单元流层浓度 x_0 呈现平衡的气相(摩尔分数)组成。

点效率主要表示某一点的气、液接触状况和传质过程。

(3)塔径的计算 根据适宜的空塔气速和由塔内上升蒸汽的体积流量即可求出塔径,即

$$D = \sqrt{\frac{4V_S}{\pi u}}$$
(7.32)

式中 D——塔径(m);

V_S——塔内气体流量($m^3 \cdot s^{-1}$);

u——空塔气速,即按空塔计算的气体线速度($m \cdot s^{-1}$)。

显然,计算塔径的关键在于确定适宜的空塔气速。所谓空塔气速是指蒸汽通过整个截面时的速度。空塔气速不应超过一定限度,因为当上升气体脱离塔板上的鼓泡液层时,气泡破裂而将部分液体喷溅成许多细小的液滴及雾沫,气速过高,这些液滴或雾沫会被气体大量携至上层塔板,造成严重的雾沫夹带现象,甚至破坏塔的操作。液泛是气液两相作逆向流动时的操作极限。空塔气速还与选取的板间距有关。通常取空塔速度为液泛速度的 60% ~ 80%。而液泛速度的大小随塔板形式、处理量和物料性质的不同而不同,是由实验确定的。目前已有计算各种塔板液泛速度的半经验公式。

精馏段和提馏段内上升的蒸汽体积流量可能不同,因此两段的 V_S 及塔径应分别计算。

精馏段 V_S 的计算:若精馏操作压强较低时,气相可视为理想气体混合物,则

$$V_S = \frac{22.4 V T p_0}{3\,600\, T p} \qquad (7.33)$$

式中　V——精馏段内上升蒸汽流量($kmol \cdot h^{-1}$);

T、T_0——操作时的平均温度和标准状况下的温度(K);

p、p_0——操作的平均压强和标准状况下的压强($N \cdot m^{-2}$)。

提馏段 V'_S 的计算

$$V' = V + (q - 1) F \qquad (7.34)$$

式中　V——精馏段内上升蒸汽流量($kmol \cdot h^{-1}$);

q——进料热状况参数;

F——进料量($kmol \cdot h^{-1}$)。

按此式求出 V' 后,经过温度和压强校正后可求得提馏段的 V'_S。

由于进料的状况和操作条件的不同,两段上升蒸汽体积流量可能不同,故所要求的塔径也不相同。但 V_S 与 V'_S 相差不大时,为使塔的结构简化,两段宜采用相同的塔径。

(4)压力降的计算。气体通过筛孔及板上液层时产生的阻力损失称为塔板压力降,气体通过一块塔板的压降 h_f 为

$$h_f = h_d + h_L \qquad (7.35)$$

式中　h_d——气体通过一块干塔板(即板上没有液体)的压降(m 液柱);

h_L——气体通过液层的压降(m 液柱)。

筛板塔的干板压降主要是由气体通过筛孔的突然缩小和突然扩大的局部阻力引起的。

$$h_d = \xi \frac{u_0^2}{2g} \frac{\rho_g}{\rho_L} \qquad (7.36)$$

式中　ξ——阻力系数;

u_0——气体在开孔处的速度($m \cdot s^{-1}$);

ρ_g、ρ_L——气体和液体的密度($kg \cdot m^{-3}$)。

气体通过液层的阻力损失有克服板上泡沫层的静压,克服液体表面张力的压降,其中泡沫层静压所造成的阻力损失占主要部分。板上泡沫层既含有气又含液,常忽略其中气体造成的静压。因此对于一定的泡沫层,相应的有一清液层,如以液柱高表示泡沫层静压的阻力损失,其值为该清液层高度。因而液体量大,板上液层厚,气体通过液层的阻力损失也大。同时,还

与气速有关,气速增大时,泡沫层高度不会有很大变化,相应的清液层高度随之减小。因此,气体通过泡沫层的压头损失反而有所降低。当然,总压头损失还是随气速增加而增大的。

气体通过塔板时的压强降大小是影响板式塔操作特性的重要因素,也往往是设计任务规定的指标之一。在保证较高效率的前提下,应力求减小塔板压降,以降低能耗,改善塔的操作性能。

7.7.3　板式塔设计步骤

① 确定设计方案。包括操作压力、进料状况、加热方式和热能利用等。

② 进行工艺计算。包括物料衡算、热量衡算、回流比的选择和全塔效率的估计等。

③ 塔板设计。包括的塔板各主要工艺尺寸计算、流体力学校核计算、板间距初选、塔径计算、塔板布置、溢流堰上的液流高度、降液管内液面高度、气体通过塔板的压降、雾沫夹带、负荷性能、塔板结构设计、塔的操作性能图的绘制。

④ 管路及附属设备的选型。

⑤ 抄写说明书和绘图。

具体设计,可查阅有关资料、手册。

习　　题

7.1　如将一含有 x(苯) = 70% 的溶液在 $1.013\ 25 \times 10^5$ Pa 的压力下加热到 90℃,产生的蒸汽不移走始终与液相接触(见题图 7.1)。问:

(1) 此时的液相组成与气相组成。

(2) 气化率。

7.2　试根据上题的苯-甲苯溶液的温度-组成图,计算苯-甲苯的平均相对挥发度和相平衡方程。

7.3　若将含有苯、甲苯和乙苯的三组分混合液进行一次部分气化,操作压强为 $1.013\ 25 \times 10^5$ Pa、温度为 120℃,原料液中含 x(苯) = 0.05,试分别用相平衡常数法和相对挥发度法求平衡的气液相组成。混合液可视为理想溶液。苯、甲苯和乙苯的饱和蒸汽压可用安托尼(Antoine)方程求算,即

$$\lg p^0 = A - \frac{B}{t + C}$$

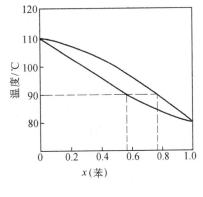

题图 7.1

式中　　t——物系温度(℃);

　　　　p^0——饱和蒸气压(Pa);

　　　　A、B、C——安托尼常数。

苯、甲苯和乙苯的安托尼常数见题表 7.1。

题表 7.1

组　分	A	B	C
苯	6.898	1 206.35	220.24
甲苯	6.953	1 343.94	219.58
乙苯	6.954	1 421.91	212.93

7.4 苯(A)、甲苯(B)和乙苯(C)的三组分溶液,组成分别为 $x(A)=0.4$、$x(B)=0.4$、$x(C)=0.2$,求在 101.33 kPa 下此溶液的泡点和平衡气相组成。苯、甲苯和乙苯的蒸汽压见题表 7.2。

题表 7.2

$T/℃$	80.1	84	88	92	96	100	104	108	110.6
p_A^0/kPa	101.33	104.13	128.40	144.13	161.33	180.00	200.26	222.39	237.73
p_B^0/kPa	38.93	44.53	50.80	57.87	65.60	74.13	83.60	94.0	101.33
p_C^0/kPa	16.80	19.47	22.53	26.00	29.87	34.27	39.07	44.53	48.27

7.5 某液相混合物的组成为:$x(苯)=50\%$、$x(甲苯)=25\%$、$x(邻二甲苯)=25\%$。若在 1 个大气压下,其气、液相平衡温度为 95℃,试分别用平衡常数法和相对挥发度法求与该组成混合液相平衡的气相组成。

该系统近似为完全理想物系,在 95℃时各组分的饱和蒸汽压数据见题表 7.3。

题表 7.3

组 分	95℃时饱和蒸气压/kPa
苯	160
甲苯	63
邻二甲苯	22

7.6 在连续精馏塔中,分离由 A、B、C、D(挥发度依次下降)所组成的混合液。若要求馏出液中回收原料中 $x(B)=95\%$,釜液中回收 $x(C)=95\%$,试用亨斯特别克法估算各组分在产品中的组成。假设原料液可视为理想物系。原料液的组成及平均操作条件下各组分的相平衡常数列于题表 7.4 中。

题表 7.4

组 分	A	B	C	D
组成 x_{F_i}	0.06	0.17	0.32	0.45
相平衡常数 K_i	2.17	1.67	0.84	0.71

7.7 在连续精馏塔中,将习题 7.6 的原料液进行分离。若原料液在泡点温度下进入精馏塔内,回流比取为最小回流比的 1.5 倍。试用简捷法求所需的理论板层数和进料口的位置。

7.8 某石油馏分的组成见题表 7.5。

题表 7.5

组 分	$n-C_4$	$n-C_5$	$n-C_6$	$n-C_7$	$n-C_8$	$n-C_9$	C_{10}
$x(物质)/\%$	21.3	14.4	10.8	14.2	19.5	14.1	5.7

现将该石油馏分进行常压精馏,要求塔顶馏出物中 $x(n-C_7)=0.4\%$、釜液中 $x(n-C_6)=0.4\%$。试求塔顶馏出物和釜液的组成。

7.9 在连续精馏塔中分离某多组分混合液。饱和液体进料,操作回流比为 4.0。试求从塔底往上数的第二层理论板下降的液相组成。原料液和各产品的组成及操作条件下的平均相对挥发度列于题表 7.6 中。

题表 7.6

组 分	A	B	C	D	Σ
x_{F_i}	0.35	0.15	0.30	0.20	1.0
x_{D_i}	0.953	0.045 5	0.001 5	0	1.0
x_{W_i}	0.052 4				
α_{ij}	1.25	1.0	0.63	0.37	

7.10 某连续精馏塔的料液、馏出液和釜残液的组成以及各组分对重关键组分的相对挥发度 α_{ih} 见题表 7.7,采用泡点加料,试求:(1)最小回流比;(2)若取回流比为最小回流比的 1.5 倍,用简捷法求所需理论板数。

题表 7.7

组 分	料液中的摩尔分数	馏出液中 x 的摩尔分数	釜残液中的摩尔分数	α_{ih}
	x_{F_i}	x_{D_i}	x_{W_i}	
A	0.25	0.5	0	5
B(轻关键组分)	0.25	0.48	0.02	2.5
C(重关键组分)	0.25	0.02	0.48	1
D	0.25	0	0.5	0.2

7.11 三组分混合液在下面条件(见题表 7.8)下进行精馏:泡点进料、进料流率为 1 kmol·h^{-1},塔顶馏出物及釜液流率分别为 0.3 kmol·h^{-1} 及 0.7 kmol·h^{-1}。求该精馏塔在全回流时的最小理论塔板数。

题表 7.8

组 分	进料中的摩尔分数	馏出液中的摩尔分数	α_{ih}
	x_{F_i}	x_{D_i}	
1	0.30	0.90	4
2	0.30	0.095	2
3	0.40	0.05	1

7.12 含 x(苯酚)$= 0.35$、x(邻甲酚)$= 0.20$、w(间甲酚)$= 0.15$ 和 w(对甲酚)$= 0.30$ 的溶液,用连续精馏法进行分离。要求馏出液中 x(苯酚)> 0.98,x(邻甲酚)< 0.02,釜残液中 x(苯酚)< 0.01。操作回流比取最小回流比的 1.5 倍。精馏过程在减压下进行,塔中平均温度为 120℃,试求最小回流比 R_{min} 和分离所需的理论板数。该体系可视为理想体系,各组分的蒸汽压与温度的关系见题表 7.9。

题表 7.9

温度/℃		60	80	100	120	140	160	180
蒸气压/kPa	苯酚	0.56	1.89	5.33	12.66	27.73	53.3	96.8
	邻甲酚	0.48	1.53	4.21	9.88	21.06	41.1	75.6
	间甲酚	0.24	0.85	2.55	6.48	14.26	29.2	54.8
	对甲酚	0.23	0.83	2.44	6.32	14.00	28.3	54.3

7.13 用恩德伍德公式,求在下面题表 7.10 所示条件下进行精馏时的最小回流比。

题表 7.10

组 分	组分在进料中的摩尔分数	组分在馏出物中的摩尔分数	α_{i3}
	x_{F_i}	x_{D_i}	
1(轻组分)	0.30	0.90	4
2(重组分)	0.30	0.095	2
3	0.40	0.005	1

7.14 采用精馏塔在常压下分离四组分原料液。原料、塔顶及釜液的物质的量组成和操作条件下各组分的相对挥发度见题表 7.11。试求操作回流比为 $1.5R_{min}$ 及泡点进料时所需要的理论塔板数和加料板位置。若板效率为 60% 时,求实际塔板数。

题表 7.11

组　分	x_{F_i}	x_{D_i}	x_{W_i}	α_{i4}
1(轻组分)	0.60	0.95	0.050	3.0
2(重组分)	0.08	0.05	0.127	2.5
3	0.06	—	0.154	1.5
4	0.26	—	0.669	1.0

7.15　氯丙烷精馏塔的进料组成见题表 7.12。分离要求规定塔顶产物中 3-氯丙烯质量分数不能大于 5%,塔釜产物中低沸物的质量分数不大于 1%。试估计塔顶、塔釜产物组成(用清晰分割)。

题表 7.12

组　分	正常沸点/℃	w(组成)/%
1-氯丙烯	22.5	3.34
2-氯丙烷	36.5	1.66
3-氯丙烯	44.6	80.00
1,2-二氯丙烷	96.8	5.00
1,3-二氯丙烯	104.3	10.00
Σ		100.00

7.16　今有一个 A 和 B 的混合液,其组成为 $x(A) = 50\%$ 和 $x(B) = 50\%$,拟用精馏方法将其分成两种产品,塔顶馏出液含 $x(A) = 99\%$,再沸器内残液为 $x(B) = 99\%$。A 和 B 混合液平衡数据见题表 7.13。求:

(1)各对浓度下的相对挥发度各为多少?

(2)最小理想塔板数。

(3)假如原料液组成是 $x(A) = 70\%$ 和 $x(B) = 30\%$,产品组成与前题相同,则最少理论塔板数为多少?

(4)要完成本题中的分离任务,是用普通精馏方法还是采用特殊精馏方法?试分析说明。

(5)用流程图表明你所采用的特殊精馏方法。

题表 7.13

x_A	y_A
0.950	0.952
0.450	0.459
0.040	0.041

第八章 萃 取

8.1 概 述

8.1.1 萃取原理

萃取是分离液体混合物的重要单元操作之一。萃取是利用液体各组分在溶剂中溶解度的不同,以达到分离目的的一种操作。例如,选择一种适宜的溶剂加入待分离的混合液中,溶剂对混合液中欲分离出的组分有显著的溶解能力,而对余下的组分完全不互溶或部分互溶,这样就可达到使混合液体分离的目的。这种过程即为萃取。所选用的溶剂称为萃取剂,混合液中易溶于萃取剂的组分称为溶质,不溶或部分互溶组分称为稀释剂。

在精馏过程中,各组分是靠相互间挥发度不同而达到分离目的的。液体部分气化产生的气相,与液相之间的化学性质是相似的。萃取操作是利用组分在萃取剂中溶解度的不同而达到分离目的的。原料液与溶剂所形成的两个液相的化学性质有很大差别。与精馏相比,整个萃取过程的流程比较复杂,如图8.1所示。在萃取相中萃取剂的回收往往还需要应用精馏操作。但由于萃取过程本身具有常温操作、无相变化以及选择适当溶剂可以获得较高分离系数等优点,在很多情况下,仍显示出技术经济上的优势。通常在下列情况下选用萃取分离方法较为有利:

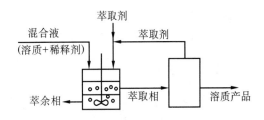

图 8.1 萃取过程示意图

(1)溶液中各组分的沸点非常接近,或者说组分之间的相对挥发度接近1。

(2)混合液中的组分能形成恒沸物,用一般精馏不能得到所需的纯度。

(3)溶液中要回收的组分是热敏性物质,受热易于分解、聚合或发生其他化学变化。

(4)需分离的组分浓度很低且沸点比稀释剂高,用精馏方法需蒸出大量稀释剂,耗能量很大。

8.1.2 萃取剂的选择

萃取操作中,萃取过程的分离效果主要表现为被分离物质的萃取率和分离产物的纯度。萃取率为萃取液中被提取的溶质与原料液中的溶质量之比。萃取率愈高,分离产物的纯度愈高,表示萃取过程的分离效果愈好。在萃取操作中,所选用的萃取剂是影响分离效果的首要因素。在选拔萃取剂时,需要考虑以下几个方面的问题:

(1)萃取剂的选择性 选择对被萃取组分有较大溶解能力的液体。

(2)萃取剂的物理性质

①密度。萃取相与萃余相之间应有一定的密度差,以利于两个液相在充分接触以后能较快地分层,从而提高设备的生产能力。

②界面张力。萃取体系的界面张力较大时,细小的液滴比较容易聚结,有利于两相分层,但界面张力过大,液体不易分散,难以使两相混合良好,需要较多的外加能量。界面张力过小,

易产生乳化现象,使两相较难分层。在实际操作中,综合考虑上述因素,一般多选用界面张力较大的萃取剂。

③其他。溶剂粘度凝固点应较低,并应具有不易燃、毒性小等优点。

(3)萃取剂的化学性质 萃取剂应具有化学稳定性,热稳定性及抗氧化稳定性,对设备的腐蚀性应较小。

(4)萃取剂的回收难易 通常萃取剂需要回收后重复使用,以减少溶剂的消耗量。一般来说,溶剂回收过程是萃取操作中消耗费用最多的部分。有的溶剂虽然具有以上很多良好的性能,但往往由于回收困难而不被采用。

最常用的回收萃取剂的方法是蒸馏,当不宜用蒸馏时,可以考虑用反萃取、结晶分离等方法。

(5)其他因素 萃取剂的价格、来源、毒性以及是否易燃、易爆等等,均为选择溶剂需要考虑的问题。

在实际生产中,常采用几种溶剂组成的混合萃取剂以获得较好的性能。

8.2 相平衡与物料衡算

萃取与精馏一样,其分离液体混合物的基础是相平衡关系。在萃取过程中至少涉及三个组分,即待分离混合液中的两个组分和加入的溶剂。下面介绍三元组成相图的表示法。

8.2.1 三角形相图

溶剂与原料液混合时,若无化学反应,则三组分系统的物料量及平衡关系常在等边三角形或等腰直角三角形坐标图上表达。

如图8.2(a)所示。等边三角形的三个顶点 A、B、S 各代表一种纯物质。习惯上以顶点 A 表示纯溶质,顶点 B 表示纯稀释剂,顶点 S 表示纯溶剂。三角形任何一个边上的任一点均代表一个二元混合物。三角形内的任一点代表一个三元混合物。例如图8.2(a)中点 M 表示混合液中组分 A、B、S 的质量分数分别为 $w(A)$、$w(B)$ 和 $w(S)$(为点 M 分别到点 A、B、S 对边的垂直距离),其数值为 $w(A) = 0.2$、$w(B) = 0.5$、$w(S) = 0.3$。三组分的质量分率之和为 1.0。

如图8.2(b)所示。等腰直角三角形的表示方法与等边三角形的表示方法基本相同,三角

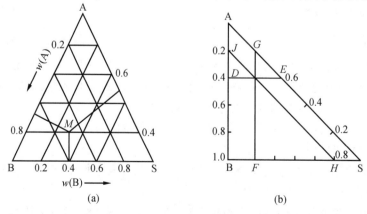

图 8.2 三角形坐标图

形内任一点 M 的组成,可以由点 M 作各边的平行线:FG、DE 和 JH。则 $w(A) = \overline{ES} = 0.6$,$w(B) = \overline{AJ} = 0.2$,$w(S) = \overline{BF} = 0.2$。用等腰直角三角形表示物料的浓度,在其上进行图解计算,读取数据均较等边三角形方便,故目前多采用直角三角形坐标图。

8.2.2 三角形相图中的相平衡关系

(1)溶解度曲线与连接线　在组分 A 和 B 的原料液中加入适量的萃取剂 S,使其形成两个分开的液层 R 和 E。达到平衡时的两个液层称为共轭液层或共轭相。若改变萃取剂的用量,则得到新的共轭液层。在三角形坐标图上,把代表诸平衡液层的组成坐标点连接起来的曲线称为溶解度曲线,如图 8.3 所示。曲线以内为两相区,以外为单相区。图中点 R 及点 E 表示两平衡液层 R 及 E 的组成坐标。两点连线 RE 称为连接线。图中点 P 称为临界混溶点,在该点处 R 及 E 两相组成完全相同,溶液变为均一相。

不同物系有不同形状的溶解度曲线。如图 8.3 所示为有一对组分部分互溶时的情况,图 8.4 为两对组分均为部分互溶时的情况。

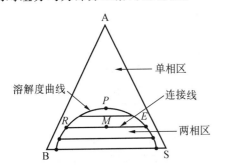

图 8.3　B 与 S 部分互溶的溶解度曲线与
连接线

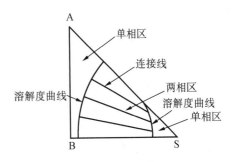

图 8.4　B 与 S、A 与 S 均为部分互溶的溶
解度曲线及连接线

同一物系,在不同温度下,由于物质在溶剂中的溶解度不同,使溶解度曲线形状发生变化。一般情况下,当温度升高时溶质在溶剂中的溶解度增加,溶解度曲线的面积缩小。温度降低时溶质的溶解度减少,溶解度曲线面积增加。如图 8.5 为甲基环戊烷(A)-正己烷(B)-苯胺(S)物系在温度 $t_1 = 25℃$、$t_2 = 35℃$、$t_3 = 45℃$ 条件时的溶解度曲线。

(2)辅助曲线　如图 8.6,已知三对相互平衡液层的坐标位置,即 R_1、E_1;R_2、E_2;R_3、E_3。从

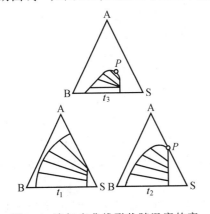

图 8.5　溶解度曲线形状随温度的变
化情况

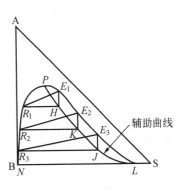

图 8.6　三元物系的辅助曲线

点 E_1 作 AB 边平行线,从点 R_1 作 BS 边平行线,两线相交于点 H,同理从另两组的坐标点作平行线得交点 K 及 J,BS 边上的分层点 L 及临界混溶点 P 是极限条件下的两个特殊交点,连诸交点所得的曲线 $LJKHP$,即为辅助曲线,又称共轭曲线。根据辅助曲线即可从已知某一液相的组成,用图解内插法求出与此液相平衡的另一液相的组成。不同物系有不同形状的辅助曲线,同一物系的辅助曲线又随温度而变化。

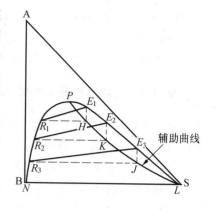

图 8.7　三元物系的辅助曲线

(3)分配曲线与分配系数　将三角形相图中各对应的平衡液层中溶质 A 的浓度转移到直角坐标图上,所得的曲线称为分配曲线。图 8.8(b)中的曲线 ONP 为有一对组分部分互溶时的分配曲线。分配曲线上任一点 N 的坐标 $w'(AE)$ 和 $w(AR)$ 为对应的溶解度曲线上 E 和 R 距 BS 边上的长度。图 8.9 中的曲线 ON 为有两对组分部分互溶时的分配曲线。

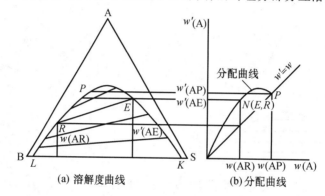

图 8.8　有一对组分部分互溶时的溶解度曲线与分配曲线的关系图

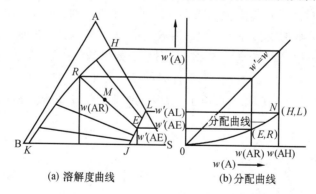

图 8.9　有两对组分部分互溶时的溶解度曲线与分配曲线的关系图

分配曲线表达了溶质 A 在相互平衡的 R 相与 E 相中的分配关系。若已知某液相组成,可用分配曲线查出与此液相相平衡的另一液相组成。此外,由实验直接测得组分 A 在两平衡液相中的组成也可获得分配曲线。不同物系的分配曲线形状不同,同一物系的分配曲线随温度而变。

通常用分配系数来表示组分 A 在两个平衡液层中的分配关系。例如对组分 A 来说,分配系数指达平衡时,组分 A 在富萃取剂层 E 相(萃取相)中的组成与在富稀释剂层 R 相(萃余相)

中的组成之比。可表示为

$$K_A = \frac{\text{溶质 A 在 E 相中的组成}}{\text{溶质 A 在 R 相中的组成}} = \frac{w'(AE)}{w(AR)} \tag{8.1}$$

式(8.1)表达了在平衡时两液层中溶质 A 的分配关系。从图上看,其数值是分配曲线上任意一点与原点连线的斜率。由于分配曲线不是直线,故在一定温度下,同一物系的数值随温度而变。

8.2.3 三角形相图中的杠杆定律

图 8.10 中点 D 代表含有组分 B 与组分 S 的二元混合物。若向 D 中逐渐加入组分 A,则其组成点沿 DA 线向上移,加入的组分 A 愈多,新混合液的组成点愈接近点 A。在 AD 线上任意一点所代表的混合液中,B 与 S 两组分的组成之比为常数。

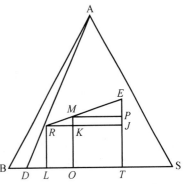

同样,若图中点 R 代表三元混合物的组成点,其质量为 R kg。向 R 中加入三元混合物 E,其质量为 $m(E)$ kg,则新形成的混合物的组成点 M 必在 RE 连线上。设新三元混合物的质量为 $m(M)$ kg。则杠杆定律可表示为

$$\frac{R}{E} = \frac{\overline{ME}}{\overline{RM}} = \frac{w(AE) - w(AM)}{w(AM) - w(AR)} \tag{8.2}$$

图 8.10　杠杆定律的证明

杠杆定律又称比例定律,根据杠杆定律可确定点 M 的具体位置。

式中　R——R 相的质量(kg);

　　　E——E 相的质量(kg);

　　　$w(AM)$——溶质 A 在混合液 M 中的质量分数;

　　　$w(AE)$——溶质 A 在 E 相中的质量分数;

　　　$w(AR)$——溶质 A 在 R 相中的质量分数。

杠杆定律可通过物料衡算得以证明。

由总物料衡算得

$$R + E = M \tag{8.3}$$

对溶质 A 进行物料衡算得

$$R(\overline{RL}) + E(\overline{ET}) = M(\overline{MO}) \tag{8.4}$$

或

$$Rw(AR) + Ew(AE) = Mw(AM)$$

将式(8.3)代入式(8.4),并整理得

$$\frac{R}{E} = \frac{w(AE) - w(AM)}{w(AM) - w(AR)} \tag{8.5}$$

由图可知

$$w(AE) - w(AM) = \overline{EP}$$

$$w(AM) - w(AR) = \overline{MK}$$

因此

$$\frac{E}{M} = \frac{\overline{EP}}{\overline{MK}} = \frac{\overline{ME}}{\overline{RM}} \tag{8.6}$$

同理可以证明,当从混合液 M 中移出 $m(\mathrm{E})$ kg 的三元混合物 E,余下部分 $m(\mathrm{R})$ kg 三元混合物的组成点位于 EM 的延长线上,引申杠杆定律得

$$\frac{R}{E} = \frac{\overline{MR}}{\overline{ER}} = \frac{w(\mathrm{AE}) - w(\mathrm{AM})}{w(\mathrm{AM}) - w(\mathrm{AR})} \tag{8.7}$$

图 8.10 中点 M 称为和点,点 R、E 称为差点。

8.3 萃取过程的流程和计算

萃取过程的计算方法与精馏相似,所应用的基本关联式是相平衡关系和物料衡算关系。基本方法是逐级计算,多用图解法进行。

8.3.1 单级萃取的流程和计算

单级萃取是液液萃取中最简单的,也是最基本的操作方式,其流程如图 8.11 所示。首先将原料液 F 和萃取剂 S 加到萃取器中,搅拌使两相充分混合,然后将混合液静置分层,即得到萃取相 E 和萃余相 R。最后再经过溶剂回收设备回收萃取相中的溶剂,以供循环使用,如果有必要,萃余相中的溶剂也可回收。E 相脱除溶剂后的残液为萃取液,以 E' 表示。R 相脱除溶剂后的残液称为萃余相,以 R' 表示。单级萃取可以间歇操作,也可以连续操作。无论间歇操作还是连续操作,两液相在混合器和分层器中的停留时间总是有限的,萃取相与萃余相不可能达到平衡,只能接近平

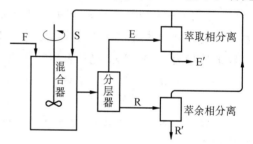

图 8.11 单级萃取流程示意图
1—混合器;2—分层器;3—萃取相分离设备;
4—萃余相分离设备

衡,也就是说单级萃取不可能是一个理论级。但是,单级萃取的计算通常按一个理论级考虑。单级萃取过程的计算中,一般已知条件是:原料液的量和组成、溶剂的组成、体系的相平衡数据、萃余相的组成。要求计算所需萃取剂的用量、萃取相和萃余相的量与萃取相的组成。

用解析方法计算萃取问题需要将溶解度曲线和分配曲线拟合成数学表达式,并且所得到的数学表达式皆为非线性,联立求解时必须通过试差逐步逼近。但在三角形相图上,采用图解的方法可以很方便地完成计算。其方法如下:

(1)根据已知平衡数据在直角三角形坐标图中绘出溶解度曲线与辅助曲线。

(2)根据原料液 F 的组成 $w(\mathrm{AF})$,在直角三角形 AB 边上确定点 F 的位置。原料液中加入一定量萃取剂 S 后的新混合液的组成点 M 必在 SF 线上。

(3)由给定的原料液量 F 和加入的萃取剂量 S,可由杠杆规则 $\dfrac{S}{F} = \dfrac{\overline{MF}}{\overline{MS}}$ 求出点 M 的位置。

(4)依总物料衡算得

$$F + S = R + E = M \tag{8.8}$$

对溶质 A 作物料衡算得

$$Fw(\mathrm{AF}) + Sw'(\mathrm{AS}) = Rw(\mathrm{AR}) + Ew'(\mathrm{AE}) = Mw(\mathrm{AM}) \tag{8.9}$$

依杠杆定律求 E 与 R 的量,即

174

$$\frac{E}{M} = \frac{\overline{MR}}{\overline{ER}}$$

及
$$R = M - E \qquad (8.10)$$

联立以上三式解得

$$E = M - R = M - \frac{M\left[w(\mathrm{AM}) - Ew'(\mathrm{AE})\right]}{w(\mathrm{AE})}$$

再整理得
$$E = \frac{M\left[w(\mathrm{AM}) - w(\mathrm{AR})\right]}{w'(\mathrm{AE}) - w(\mathrm{AR})} \qquad (8.11)$$

同理,可求得萃取液 E′ 与萃余液 R′ 的量为

$$E' = \frac{F\left[w(\mathrm{AF}) - w(\mathrm{AR}')\right]}{w'(\mathrm{AE}') - w(\mathrm{AR}')} \qquad (8.12)$$

$$F = R' + E' \qquad (8.13)$$

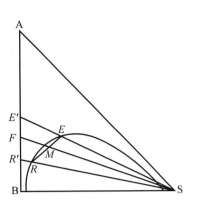

图 8.12　单级萃取图解

例 8.1　以水为萃取剂,从醋酸与氯仿的混合溶液中萃取醋酸。在 25℃ 时,两液相(萃取相 E 与萃余相 R)以质量百分数表示的平衡数据列于表 8.1 中。求:

(1)若原混合液的量为 1 000 kg,醋酸的质量分数为 35%。用 1 000 kg 水作萃取剂,找出混合液组成点 M 的坐标位置。

(2)经单级萃取后萃取相 E 与萃余相 R 的组成与量。

表 8.1

氯仿层(R 相)		水层(E 相)	
醋 酸	水	醋 酸	水
0.00	0.99	0.00	99.16
6.77	1.38	25.10	73.69
17.72	2.28	44.12	48.58
25.72	4.15	50.18	34.71
27.65	5.20	50.56	31.11
32.08	7.93	49.41	25.39
34.16	10.03	47.87	23.28
42.5	16.5	42.50	16.50

解　根据已知平衡数据,首先在直角三角形坐标图中绘出对应的 R 相与 E 相的组成点,连接诸点,可得溶解度曲线如图 8.13 所示。

由各对应的 R_1、E_1;R_2、E_2;R_3、E_3 诸点作平行于两直角边的直线,连接各组对应线的交点所得的曲线 PHIJKLS,即为辅助曲线。

已知原料液含质量分数为 35% 的醋酸,其余为氯仿,依此在三角形 AB 边上可确定点 F,连 SF 线。因原料液与萃取剂的量均为 1 000 kg,故混合液的坐标点 M 为 SF 线的中点。利用所作的辅助曲线用试差作图法找出通过点 M 的连接线 RE,由图可知两相的组成为:

E 相: $w(\mathrm{A}) = 24.0\%$、$w(\mathrm{S}) = 74.0\%$、$w(\mathrm{B}) = 2.0\%$;

R 相: $w'(\mathrm{A}) = 7.0\%$、$w'(\mathrm{S}) = 1.0\%$、$w'(\mathrm{B}) = 92\%$。

混合液 M 的量为

$$M = E + R = 1\ 000 + 1\ 000 = 2\ 000\ \mathrm{kg}$$

依杠杆定律知

$$\frac{E}{M} = \frac{\overline{MR}}{\overline{ER}} = \frac{5.0}{7.0}$$

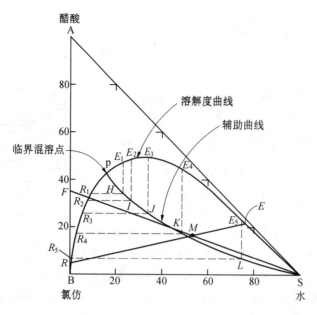

图 8.13

所以

$$E = M \times \frac{5.0}{7.0} = 2\ 000 \times \frac{5.0}{7.0} = 1\ 298.7\ \text{kg}$$

$$R = M - E = 2\ 000 - 1\ 298.7 = 701.3\ \text{kg}$$

8.3.2 多级错流萃取的流程与计算

单级萃取所得到的萃余相中往往还含有较多的溶质,要萃取出更多的溶质,需要较大量的溶剂。为了用较少溶剂萃取出较多溶质,可用多级错流萃取。图 8.14 所示为多级错流萃取的流程示意图。原料液从第一级加入,每一级均加入新鲜的萃取剂。在第一级中,原料液与萃取剂接触、传质,最后两相达到平衡。分相后,所得萃余相 R_1 送入第二级中作为第二级的原料液,在第二级中被新鲜萃取剂再次进行萃取,如此以往萃余相多次被萃取,一直到第 n 级,排出最终的萃余相,各级所得的萃取相 $E_1, E_2, \cdots, E_n$ 排出后回收溶剂。

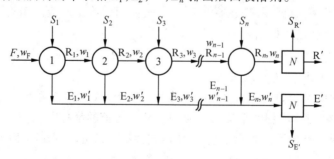

图 8.14 多级错流萃取流程示意图

从多级错流萃取流程图可以看出,多级错流萃取对萃余相来说可以认为是单级萃取器的串联操作,而对萃取剂来说是并联的。因此,单级萃取计算方法同样适用于多级错流萃取的计算。

(1)萃取剂和稀释剂部分互溶体系 已知物系的相平衡数据、原料液的量 F 及其组成、最终萃余相组成和萃取剂的组成,选择萃取剂的用量 S(每一级萃取剂的用量可相等,亦可以不相等),求所需理论级数。

参见图 8.15,设萃取剂中含有少量溶质 A 和稀释剂,其状态点 S_0 如图所示。在第一级中用萃取剂量 S_1 与原料液接触得混合液 M_1,点 M_1 必须位于 S_0F 连线上,由 $F/M_1 = \overline{S_0M_1}/\overline{FS_0}$ 定出点 M_1。萃取过程达到平衡分层后,得到萃取相 E_1 和萃余相 R_1。点 E_1 与 R_1 在溶解度曲线上,且在通过点 M_1 的一条连接线的两端,这条连接线可利用辅助线、通过试差法找出。在第二线中用新鲜溶剂来萃取第一级流出的萃余相 R_1,两者的混合液为 M_2,同样点 M_2 也必位于 S_0R_1 连线上,萃取结果得到的萃取相 E_2 与萃余相 R_2,由过 M_2 的连接线求出。如此类推,直到萃余相中溶质的组成等于或小于要求的组成 x_R 为止,则萃取级数即为所求的理论级数。

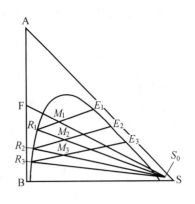

图 8.15 图解法计算多级错流的理论级数(B 与 S 部分互溶)

上面的计算方法适合稀释剂 B 与溶剂 S 部分互溶时的情况,而当稀释剂 B 与溶剂 S 不互溶或互溶度很小时,应用直角坐标图解法比较方便。

(2)萃取剂和稀释剂不互溶体系 当稀释剂 B 与溶剂 S 不互溶或互溶度很小时,可以认为 B 不进入萃取相 E 而存留在萃余相 R 中,这样萃取相中只有组分 A 与 S,萃余相中只有组分 A 与 B。萃取相和萃余相中溶质的含量可分别用质量比 $w'(A/S)$ 和 $w(A/B)$ 表示,并在 $w-w'$ 直角坐标图上求解理论级数。

参见图 8.16,对第一级作溶质 A 的物料衡算,得

$$Bw_F + S_1w'_0 = Bw_1 + S_1w'_1$$

或写成

$$(w'_1 - w'_0) = -\frac{B}{S_1}(w_1 - w_F) \quad (8.14)$$

对第二级作溶质 A 的物料衡算,得

$$Bw_1 + S_2w'_0 = Bw_2 + S_2w'_2$$

或写成

$$(w'_2 - w'_0) = -\frac{B}{S_2}(w_2 - w_1) \quad (8.15)$$

同理,对任意一个萃取级 n 作溶质 A 的物料衡算,得

$$(w'_n - w'_0) = -\frac{B}{S_n}(w_n - w_{n-1})$$

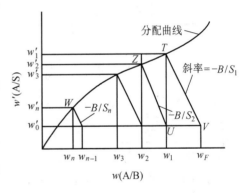

图 8.16 图解法求多级错流理论板级数(B 与 S 不互溶)

式中 B——原料液中稀释剂的量(kg 或 $kg \cdot h^{-1}$);

S_1——加入第一级的溶剂量(kg 或 $kg \cdot h^{-1}$);

w'_0——溶质 A 与溶剂的质量比;

w_F——溶质 A 与原料液的质量比;

w'_1——第一级萃取相中溶质 A 与溶剂的质量比;

w_1——第一级萃余相中溶质 A 与原料液的质量比。

式(8.15)即为多级错流萃取操作线方程,它表示任一级萃取过程中萃取相组成 w'_n 与萃余相组 w_n 成之间的关系,在直角坐标图上是一直线。此直线通过点 (w_{n-1}, w'_0) 斜率为

$-B/S_n$。当此级达到一个理论级时,w_n 与 w'_n 为一对平衡值,即为此直线与平衡线的交点 (w_n, w'_n)。

在 $w - w'$ 直角坐标上图解多级错流萃取的理论级数,其方法如下:

在直角坐标上依系统的液-液平衡数据绘出分配曲线。按原料液组成 w_F 及溶剂组成 w'_0,定出点 V。从点 V 作斜率为 $-B/S_1$ 的直线与平衡线相交于 $T(w_1, w'_1)$,为第一级流出的萃余相和萃取相的组成。第二级进料液组成为 w_1,萃取剂加入量为 S_2,其组成亦为 w'_0。根据组成 w_1 和 w'_0 可以在图上定出点 U,自点 U 作斜率为 $-B/S_2$ 的直线与平衡线相交于 Z,得 w_2 和 w'_2。如此继续作图,直到 n 级的操作线与平衡线交点的横坐标 w_n 等于或小于要求的 w_R 为止,则 n 即为所需理论级的数目。

图中各操作线的斜率随各级萃取剂的用量而异,如果每级所用萃取剂量相等,则各操作线斜率相同,相互平行。

例 8.2 含有 A、B 二组分的混合液,其中溶质 A 的质量分数为为 37%。以 S 为萃取剂进行多级错流萃取。稀释剂 B 与萃取剂 S 基本不互溶。各级萃取剂与加料量之比均为 0.6。若每小时处理 1 000 kg 混合液,试求:

(1)需用多少个理论萃取级,才可使最终萃余相中溶质 A 的质量分数降至 7% 以下。

(2)每小时共需多少千克萃取剂。

操作条件下,溶质 A 在两平衡相中的分配见表 8.2。

表 8.2

萃取相 w' (A/S)	萃余相 w (A/B)	萃取相 w' (A/S)	萃余相 w (A/B)
0	0	0.414	0.345
0.125	0.053	0.481	0.582
0.237	0.125	0.491	0.650
0.335	0.234		

解 组分 S 与 B 基本不互溶,故采用 $w - w'$ 直角坐标图。

依据平衡数据标绘出分配曲线,如图 8.17 所示。

原料液组成

$$w_F = \frac{37}{100 - 37} = 0.587$$

在附图上确定点 w_F

最终萃余相组成

$$w_n = \frac{7}{100 - 7} = 0.075\ 3$$

原料液中稀释剂的流率

$$B = 1\ 000(1 - 0.37) = 630\ \text{kg} \cdot \text{h}^{-1}$$

第一级中萃取剂的流率

$$S_1 = 0.6F = 0.6 \times 1\ 000 = 600\ \text{kg} \cdot \text{h}^{-1}$$

第一级操作线的斜率

$$-B/S_1 = -630/600 = -1.05$$

依此斜率由点 w_F 作操作线与分配曲线相交于点 M,由点 M 向 w 轴作垂直线得点 w_1,由图可知 $w_1 = 0.385$,故萃余相 R_1 的流率为

$$R_1 = B(1 + w_1) = 630(1 + 0.385) = 872.6\ \text{kg} \cdot \text{h}^{-1}$$

第二级萃取剂的流率

$$S_2 = 0.6R_1 = 0.6 \times 872.6 = 523.6\ \text{kg} \cdot \text{h}^{-1}$$

第二级操作线的斜率

$$-B/S_2 = -630/523.6 = -1.2$$

按前法作图,得 $w_2 = 0.245$,故第二级萃余相 R_2 的流率为

$$R_2 = 630(1 + 0.245) = 784.4 \ \text{kg·h}^{-1}$$

第三级萃取剂的流率 $\qquad S_3 = 0.6R_2 = 0.6 \times 784.4 = 470.6 \ \text{kg·h}^{-1}$

第三级操作线的斜率 $\qquad -B/S_3 = -630/470.6 = -1.34$

依此作图,得 $\qquad w_3 = 0.148$

故第三级萃余相 R_3 的流率 $\qquad R_3 = 630(1 + 0.148) = 723 \ \text{kg·h}^{-1}$

第四级萃取剂的流率 $\qquad S_4 = 0.6R_3 = 0.6 \times 723 = 433.8 \ \text{kg·h}^{-1}$

第四级操作线的斜率 $\qquad -B/S_4 = -630/433.8 = -1.45$

作图得 $\qquad w_4 = 0.085$

故第四级萃余相 R_4 的流率 $\qquad R_4 = 630(1 + 0.085) = 63.6 \ \text{kg·h}^{-1}$

第五级萃取剂的流率 $\qquad S_5 = 0.6R_4 = 0.6 \times 683.6 = 410.2 \ \text{kg·h}^{-1}$

第五级操作线的斜率 $\qquad -B/S_5 = -630/410.2 = -1.54$

作图得 $w_5 = 0.055$,所得 $w_5 < w_n(0.075\ 3)$,故知有五个理论级可满足需求。

萃取剂的总流率

$$S = S_1 + S_2 + S_3 + S_4 + S_5 =$$

$$600 + 523.6 + 470.6 + 433.8 + 410.2 = 2\ 438.2 \ \text{kg·h}^{-1}$$

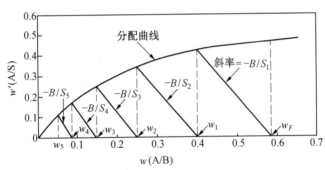

图 8.17

例 8.3 含质量分数为 0.3 醋酸的醋酸水溶液 100 kg,用三级错流萃取。每级用 40 kg 纯异丙醚萃取,操作温度为 20 ℃,求各级排出的萃取液和萃余液的量和组成。

20 ℃时醋酸(A)-水(B)-异丙醚(C)的平衡数据如表 8.3 所示。

表 8.3

水 相			有 机 相		
$w(A)/\%$	$w(B)/\%$	$w(S)/\%$	$w(A)/\%$	$w(B)/\%$	$w(S)/\%$
0.69	98.1	1.2	0.18	0.5	99.3
1.41	97.1	1.5	0.37	0.7	98.9
2.89	95.5	1.6	0.79	0.8	97.1
6.42	91.7	1.9	1.9	1.0	93.3
13.34	84.4	2.3	4.8	1.9	84.7
25.50	71.7	3.4	11.40	3.9	71.5
36.7	58.9	4.4	21.60	6.9	58.1
44.3	45.1	10.6	31.10	10.8	48.7
46.40	37.1	16.5	36.20	15.1	

解 根据平衡数据作出溶解度曲线,如图 8.18 所示。

三级错流萃取:

第一级 $F = 100 \text{ kg}, w_F = 0.3, S_1 = 40 \text{ kg}, w'_0 = 0$,进行物料衡算,得

$$M_1 = F + S_1 = (100 + 40) = 140 \text{ kg}$$

$$M_1 w_{M_1} = F_1 w_F + S_1$$

$$w_{M_1} = \frac{30}{140} = 0.214$$

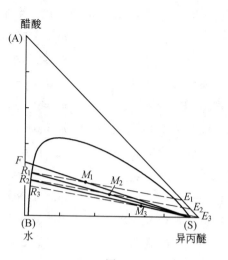

图 8.18

如图 8.18 所示在 FS 连线上根据 w_{M_1},组成定出点 M_1,过点 M_1 借助分配曲线,在图上试差定出 R_1 与 E_1,读出 R_1、E_1 的组成,即

$$w_1 = 0.258 \qquad w'_1 = 0.117$$

根据式(8.11),得

$$E_1 = \frac{M_1(w_{M_1} - w_1)}{w'_1 - w_1} = \frac{140(0.214 - 0.258)}{0.117 - 0.258} = 43.6 \text{ kg}$$

$$R_1 = M_1 - E_1 = (140 - 43.6) = 96.4 \text{ kg}$$

第二级

$$S_2 = 40 \text{ kg}$$

$$M_2 = R_1 + S_2 = 136.4 \text{ kg}$$

$$96.4 \times (0.258) = 136.4 \times w_{M_2}$$

$$w_{M_2} = 0.182$$

同上,在图上找出点 M_2 和 R_2 与 E_2,读取组成根据式(8.11),得

$$E_2 = \frac{M_2(w_{M_2} - w_2)}{w'_2 - w_2} = \frac{136.4(0.812 - 0.227)}{0.095 - 0.227} = 43.6 \text{ kg}$$

$$R_2 = M_2 - E_2 = (136.4 - 46.3) = 90.1 \text{ kg}$$

第三级 同理得

$$S_3 = 40 \text{ kg} \qquad M_3 = 130.1 \text{ kg} \qquad w_{M_3} = 0.157 \qquad w_3 = 0.20 \qquad w'_3 = 0.078$$

$$E_3 = 45.7 \text{ kg} \qquad R_3 = 84.4 \text{ kg}$$

最终萃余液中醋酸含量

$$R_3 w_3 = 84.4 \times 0.20 = 16.88 \text{ kg}$$

萃取液的总萃出量

$$E_1 w'_1 + E_2 w'_2 + E_3 w'_3 = 13.12 \text{ kg}$$

8.3.3 多级逆流萃取的流程与计算

多级逆流萃取是指萃取剂 S 和原料液 F 以相反的流向流过各级,其流程如图 8.19 所示。

原料液从第一级进入,逐级流过系统,最终萃余相从第 n 级流出,新鲜萃取剂从第 n 级进入,与原料液逆流,逐级与料液接触,在每一级中两液相充分接触,进行传质。当两相达平衡

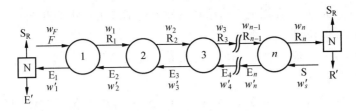

图 8.19　多级逆流萃取流程示意图

后,两相分离,各进入其随后的级中,最终的萃取相从第一级流出。在流程的第一级中,萃取相与含溶质最多的原料液接触,故第一级出来的最终萃取相中溶质的含量高,可达接近与原料液呈平衡的程度,而在第 n 级中萃余相与含溶质最少的新鲜萃取剂接触,故第 n 级出来的最终萃余相中溶质的含量低,可达接近与原料液呈平衡的程度。因此,可以用较少的萃取剂达到较高的萃取率。通过多级逆流萃取过程得到的最终萃余相 R_n 和最终萃取相 E_1 还含有少量的溶剂 S,可分别送入溶剂回收设备 N 中,经过回收溶剂 S 后,得到萃取液 E′ 和萃余液 R′。

多级逆流萃取的计算主要应用相平衡与物料衡算两个基本关系,方法也是逐级计算。

(1)萃取剂与稀释剂部分互溶的体系

① 在三角形坐标图上图解理论级数。首先求出多级逆流萃取的操作线方程和操作点 Δ,F、S、E_1 和 R_n 的量均以单位时间流过的质量(kg·s^{-1})计算。

对第一级作物料衡算,得 $F + E_2 = R_1 + E_1$,即

$$F - E_1 = R_1 - E_2$$

对第二级作物料衡算,得 $F + E_3 = R_2 = E_1$,即

$$F - E_1 = R_2 - E_3$$

对第三级作物料衡算,得 $F + E_4 = R_3 + E_1$,即

$$F - E_1 = R_3 - E_4$$

对第一级到第 n 级作物料衡算,得 $F + S = R_n + E_1$,即

$$F - E_1 = R_n - S$$

由以上各式可得

$$F - E_1 = R_1 - E_2 = R_2 - E_3 = R_3 - E_4 = R_n - S = 常数 = \Delta \qquad (8.16)$$

式(8.16)表示离开任一级的萃余相 R_n 与进入该级的萃取相 E_{n+1} 的流量差为一常数,以 Δ 表示。因此,在三角形相图上,连接 R_n 和 E_{n+1} 两点的直线均通过点 Δ,式(8.16)称为操作线方程,Δ 点称为操作点。根据连接线和操作线的关系,应用图解法,在三组分相图上可求出当料液组成为 $w(AF)$、最终萃余相组成为 $w(AR)$ 时所需理论级数。步骤如下:

i 根据平衡数据在三角形坐标图上作出溶解度曲线和辅助曲线,如图 8.20 所示。

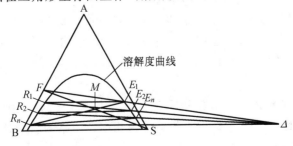

图 8.20　多级逆流萃取理论级数的逐级图解法

ⅱ 由已知组成 w_F 与 w_R 在图上定出原料液和最终萃余相的状态点 F 和 R_n。由萃取剂的组成定出其状态点 S 的位置,连 $\overline{FS}$ 线。

ⅲ 根据杠杆定律确定混合点 M,连 $\overline{R_nM}$ 线,并延长与溶解度曲线交于点 E_1,该点即为最终萃取相 E_1 的状态点。

ⅳ 由于 $E_1 = F - \Delta$,$S = R_n - \Delta$,故点 E_1 位于 $\overline{F\Delta}$ 线上,点 S 位于 $\overline{R_n\Delta}$ 线上,由此可知,$\overline{FE_1}$ 和 $\overline{R_nS}$ 的延长线必交于点 Δ。

ⅴ 由点 E_1 作连接线交溶解度曲线于点 R_1。由于 $R_1 = E_2 + \Delta$ 或 $E_2 = R_1 - \Delta$,故点 E_2 必位于 $R_1\Delta$ 线上并与溶解度曲线交于点 E_2。

ⅵ 由点 E_2 作连接线交溶解度曲线于点 R_2,连 $\overline{R_2\Delta}$ 得 E_3,即由连接线可找到萃余相 R_3,由操作线可找到萃取相 E_4。

重复上述步骤,交错的引操作线和连接线直到 w_{AR_n} 小于或等于所要求的值为止,引出的连接线的数目即为所求的理论级数。图 8.20 所示为 3 个理论级。

根据原料液组成的不同以及系统连接线的斜率不同,操作点的位置可能在三角形相图的左侧,也可能在右侧。

② 在直角坐标上图解理论级数。当多级逆流萃取所需的理论级数较多时,用三角形图解法求解,线条密集不清晰,准确度较差,此时可用直角坐标图上的分配曲线进行图解计算,其步骤如下:

ⅰ 在直角坐标图上,根据已知平衡数据绘出分配曲线。

ⅱ 在三角形坐标图上,按前述多级逆流图解法,根据料液组成、溶剂组成、规定的最终萃取相和最终萃余相组成,定出点 F、S'、E_1 和点 R_n,并由 $\overline{E_1F}$ 线和 $\overline{S'R_n}$ 线相交求得操作点,如图 8.21(a)所示。

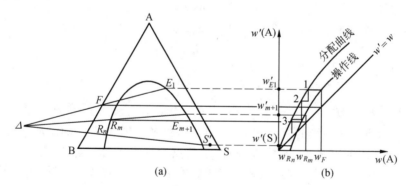

图 8.21　平衡分配图解法求理论级数

ⅲ 在三角形坐标图上,从点 Δ 出发作若干条 $\overline{\Delta RE}$ 操作线,分别与溶解度曲线交于两点 R_m 和 E_{m+1},其组成为 w_{R_m} 和 $w'_{E_{m+1}}$。因为 w_{R_m} 和 $w'_{E_{m+1}}$ 具有操作线关系,因此,将三角形相图上一组操作线所得的对应组成绘于 $w-w'$ 图,就可得到操作线,如图 8.21(b)所示。

ⅳ 在分配曲线与操作线之间,根据 w_F、w'_{E_1}、w_{R_n} 和 w'_{E_s}(萃取剂中含有的溶质 A 的浓度),就可以求出理论级数。

例 8.4　用 25℃的纯水为溶剂萃取丙酮-氯仿溶液中的丙酮,原料液中质量分数为 40% 的丙酮,操作采用的溶剂比(S/F)为 2,要求最终萃余相中含丙酮的质量分数不大于 11%,求逆流操作所需要的理论级数。

丙酮(A)-氯仿(B)-水(S)的液-液平衡数据(25℃)见表 8.4。

表 8.4

w(萃余相)			w(萃取相)		
A	B	S	A	B	S
0.090	0.900	0.010	0.030	0.010	0.960
0.237	0.750	0.013	0.083	0.012	0.905
0.320	0.664	0.016	0.135	0.015	0.850
0.380	0.600	0.020	0.174	0.016	0.810
0.425	0.550	0.025	0.221	0.018	0.761
0.505	0.450	0.045	0.319	0.021	0.660
0.570	0.350	0.080	0.445	0.045	0.510

解 ① 按原料组成 $w(AF) = 0.40$ 在相图上定出点 F，并作连线 $\overline{FS}$（图 8.22）。

溶剂比
$$\frac{S}{F} = \frac{\overline{MF}}{\overline{MS}} = \frac{\overline{FS}}{\overline{MS}} - 1$$

$$\overline{MS} = \frac{\overline{FS}}{1 + \dfrac{S}{F}} = \frac{54}{1 + 2} = 18$$

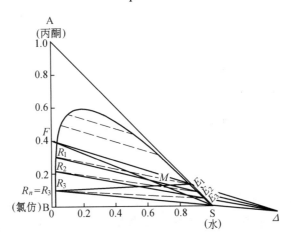

图 8.22

由此在图上找出和点 M。

② 按末级萃余相的质量分数 $w(A_n) = 0.11$，在溶解度曲线上找出点 R_n，连接 $\overline{R_n M}$，并延长与溶解度曲线相交，定出离开第一级的萃取相浓度点 E_1。

③ 将连线 $\overline{FE_1}$ 及 $\overline{R_n S}$ 延长，得交点 Δ。

④ 过点 E_1，作平衡连接线得 R_1，此为第 1 级。

⑤ 作直线 $\overline{R_1 \Delta}$，与溶解度曲线相交于点 E_2，过 E_2 作平衡连接线找出 R_2，此为第二线。

⑥ 作直线 $\overline{R_2 \Delta}$，找出 E_3，过 E_3 作平衡连接线得 R_3，此为第三级。因第三级萃余相的溶质的质量分数 $w(A_3) \approx 0.11$，故所需理论级数为三级。

(2)萃取剂与稀释剂不互溶时的多级逆流萃取的理论级数　当萃取剂与稀释剂不互溶时（见图 8.23），萃取相中只含有萃取剂 S 和溶质 A，萃余相中只含有稀释剂 B 和溶质 A。因此，在萃取过程中萃取相中萃取剂的量和萃余相中稀释剂的量均保持不变。为方便起见，萃取相和萃余相中溶质的含量可分别用质量比 $w'(A/S)$ 和 $w(A/B)$ 表示，并在 $w - w'$ 直角坐标图上求解理论级数。步骤如下：

首先，根据平衡数据，在 $w - w'$ 坐标图上，绘制平衡线，见图 8.24。

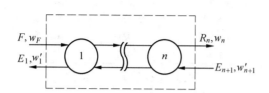

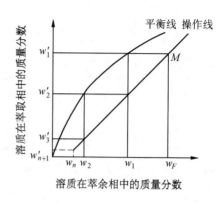

图 8.23　两相完全不互溶时逆流萃取流程　　图 8.24　两相完全不互溶时逆流萃取平
　　　　　　　　　　　　　　　　　　　　　　　　　　衡级数的图解法

然后，根据物料衡算找出逆流萃取的操作线方程。在流程中第一级至第 n 级间作溶质 A 的物料衡算，得

$$Bw_F + Sw'_{n+1} = Bw_n + Sw'_1 \tag{8.17}$$

式中　w_F——溶质 A 与料液的质量比；

　　　w'_1——最终萃取相 E_1 中的溶质 A 与溶剂的质量比；

　　　w_n——最终萃余相 R_n 中溶质 A 与料液的质量比；

　　　w'_{n+1}——进入 n 级萃取相的溶质 A 与溶剂的质量比。

由式(8.17)得

$$w'_{n+1} = \frac{B}{S}w_n + \left(w'_1 - \frac{B}{S}w_F \right) \tag{8.18}$$

式(8.18)就是操作线方程，式中 B 与 S 均为常数，故操作线为一直线，其斜率为 B/S。在 w_F 和 w_n 范围内，在操作线和平衡线间绘梯级，直到规定的萃余相浓度为止，所得梯级数就是所求的理论级数。图 8.24 所示理论级数为 3。

(3)多级逆流萃取的最小溶剂用量　在多级逆流萃取操作中，对于一定的萃取要求存在一个最小溶剂(萃取剂)用量 S_{min}。操作时如果所用的萃取剂量小于 S_{min}，则无论多少个理论级也达不到规定的萃取要求。实际所用的萃取剂用量必须大于 S_{min}，一般取为最小萃取剂的 $1.5 \sim 2$ 倍，即 $S_{适宜} = (1.5 \sim 2)S_{min}$。溶剂用量少，所需理论级数多，设备费用大；反之，溶剂用量过大，所需理论级数少，萃取设备费用低，但溶剂回收设备大，回收溶剂所消耗的热量多，所需费用高，因此，确定适宜的萃取剂用量非常重要。

最小萃取剂用量的求法，如图 8.25 所示。若 $k = \dfrac{B}{S}$ 用代表操作线的斜率。图 8.25 为两组分 B 和 S 基本不互溶的 A、B、S 三元物系，其操作线与分配曲线关系可依质量比 w 及 w' 绘于 $w - w'$ 直角

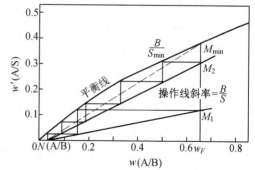

图 8.25　最小萃取剂用量图解

坐标上。图上 NM_1、NM_2、NM_3 为使用不同量萃取剂 S_1、S_2 和 S_{min} 时的操作线,其对应操作线斜率分别为 k_1、k_2 和 k_{min}。由图可知,当 S 用量愈少,则操作线斜率愈大,并向分配曲线靠近,即 $k_1 < k_2 < k_{min}$,对应萃取剂用量 $S_1 > S_2 > S_{min}$,当操作线与分配曲线出现交点,即出现夹紧区,这时在两线作梯级,则会出现无穷多的理论级数,相应的萃取剂用量称为此条件下的最小溶剂用量。可由下式确定

$$S_{min} = \frac{B}{k_{min}} \tag{8.19}$$

例 8.5 15℃时,丙酮(A)-苯(B)-水(S)系统的分配曲线如图 8.26 所示。丙酮与苯的混合液中含有丙酮的质量分数为 4%、苯的质量分数为 60%。用水作萃取剂萃取丙酮,萃余相中要求丙酮的质量分数为不大于 4%,苯与水可视为完全不互溶。试在 $X-Y$ 直角坐标图上求:

(1)若每小时处理原料液的量为 1 000 kg,水的用量为 1 200 $kg \cdot h^{-1}$,所需的理论级数。

(2)上述条件下,最小萃取剂用量($kg \cdot h^{-1}$)为多少?

解 依已知数据首先求出溶质在各流股中的质量比。

原料液的质量比 $\qquad\qquad w_F = \frac{40}{60} = 0.667$

萃余相的质量比 $\qquad\qquad w_n = \frac{4}{100-4} = 0.041\ 7$

原料液中苯的质量流量 $\quad B = 1\ 000(1-0.4) = 600\ kg \cdot h^{-1}$

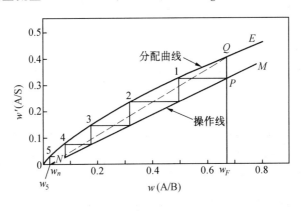

图 8.26

(1)每小时用 1 200 kg 水进行萃取,则操作线的斜率为

$$B/S = 600/1\ 200 = 0.5$$

最终萃余相中溶质的质量比 $w_n = 0.041\ 7$,已知萃取剂中溶质的质量比 $w'(S) = 0$,于本题附图中标绘此二值,即为图上的点 N。过点 N 作斜率为 0.5 的直线 NPM。此直线与 $w_F = 0.667$ 的直线相交于点 P。从点 P 开始在分配曲线 OQE 与操作线 NPM 之间作梯级,当作至第五级时所得萃余相的组成 w_5 已小于 w_n,故知此萃取过程需用五个理论级。

(2)依最少萃取剂用量定义知,ww_F 直线与分配曲线的交点 Q 与点 N 间所连的直线(如图中虚线所示),即为最少萃取剂用量时的操作线。由图知其斜率为

$$B/S_{min} = 0.65$$

所以 $\qquad\qquad S_{min} = b/0.65 = 600/0.65 = 923\ kg \cdot h^{-1}$

8.4 萃取设备

8.4.1 萃取设备的分类

进行有效萃取操作的关键是选择合适的溶剂和适当类型的设备。在液-液萃取过程中,要求萃取设备内能使两相达到密切接触并伴有较高程度的湍动,以便实现两相间的传质过程。当两相充分混合后,尚需使两相达到较完善的分离。由于液-液萃取中两相间密度差较小,实现两相间的密切接触和快速分离要比气-液系统困难得多。

目前,已被工业采用的液-液萃取设备形式很多,已超过 30 余种。根据两相的接触方式,萃取设备可分为逐级接触式和微分式两大类。在逐级接触萃取操作中,各相组成是逐级变化的。在微分接触萃取操作中,相的组成沿着流动方向连续变化。逐级接触萃取设备可以用单级设备进行操作,也可由许多单级设备组合而成为多级接触萃取设备。微分接触萃取设备大多为塔式设备。工业上常用萃取设备的分类情况见表 8.5。

表 8.5　萃取设备分类

流体分散的动力	逐级接触式	微分接触式
重力差	筛板塔	喷洒塔 填料塔
脉冲	脉冲混合-澄清器	脉冲填料塔 液体脉冲筛板塔
旋转搅拌	混合-澄清器 夏贝尔(Scheibel)塔	转盘塔(RDC) 偏心转盘塔(ARDC) 库尼(Kühni)塔
往复搅拌		往复筛板塔
离心力	逐级接触离心器	POD 离心萃取器 卢威离心萃取器

本节简要介绍一些典型的萃取设备及其操作特性。

8.4.2 混合-澄清槽

混合-澄清槽是广泛应用于工业生产的一种典型逐级接触式萃取设备。它可单级操作,也可多级组合操作。每个萃取级均包括混合槽和澄清器两部分,故一般称为混合-澄清萃取槽。操作时,萃取剂与被处理的原料液先在混合器中经过充分混合后,再进入澄清器中澄清分层。密度较小的液相在上层,较大的在下层。为了加大相际接触面积及强化传质过程,提高传质速率,混合槽中通常安装搅拌装置或采用脉冲喷射器来实现两相的充分混合。图 8.27(a)、(b)分别为机械搅拌混合槽和喷射混合槽示意图。

澄清器可以是重力式,也可以是离心式的。对于易于澄清的混合液,可以依靠两相间的密度差在贮槽内进行重力沉降(或升浮)。对于难分离的混合液,可采用离心式澄清器(如旋液分离器、离心分离机),加速两相的分离过程。

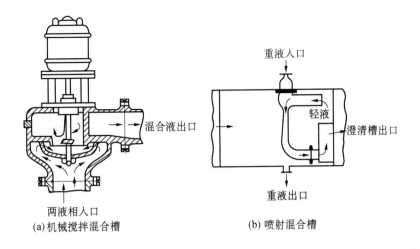

（a）机械搅拌混合槽　　　　　（b）喷射混合槽

图 8.27　混合槽示意图

典型的单级混合-澄清槽如图 8.28(a)所示。混合槽有机械搅拌,可以使一相形成小液滴分散于另一相中,以增大接触面积。为了达到萃取的工艺要求,也需要有足够的两相接触时间。但是,液滴不宜分散得过细,否则将给澄清分层产生带来困难,或者使澄清槽体积增大。图 8.23(b)是将混合槽和澄清器合并成为一个装置。

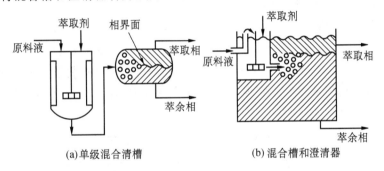

（a）单级混合清槽　　　　　（b）混合槽和澄清器

图 8.28　典型单级混合-澄清槽

多级混合-澄清槽是由许多个单级设备串联而成,典型的多级混合澄清槽结构如图 8.29所示的箱式和立式混合-澄清萃取设备。

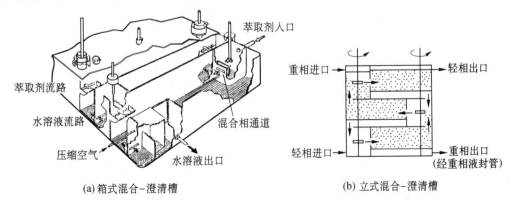

（a）箱式混合-澄清槽　　　　　（b）立式混合-澄清槽

图 8.29　典型多级混合-澄清槽

混合-澄清槽的优点是:板效率高、操作可靠、可处理很宽范围的溶剂比和高粘度液体,放大可靠,以及处理量大(可达 0.4 m³·s⁻¹)等,目前应用广泛;缺点是:设备尺寸大、占地面积大、每级内都设有搅拌装置、液体在级间流动需泵输送、能量消耗较多、设备费及操作费都较高。

8.4.3 塔式萃取设备

习惯上,将高径比很大的萃取装置统称为塔式萃取设备。为了达到萃取的工艺要求,塔设备首先应具有分散装置,如喷嘴、筛孔板、填料或机械搅拌装置。此外,塔顶塔底均应有足够的分离段,以保证两相间很好地分层。

下面重点介绍几种工业上常用的萃取塔。

(1)填料萃取塔 用于萃取的填料塔与用于精馏或吸收的填料塔类似,即在塔内支承板上充填一定高度的填料层,如图 8.30 所示。重相由塔顶进入,轻相由塔底进入。萃取操作时,连续相充满整个塔中,分散相呈液滴或薄膜状分散在连续相中。为防止液滴在填料入口处聚结和过早出现液泛,轻相入口管应在支承器之上 25～50 mm 处。

塔中填料的作用除可以使分散相的液滴不断破裂与再生,促进液滴的表面不断更新外,还可以减少连续相的纵相返混。在选择填料时,除应考虑料液的腐蚀性外,还应使填料只能被连续相润湿而不被分散相润湿,以利于液滴的生成和稳定。一般陶瓷易被水相润湿,塑料和石墨易被有机相润湿,金属材料则需通过实验而确定。

在普通填料萃取塔内,两相间依靠密度差而逆向流动,相对速度较小,界面湍动程度低,限制了传质速率的进一步提高。为了强化生产,可以在填料塔外装脉动装置,使液体在塔内产生脉动运动,这样可以扩大湍流,有利于传质,这种填料塔称为脉冲填料塔。脉动的产生,通常采用往复泵,有时也采用压缩空气来实现。图 8.31 所示为借助活塞往复运动使塔内液体产生脉动运动。

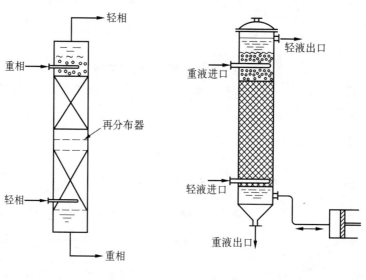

图 8.30　填料萃取塔　　　　　　　图 8.31　脉冲填料塔

(2)筛板塔 筛板塔的结构如图 8.32 所示,塔内装有若干层筛板。若轻液相为分散相,操作时轻相通过塔板上的筛孔而被分散成细滴,与塔板上的连续相密切接触后便分层凝聚,并聚结于上层筛板的下面,然后借助压强差的推动,再经筛孔面分散。重流相经降液管流至下层塔板,横向流过筛板并与分散相接触,如图 8.32 所示。若以重液相为分散相,则重液相的液滴聚结于筛板上面,然后穿过板上小孔分散成液滴,如图 8.33 所示。当以重液相为分散相时,则应将溢流管的位置改装于筛板的上方。

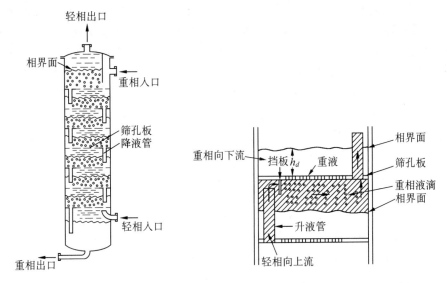

图 8.32　筛板萃取塔(轻相为　　　图 8.33　筛板结构示意图(重相为分散相)
　　　　　分散相)

筛板孔的直径一般为 3 ~ 9 mm,筛孔一般按正三角形排列,孔间距常取为孔径的 3 ~ 4 倍,板间距在 150 ~ 600 mm 之间。

在筛板塔内一般也应选取不易润湿塔板的一相作为分散相。筛板萃取塔结构简单,生产能力大,对于界面张力较低的物系效率较高,在石油工业中获得了较为广泛的应用。

(3)脉冲筛板塔　脉冲筛板塔也称液体脉动筛板塔,是指由于外力作用使液体在塔内产生脉冲运动的塔,其结构与气-液系统中无溢流管的筛板塔类似,如图 8.34 所示。操作时,轻、重液体皆穿过筛板而逆向流动,分散相在筛板之间不凝聚分层。在脉冲筛板塔内两相的逆流是通过脉冲运动来实现的。

脉冲强度,即输入能量的强度,由脉冲的振幅 A 与频率 f 的乘积 Af 表示,称为脉冲速度。脉冲速度是脉冲筛板塔操作的主要条件。脉冲速度小,液体通过筛板小孔的速度小,液滴大,湍动弱,传质效率低;脉冲速度增大,形成的液滴小,湍动强,传质效率高。但是脉冲速度过大,液滴过小,液体轴向返混严重,传质效率反而降低,且易液泛。通常脉冲频率为 30 ~ 200 min^{-1},振幅为 9 ~ 50 mm。

脉冲发生器有多种类型,如往复泵、隔膜泵,也可用压缩气驱动。

脉冲萃取塔的优点是:结构简单,传质效率高,可以处理含有固体粒子的料液,由于塔内不设置机械搅拌或往复的构件,而脉冲的发生可以离开塔身,这样就易解决防腐和防放射性问题,因此在原子能工业中获得了较广泛的应用。近年来在有色金属提取和石油化工中也日益受到重视。脉冲塔的缺点是:允许的

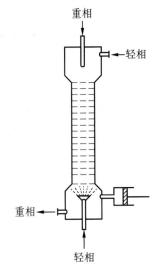

图 8.34　脉冲筛板塔

液体通过能力小,塔径大时产生脉冲运动比较困难。

(4)往复筛板萃取塔　往复筛板塔的结构与脉冲筛板塔类似,也由一系列筛板构成,不同的是将若干筛板按一定间距固定在中心轴上,由顶的传动机构驱动作往复运动,其结构如图8.35所示。当筛板向下运动时,筛板下侧的液体经筛孔向上喷射;反之,筛板上侧的液体向下喷射。如此随着筛板的上下往复运动,使塔内液体作类似于脉冲筛板塔内的往复运动。为防止液体沿筛板与塔壁间的缝隙而走短路,应每隔若干块筛板,在塔内壁设置一块环形挡板。

往复筛板的孔径比脉动筛板的要大,一般为7~16 mm。往复筛板塔的传质效率主要与往复频率和振幅有关。当振幅一定时,频率加大,效率提高,但频率加大,流体通量变小,因此需要综合考虑通量和效率因素。一般,往复振动的振幅为3~50 mm,频率为200~1 000 min^{-1}。

往复筛板塔具有结构简单、通量大、传质效率高、流体阻力小、操作方便等优点,目前已广泛应用于石油化工、食品、制药和湿法冶金工业。

(5)转盘萃取塔　转盘萃取塔的结构如图8.36所示。塔内从上而下安装一组等距离的固定环,塔的轴线上装设中心转轴,轴上固定着一组水平圆盘,每个转盘都位于两相邻固定环的正中间。操作时,转轴由电动机驱动,连带转盘旋转,使两液相也随着转动。两相液流中因而产生相当大的速度梯度和剪切应力,一方面使连续相产生旋涡运动,另一方面也促使分散相的液滴变形、破裂及合并,故能提高传质系数,更新及增大相界面积。固定环则起到抑制轴向返混的作用,因而转盘塔的传质效率较高。由于转盘能分散液体,故塔内无需另设喷洒器。只是对于大直径的塔,液体宜顺着旋转方向从切线进口切入,以免冲击塔内已经建立起来的流动状况。

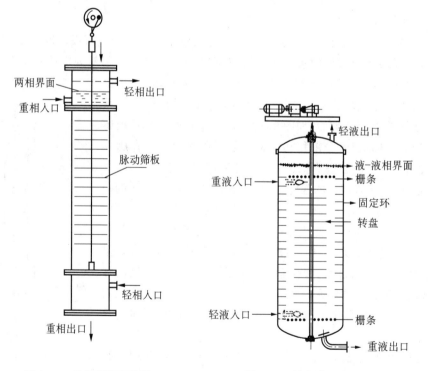

图8.35　往复筛板萃取塔　　　　图8.36　转盘萃取塔(RDC)

转盘塔的转速是转盘萃取塔的主要操作参数。转速低,输入的机械能少,不足以克服界面张力使液体分散。转速过高,液体分散得过细,使塔的通量减小,所以需根据物系的性质和塔径与盘、环等构件的尺寸等具体情况适当选择转速。根据中型转盘萃取塔的研究结果,对于一般物系,转盘边缘的线速以 $1.8~m \cdot s^{-1}$ 左右为宜。

转盘塔结构简单、生产能力强、传质效率高、操作弹性大,因而在石油和化工生产中应用比较广泛。

8.4.4　离心萃取器

离心萃取器是利用离心力的作用使两相快速充分混合和快速分离的萃取装置。离心萃取器可分为逐级接触式和微分逆流接触式两类。逐级接触式萃取器中两相的作用过程与混合澄清器类似。萃取器内两相并流,既可以单级使用,也可以将若干台萃取器串联起来进行多级操作。微分接触式离心萃取器中,两相的接触方式和微分逆流萃取塔类似。

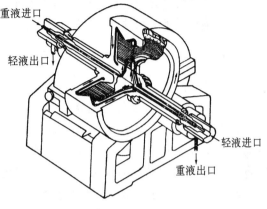

图 8.37　POD 离心式萃取器

(1)波德式(Podbielniak)离心萃取器　波德式离心萃取器也称离心薄膜萃取器,简称 POD 离心萃取器,是卧式微分接触离心萃取器的一种,其基本结构如图 8.37 所示,主要由一固定在水平转轴上的圆筒形转鼓以及固定外壳组成。转鼓由一多孔的长带绕制成成,其转速很高,一般为 2 000 ~ 5 000 r·min^{-1},操作时轻液相从转鼓外缘引入,重液相由转鼓的中心引入。由于转鼓旋转时产生的离心作用,重液相从中心向外流动,轻液相则从外缘向中心流动,同时液体通过螺旋带上的小孔被分散,两相在螺旋通道内逆流流动,密切接触,进行传质,最后重液相从转鼓外缘的出口通道流出,轻液相则由萃取器的中心经出口通道流出。

(2)芦威式(Luwesta)离心萃取器　芦威式离心萃取器是立式逐级接触离心萃取器的一种,其结构如图 8.38所示,主体是固定在外壳上的环形盘,此盘随壳体作高速旋转。在壳体中央有固定不动的垂直空心轴,轴上装有圆形盘,且开有数个液体喷出口。

图 8.38 所示为三级离心萃取器,被处理的原料液和萃取剂均由空心轴的顶部加入。重液相沿空心轴的通道下流至萃取器的底部而进入第三级的外壳内。轻液相由空心轴的通道流入第一级。在空心轴内,轻液与来自下一级的重液相混合,再经空心轴上的喷嘴沿转盘与上方固定盘之间的通道被甩到外壳的四周。靠离心力的作用使两相分开,重液相由外部沿着转盘与下方固定盘之间的通道而进入轴的中心(如图中实线所示),并

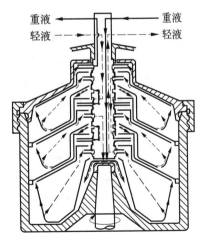

图 8.38　芦威式离心萃取器

由顶部排出,其流向为由第三级经第二级再到第一级,然后进入空心轴的排出通道。轻液则沿图中虚线所示的方向,由第一级经第二级再到第三级,然后由第三级进入空心轴的排出管道。两相均由萃取器顶部排出。此种萃取器也可以由更多的级组成。

离心萃取器的特点在于高速度旋转时,能产生 500 ~ 5 000 倍于重力的离心力来完成两相

的分离,所以即使密度差很小,容易乳化的液体,都可以在离心萃取器内进行高效率的萃取。此外,离心萃取器的结构紧凑,可以节省空间,降低机内储液量,再加上流速高,使得料液在机内的停留时间缩短,特别适用于要求接触时间短、物料存留量少以及难于分相的体系。但离心萃取器的结构复杂、制造困难、操作费用高,使其应用受到一定限制。

8.5 萃取设备计算

在液-液萃取操作中,依靠两相的密度差,在重力或离心力场作用下,分散相和连续相产生相对运动并密切接触而进行传质。两相之间的传质与流动状况有关,而流动状况和传质速率又决定了萃取设备的尺寸,如塔式设备的直径和高度。

8.5.1 萃取设备的流动特性和液泛

萃取塔的液泛现象是由于单位时间内流过萃取塔的原料液与萃取剂的流量超过一定限度时,造成两个液体相互夹带的现象。液泛现象是萃取操作中流量达到了负荷的最大极限标志。由于连续相和分散相的相互干扰等原因,目前只能靠经验的方法得出一些有关萃取塔的"液泛"点的关联式。图 8.39 为填料塔的液泛速度 v_{cf} 的关联图。

图中　　v_{cf}——连续相泛点表观速度($m·s^{-1}$);

　　　　v_d、v_c——分散相和连续相的表观速度
　　　　　　　　　($m·s^{-1}$);

　　　　ρ_c——连续相的密度($kg·m^{-3}$);

　　　　$\Delta\rho$——两相密度差($kg·m^{-3}$);

　　　　σ——界面张力($N·m^{-1}$);

　　　　α——填料的比表面积($m^2·m^{-3}$);

　　　　μ_c——连续相的粘度($Pa·s$);

　　　　ε——填料层的空隙率。

由所选用的填料查出该填料的空隙率 ε 及比表面积 α,再依已知物系的有关物性常数算出图中横坐

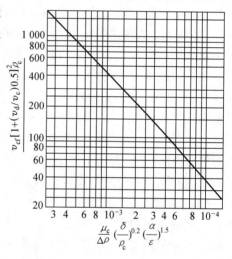

图 8.39　填料萃取塔的液泛速度关联图

标 $\dfrac{\mu_c}{\Delta\rho}\left(\dfrac{\sigma}{\rho_c}\right)^{0.2}\left(\dfrac{\alpha}{\varepsilon}\right)^{1.5}$ 的数值。按此值从图上确定纵坐标 $\dfrac{v_{cf}\left[1+\left(\dfrac{v_d}{v_c}\right)^{0.5}\right]^2\rho_c}{\alpha\mu_c}$ 的数值,从而可求出填料塔的液泛速度 v_{cf}。

实际设计时,空塔速度可取液泛速度的 50% ~ 80%。根据适宜空塔速度便可计算塔径,即

$$D = \sqrt{\frac{4V_c}{\pi v_c}} = \sqrt{\frac{4V_d}{\pi v_d}} \qquad (8.20)$$

式中　　D——塔径(m);

　　　　V_c、V_d——连续相和分散相的体积流量($m^3·s^{-1}$);

　　　　v_c、v_d——连续相和分散相的空塔速度($m·s^{-1}$)。

8.5.2 效率

多级萃取设备的传质速率问题可用效率来考虑。如同气-液传质设备一样,效率也有三种表示方法,即级(单板)效率、总效率、点效率。当两相逆流,级内连续相完全混合时,以分散相为基准的级效率为

$$E_{ME} = \frac{w'_n - w'_{n+1}}{w'^*_n - w'_{n+1}} \tag{8.21}$$

式中　w'_{n+1},w'_n——进出 n 级的分散相的质量分数;

　　　w'^*_n——表示与流出 n 级的连续相浓度成平衡的分散相的质量分数。

多级逆流萃取设备大多采用总效率 E_0,即

$$E_0 = \frac{N_T}{N_P} \tag{8.22}$$

式中　N_P——塔内的实际板数;

　　　N_T——与整个塔相当的平衡级数。

目前,有关效率的资料报道很少,在设计新设备时,往往要依靠中试取得数据。对于混合-澄清器,总效率在 0.75 ~ 1.0 范围。筛板萃取塔的效率变化较大,大部分数据在 0.25 ~ 0.5 之间。至于其他萃取设备的效率可查阅有关化工资料。

8.5.3 萃取塔塔高的计算

(1)当量高度法　对于填料塔、转盘塔和往复筛板塔等,可以用相当于一个平衡级的当量高度法计算,即

$$Z = N_T \times HETS \tag{8.23}$$

式中　Z——萃取塔的有效高度(m);

　　　N_T——平衡级数;

　　　$HETS$——相当于一个平衡级的当量高度(m)。

(2)等效高度法。对于板式萃取塔可采用下式求算实际板数

$$N_P = \frac{N_T}{\eta} \tag{8.24}$$

式中　N_P——实际板数;

　　　N_T——理论板数;

　　　η——全塔平均效率。

(3)传质单元法　此法应用较广,图 8.40 为一逆流萃取塔。萃取相的流量为 E kg·h^{-1},萃余相的流量为 R kg·h^{-1}。设 w_1、w_2 分别为萃余相入口端和出口端所含溶质的质量分率;w'_2、w'_1 为萃取相入口端和出口端所含溶质的质量分率。一般说来,由于在萃取塔中溶质的传递,将引起浓度的改变,于是稀释剂与萃取剂的溶解度也要改变,因而伴随着其余各组分也发生传递,情况比较复杂。限于目前对传质问题的认识,通常只考虑溶质的传递(这对于原溶剂与溶剂互不相溶或

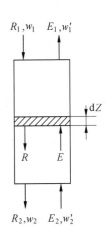

图 8.40　逆流萃取塔

溶解度甚微的系统是正确的),这样可简化传质的计算。

当两相逆流流过 dZ 高度时,产生的溶质传递量为 dG_A,萃取浓度变化为 dw',对组分作物料衡算,得

$$dZ = dEw' \tag{8.25}$$

上式中 E 随塔高不断变化,如除去溶质 A 后的萃取相量 E' 将在全塔保持不变,则

$$E = \frac{E'}{1 - w'} \tag{8.26}$$

代入式(8.25),得

$$dG_A = E' d\left(\frac{w'}{1 - w'}\right) = E' \frac{dw'}{(1 - w')^2} = E \frac{dw'}{1 - w'} \tag{8.27}$$

又知传质速率

$$dG_A = K_{Ea}(w'^* - w') S dZ \tag{8.28}$$

式中　K_{Ea}——萃取相体积总传质系数($L \cdot h^{-1} \cdot m^3$);

　　　w'^*——与萃余相浓度 w 成平衡的萃取相中溶质的质量分数;

　　　S——塔截面积(m^2)。

由式(8.27)、(8.28)恒等,得

$$E \frac{dw'}{1 - w'} = K_{Ea}(w'^* - w') S dZ$$

或

$$dZ = \frac{E}{K_{Ea} S} \cdot \frac{dw'}{(1 - w')(w'^* - w')}$$

积分

$$Z = \int_{w'_2}^{w'_1} \frac{E}{K_{Ea} S} \cdot \frac{dw'}{(1 - w')(w'^* - w')} \tag{8.29}$$

试验发现 $\dfrac{E}{K_{Ea}(1 - w')_{ln}}$。将在全塔基本保持常数,这里

$$(1 - w')_{ln} = \frac{(1 - w') - (1 - w'^*)}{\ln \frac{(1 - w')}{(1 - w'^*)}} = \frac{w'^* - w'}{\ln \frac{(1 - w')}{(1 - w'^*)}} \tag{8.30}$$

在式(8.29)右端分子分母均乘上 $(1 - w')_{ln}$,得

$$Z = \int_{w'_2}^{w'_1} \frac{E}{K_{Ea}(1 - w')_{ln} S} \cdot \frac{(1 - w')_{ln} dw'}{(1 - w')(w'^* - w')} \tag{8.31}$$

定义

$$H_{OE} = \frac{E}{K_{Ea}(1 - w')_{ln} S}; \quad N_{OE} = \int_{w'_2}^{w'_1} \frac{(1 - w')_{ln} dw'}{(1 - w')(w'^* - w')} \tag{8.32}$$

式中　H_{OE}——萃取相总传质单元高度(m);

　　　N_{OE}——萃取相总传质单元数。

对于稀溶液系统,w' 很小,$(1 - w')_{ln}/(1 - w') \approx 1$,故

$$H_{OE} = \frac{E}{K_{Ea} S} \tag{8.33}$$

$$N_{OE} = \int_{w'_2}^{w'_1} \frac{dw'}{(w'^* - w')} \tag{8.34}$$

式(8.34)可按图解积分法求解。

对于萃余相,也可按同样的原理和步骤推导出萃余相传质单元高度和传质单元数,在此不

再赘述。

需要指出的是,上述推导过程中,没有考虑两相的返混的问题,所以求出的塔高需要进行校正,关于这方面问题,必要时可查阅有关书籍或文献。

习　题

8.1　25℃时吡啶(A)-水(B)-氯苯(S)系统的平衡数据列于题表8.1中。

题表8.1

序号	w(氯苯层)/%			w(水层)/%		
	吡啶(A)	水(B)	氯苯(S)	吡啶(A)	水(B)	氯苯(S)
1	0	0.05	99.95	0	99.92	0.08
2	11.05	0.67	88.28	5.02	94.82	0.16
3	18.95	1.15	79.90	11.05	88.71	0.24
4	24.10	1.62	74.28	18.90	80.72	0.38
5	28.60	2.25	69.05	25.50	73.92	0.58
6	31.55	2.87	65.58	36.10	62.05	1.85
7	35.05	3.59	61.00	44.95	50.87	4.18
8	40.60	6.40	53.00	53.20	37.90	8.90
9	49.00	13.20	37.80	49.00	13.20	37.80

依此数据在直角三角形坐标图上绘出溶解度曲线及连接线。并依第2、3、4与8组连接线的数据分别求吡啶在两相中的分配系数 K_A 的数值,并说明变化情况。

8.2　含质量分数为25%醋酸的水溶液于20℃下用异丙醚进行单级萃取,料液量为40 kg,溶剂用量为60 kg。试求:

(1)萃取相和萃余相的量和组成。

(2)萃取液和萃余液的量和组成。

8.3　在一单级接触式萃取器中,于25℃时以氯苯为萃取剂从含质量分数为40%吡啶的水溶液中萃取吡啶。欲将1 500 kg吡啶水溶液的质量分数由40%降到5%,试求所需氯苯的用量和吡啶的萃出率。操作条件下的平衡数据见习题1.1。

8.4　含质量分数为30%醋酸的醋酸水溶液,在20℃下用异丙醚为溶剂进行萃取,料液的处理量为100 kg·h⁻¹,试求:

(1)用100 kg·h⁻¹纯溶剂作单级萃取,所得的萃余相和萃取相的数量与醋酸的浓度;

(2)每次用50 kg·h⁻¹纯溶剂作两级错流萃取,萃余相的最终数量和醋酸浓度。

(3)比较两种操作所得的萃余相中醋酸的残余量与原料中醋酸量之比(萃余百分数)。操作条件下物系的平衡溶解数据参见例8.3。

8.5　丙酮(A)、氯仿(B)混合液在25℃下用纯水作二级错流萃取,原料液中丙酮的质量分数为40%,每级溶剂比均为1:1。物系的相平衡关系如题图8.1所示,试作图以求取最终萃余相中的丙酮浓度。

8.6　含溶质(A)的质量分数为40%、稀释剂(B)的质量分数为60%的混合液,用纯溶剂(S)作多级逆流萃取。要求最终萃余相中含溶质的质量分数为10%,采用的溶剂比 S/F 为1.0。操作温度下物系的相平衡关系如图所示,试

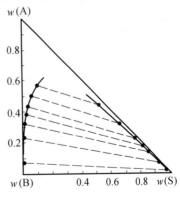

题图8.1

求：

（1）所需的理论级数。

（2）原料液量与最终萃取相量何者大？

8.7　有 2 000 kg 含质量分数为 35% 吡啶的水溶液，用等量的氯苯进行萃取。若由第一级所得的萃余相再用与之相等的氯苯进行萃取，如此反复进行错流萃取（即 $S_1 = F$，$S_2 = R_1$，$S_3 = R_2$），若所用萃取剂均为新鲜氯苯，试求共需若干萃取理论级方可将最终萃余相中吡啶的质量分数为 2%，并计算总溶剂用量。操作条件下物系的相平衡数据见习题 1.1。

8.8　以含苯甲酸 $0.2\ \mathrm{g \cdot L^{-1}}$ 的苯液对苯甲酸水溶液进行错流萃取，使水中苯甲酸浓度由 $1.5\ \mathrm{g \cdot L^{-1}}$ 降到 $0.2\ \mathrm{g \cdot L^{-1}}$，每级所用的苯液体积皆为初始水液的一半，求理论级和每级的萃余相浓度。物系的平衡数据见题表 8.2。

题表 8.2

苯甲酸在水中质量浓度/$(\mathrm{g \cdot L^{-1}})$	0.104	0.456	0.707	1.32	1.56
苯甲酸在苯中质量浓度/$(\mathrm{g \cdot L^{-1}})$	0.182	2.45	6.12	18.2	24.5

8.9　某混合液含有 A、B 两组分，用纯溶剂 S 进行多级逆流萃取。B 与 S 基本不互溶。已知原料液与溶质的质量比为 0.02，处理量为 2 000 $\mathrm{kg \cdot h^{-1}}$。溶剂比 S/F 为 1.2。最终萃余相的质量组成要求不大于 0.004。试求：

（1）所需理论级数；

（2）最少萃取剂用量。

量系的分配曲线数据见题表 8.3

题表 8.3

$X(A/B)$	0.002	0.006	0.1	0.014	0.018	0.020
$Y(A/B)$	0.018	0.052	0.085	0.012	0.015 4	0.017 1

8.10　每小时有 1 500 kg 含丙酮质量分数为 40% 的丙酮水溶液。以三氯乙烷为萃取进行多级逆流萃取。溶剂比 S/F 为 0.35。要求最终萃余相中溶质丙酮的质量分数不高于 5%，试求：

（1）最终萃取相的流率与质量分数；

（2）在 $w - w'$ 直角坐标上图解理论级数。

操作条件下物系的相平衡数据见题表 8.4。

题表 8.4

w（水相）/%			w（三氯乙烷相）/%		
三氯乙烷	水	丙酮	三氯乙烷	水	丙酮
0.52	93.52	5.96	90.93	0.32	8.75
0.60	89.40	10.00	84.40	0.60	15.00
0.68	85.35	13.97	78.32	0.90	20.78
0.79	80.16	19.05	71.01	1.33	27.66
1.04	71.33	27.63	58.21	2.40	39.39
1.60	62.67	35.73	47.53	4.26	48.21
3.75	50.20	46.05	33.70	8.90	57.40

第九章　干　燥

9.1　概　述

干燥是利用热能除去固体物料中的湿分(水或其他溶剂)的单元操作。通常,各种固体产品的含湿量都有一定的要求,以便于储存、运输、加工和使用。因为采用气化除去湿分的方法能量消耗大,如有可能,在生产中湿物料都是先用沉降、过滤或离心分离等机械方法去湿,然后再干燥。例如,硫酸铵结晶再离心分离后约含水分的质量分数为3%,经干燥后得到含水的质量分数约为0.1%的产品。有些物料也可以在液态或糊状下进入干燥器,如尿醛树脂溶液的质量分数为60%时,通过喷雾干燥器可得到含水的质量分数低于0.4%的树脂。产品类型不同,要求干燥后的含水量也不同。

干燥操作有各种不同的分类方法,如按操作压力的不同,可分为常压干燥和真空干燥。按操作方式,可分为连续式或间歇式;按传热方式,可分为传导干燥、对流干燥、辐射干燥和介电加热干燥。

化工生产中广泛使用的是对流干燥。它是利用热气体与湿物料作相对运动,气体的热量传递给湿物料,使湿物料的湿分汽化扩散到气体中被带走,对流干燥操作实质上是动量传递、热量传递和质量传递同时进行的传递过程。热气体称为干燥介质,它是载热体,又是载湿体。常用的干燥是热空气为干燥介质,以水分为被除去的湿分的对流干燥过程。

9.2　湿空气性质和湿度图

含有湿分的空气称为湿空气,在去除水分的对流干燥过程中,含有水蒸气的湿空气是常用的干燥介质。湿空气除去水分的能力与它的性质有关。表示湿空气性质的状态参数(如湿度、温度、焓、比热容和比体积等),对于干燥过程的物料衡算和热量衡算以及干燥的速率均有重要意义。

9.2.1　湿空气的性质

通常干燥是在常压或减压下进行的,因此,可把这种状态下的湿空气作为理想气体来处理。在干燥过程中,湿空气中的水气含量在不断变化,但其中干空气的质量不高,为了计算方便,在以下的讨论中皆以单位质量的干空气为基准。

(1)湿度 H　湿度又称湿含量或绝对湿度,为湿空气中所含水蒸气的质量与干空气质量之比。

$$H = \frac{M_v n_v}{M_a n_a} = \frac{18 n_v}{29 n_a} = 0.622 \frac{n_v}{n_a} \tag{9.1}$$

式中　H——绝对湿度;
　　　M_a——干空气的摩尔质量($kg \cdot kmol^{-1}$);
　　　M_v——水蒸气的摩尔质量($kg \cdot kmol^{-1}$);
　　　n_a——湿空气中干空气物质的量(kmol);
　　　n_v——湿空气中水蒸气物质的量(kmol)。

对理想气体混合物,各组分的物质的量比等于其分压比,于是

$$H = 0.622 \frac{p_v}{p_t - p_v} \tag{9.2}$$

式中　p_v——水蒸气分压(Pa);

　　　p_t——湿空气总压(Pa)。

由式(9.2)可知:当湿空气总压一定时,湿度可由水蒸气分压决定。若湿空气中水蒸气分压等于该温度下水的饱和蒸气压 p_s,此时的湿度称为饱和湿度,以 H_s 表示,显然

$$H_s = 0.622 \frac{p_s}{p_t - p_s} \tag{9.3}$$

式中　H_s——饱和湿度;

　　　p_s——同一温度下水的饱和蒸气压(Pa)。

由于水的饱和蒸气压只与温度有关,所以饱和湿度是湿空气总压和温度的函数。

(2)相对湿度 φ　当总压一定时,湿空气中水蒸气分压 p_v 与同温度下水的饱和蒸气压 p_s 之比的百分数,称为相对湿度。

$$\varphi = \frac{p_v}{p_s} \times 100\% \qquad (p_s \leqslant p_t)$$

$$\varphi = \frac{p_v}{p_t} \times 100\% \qquad (p_s > p_t) \tag{9.4}$$

相对湿度表明了湿空气的不饱和程度。$\varphi = 1$(或 100%),表明空气已被水蒸气饱和,不能再吸收水气,已无干燥能力。φ 愈小,即 p_v 与 p_s 差距愈大,表示湿空气偏离饱和程度愈远,干燥能力愈大。从式(9.3)中还可看出,对水蒸气分压相同而温度不同的湿空气,若温度愈高,则 p_s 值愈大,φ 值愈小,干燥能力愈强。可见,H 只表示湿空气中水蒸气的绝对含量,而 φ 值才反映出湿空气吸收水气的能力。

将式(9.4)代入式(9.2),可得

$$H = 0.622 \frac{\varphi p_s}{p_t - \varphi p_s} \tag{9.5}$$

由于 p_s 只决定于温度 T,所以当总压一定时,式(9.5)表明了 H、φ 和 T 三者间的函数关系。

(3)湿比体积 v_H　湿比体积指单位质量干空气和其所带的 H kg 水蒸气的体积之和,在压力为 1.013×10^5 Pa 时

$$v_H = \frac{22.4}{29} \times \frac{T}{273.15} + \frac{22.4}{18} \times \frac{T}{273.15} H =$$

$$(0.773 + 1.244H) \frac{T}{273.15} \ \text{m}^3 \cdot \text{kg}^{-1} \tag{9.6}$$

式中　v_H——湿比体积($\text{m}^3 \cdot \text{kg}^{-1}$);

　　　T——体系温度(K)。

(4)湿比热容 c_H　湿比热容是指将 1 kg 干空气和所带 H kg 的水蒸气的温度升高 1℃所需的热量。在常压下

$$c_H = c_a + c_v H = 1.01 + 1.88H \ \text{kJ} \cdot \text{kg}^{-1} \cdot \text{K}^{-1} \tag{9.7}$$

式中　c_H——湿比热容($\text{kJ} \cdot \text{kg}^{-1} \cdot \text{K}^{-1}$);

　　　c_a——干空气比热容,其值约为 1.01 $\text{kJ} \cdot \text{kg}^{-1} \cdot \text{K}^{-1}$;

　　　c_v——水蒸气比热容,其值约为 1.88 $\text{kJ} \cdot \text{kg}^{-1} \cdot \text{K}^{-1}$。

(5)焓 I　焓是单位质量干空气的焓及其所带 H kg 水蒸气的焓之和。通常以干空气与液

态水在 273.15 K 时的焓等于零为计算基准,故

$$I = c_a(T - 273.15) + [r_0 + c_v(T - 273.15)]H =$$
$$(1.01 + 1.88H)(T - 273.15) + 2\,490H \quad \text{kJ} \cdot \text{kg}^{-1} \tag{9.8}$$

式中　I——焓($\text{kJ} \cdot \text{kg}^{-1}$);

　　　r_0——273.15 K 时水蒸气汽化潜热,其值为 2 490 $\text{kJ} \cdot \text{kg}^{-1}$。

(6)绝热饱和温度 T_{as}　不饱和气体在与外界绝热条件下和大量的液体接触,若时间足够长,使传热、传质趋于平衡,则最终气体被液体蒸气所饱和,气体与液体温度相等,此过程称为绝热饱和过程,最终两相达到的平衡温度称为绝热饱和温度。

图 9.1 表示这样的气-液系统在上述条件下的平衡过程。在一绝热良好的增湿塔中,湿度 H 和温度 T 的不饱和空气由塔底引入,水由塔底经循环泵送往塔顶,喷淋而下,气、液在逆流接触中,水分汽化进入空气。由于所需汽化潜热只能取自空气的显热,于是气体不断地冷却和增湿。塔启动后,经历一不稳定阶段,全塔循环水将稳定到一平衡温度。若塔足够高,使得气、液有充足的接触时间,气体到塔顶后与液体趋于平衡,湿度达到饱和湿度 H_{as},温度与水温相同,即为绝热饱和温度 T_{as}。塔内底部的湿度差和温度差最大,顶部为零。除非进口气体是饱和湿空气,否则,绝热饱和温度总是低于气体进口温度,即 $T_{as} < T$。由于循环水不断汽化至空气中,所以须向塔内补充一部分温度 T_{as} 为的水。

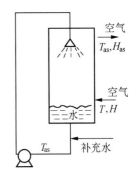

图 9.1　绝热饱和塔示意图

在稳态下对全塔作热量衡算,以单位质量的干空气为基准,可得气体放出的显热等于液体汽化潜热,即

$$c_H(T - T_{as}) = (H_{as} - H)r_{as} \tag{9.9}$$

或

$$T_{as} = T - \frac{r_{as}}{c_H}(H_{as} - H) \tag{9.10}$$

式中　r_{as}——温度为 T_{as} 时水的汽化潜热($\text{kJ} \cdot \text{kg}^{-1}$);

　　　H_{as}——温度为 T_{as} 时空气的饱和湿度。

因 r_{as}、H_{as} 决定于 T_{as},因此,式(9.10)表明,空气的绝热饱和温度 T_{as} 是空气湿度 H 和温度 T 的状态函数,是湿气的状态参数,也是湿空气的性质。当 T、T_{as} 已知时,可用上式来确定空气的湿度 H。

还需指出:在绝热条件下,空气放出的显热全部变为水分汽化的潜热返回气体中,对 1 kg 干空气来说,水分汽化的量等于其湿度差 $H_{as} - H$。由于这些水分汽化时,除潜热外,还将温度为 T_{as} 的显热也带至气体中。所以,绝热饱和过程终了时,气体的焓比原来增加了 4.187 $(T_{as} - 273.15)(H_{as} - H)$。不过,此值和气体的焓相比很小,可忽略不计,故绝热饱和过程又可当作等焓过程处理。

(7)干、湿球温度　如图 9.2 所示,用水润湿纱布包裹温度计的感温球,即成为一湿球温度计。将它置于一定温度和湿度的流动空气中,达到稳态时所测得的温度称为空气的湿球温度,以 T_w 表示,若空气是不饱和的,则 $T_w < T$,T 为该空气的温度,相对于湿球温度而言,又称为空气的干球温度。

湿球温度为空气与湿纱布之间的传热、传质过程达到稳态时的温

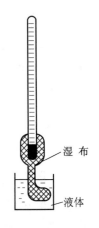

图 9.2　湿球温度计

度。当不饱和空气流过湿表面时,由于湿纱布表面的饱和蒸气压大于空气中的水蒸气分压,在湿表面和气体之间存在着湿度差,这一湿度差使湿纱布表面的水分汽化并被气流带走,水分汽化所需潜热,首先取自湿纱布的显热,使其表面降温,于是在湿纱布表面与气流之间又形成了温度差,这一温度差将引起空气向湿纱布传递热量。当空气传入的热量恰好等于汽化消耗的潜热时,湿纱布表面将达到一稳态温度,即湿球温度。

达到稳态时,空气向湿纱布的传热速率为

$$q = \alpha A(T - T_w) \tag{9.11}$$

式中　q——空气与纱布间传热速率($kJ\cdot s^{-1}$);

　　　α——气流与湿纱布之间的传热膜系数($kJ\cdot m^{-2}\cdot s^{-1}\cdot K^{-1}$);

　　　A——传热面积(m^2);

　　　T、T_w——干、湿球温度(K)。

与此同时,湿纱布中水分汽化为水蒸气并向空气传递,其传质速率为

$$W = k_H(H_w - H)A \tag{9.12}$$

式中　W——传质速率($kg\cdot s^{-1}$);

　　　H_w——湿纱布表面湿度,即温度为 T_w 时湿空气饱和湿度;

　　　k_H——以湿度为推动力的气膜传质系数($kg\cdot m^{-2}\cdot s^{-1}$);

　　　H——空气湿度。

达到稳态时,空气传入的显热等于水的汽化潜热,于是

$$q = Wr_w \tag{9.13}$$

式中　r_w——温度在 T_w 时水的汽化潜热,$kJ\cdot kg^{-1}$。

联解以上三式,可得

$$T_w = T - \frac{k_H r_w}{\alpha}(H_w - H) \tag{9.14}$$

实验表明,k_H 及 α 都与空气流速的 0.8 次幂成正比,一般在气速为 $3.8\sim 10.2\ m\cdot s^{-1}$ 的范围内,比值 α/k_H 近似为一常数。对水蒸气与空气的系统,$\alpha/k_H = 0.96\sim 1.005$。由式(9.14)可知,$r_w$、$H_w$ 只决定于 T_w,于是当 α/k_H 为常数时,T_w 为湿空气的温度 T 和湿度 H 的函数。当 T 和 H 一定时,T_w 必为定值。反之,当测得湿空气的 T、T_w 后,即可求得空气的湿度 H。

(8)露点 T_d　空气在湿度 H 不变,亦即蒸气压 p_v 不变的情况下,冷却达到饱和状态时的温度称为露点,由于此时 $\varphi = 1$,依式(9.2)得

$$H = 0.622\frac{p_d}{p_t - p_d} \tag{9.15}$$

式中　p_d——露点 T_d 时的饱和蒸气压,也就是该空气在初始状态下的水蒸气分压 p_v。

由式(9.15)可得

$$p_d = \frac{Hp_t}{0.622 + H} \tag{9.16}$$

由此式可知,如湿含量 H 和总压 p_t 一定时,则其相应的饱和温度——露点 T_d 也就确定了。反之,由露点和总压 p_t 可求得含湿量 H。

9.2.2　湿空气各温度之间的关系

比较式(9.10)和式(9.14)可以看出,如果 $c_H = \alpha/k_H$,则 $T_{as} = T_w$。前已述及,对空气和水的系统,$\alpha/k_H = 0.96\sim 1.005$,湿含量 H 不大的情况下(一般干燥过程 $H < 0.01$),$c_H = 1.01 + 1.88H = 1.01\sim 1.03$。由此可知,对于空气和水的系统,湿球温度可视为绝热饱和温度。但对

其他物系，$\alpha/k_H = 1.5 \sim 2$，与 c_H 相差很大，例如对空气和甲苯系统 $\alpha/k_H = 1.8c_H$。此时，湿球温度高于绝热饱和温度。

在绝热条件下，用湿空气干燥湿物料的过程中，气体温度的变化是趋向于绝热饱和温度 T_{as} 的。如果湿物料足够润湿，则其表面温度也就是湿空气的绝热饱和温度 T_{as}，亦即湿球温度 T_w，因而这两个温度在干燥器的计算中有着极为重要的实用意义。湿球温度容易测定，这就给干燥过程的计算和控制带来了较大的方便。

综上所述，绝热饱和温度与湿球温度相同之处在于：对空气和水系统，它们在数值上是相等的，都与 T 和 H 有关。但 T_{as} 和 T_w 在本质上是截然不同的，即

① T_{as} 是由热平衡得出的，是空气的热力学性质；T_w 则取决于气、液两相间的动力学因素——传递速率。

② T_{as} 是大量水与空气接触，最终达到两相平衡时的温度，过程中气体的温度和湿度都是变化的；T_w 是少量的水与大量的连续气流接触，传热传质达到稳态时的温度，过程中气体的温度和湿度是不变的。

③ 绝热饱和过程中，气、液间的传递推动力是由大变小，最终趋近于零；测量湿球温度时，气、液间的传递推动力不变。

湿空气的四个温度参数：干球温度 T、绝热饱和温度 T_{as}、湿球温度 T_w、露点 T_d 都可用来确定空气状态。状态一定的空气，它们之间的关系是，不饱和空气 $T > T_{as} = T_w > T_d$；饱和空气 $T = T_{as} = T_w = T_d$。

例 9.1 已知湿空气的总压力为 1.013×10^5 Pa，温度为 303.15 K，相对湿度为 60%，试求：(1)水气分压；(2)湿度；(3)焓；(4)露点；(5)将质量流量为 100 kg·h^{-1}（以干空气计）的该空气加热至 100℃时所需的热量；(6)质量流量为 100 kg·h^{-1} 干空气的体积流量。

解 (1)水气分压 p_v　查水的饱和蒸气压表，在 303.15 K 时，$p_s = 4.25 \times 10^3$ Pa。由式(9.4)得水气分压

$$p_v = \varphi p_s = 0.6 \times 4.25 \times 10^3 = 2.55 \times 10^3 \text{ Pa}$$

(2)湿度 H　式(9.2)得

$$H = 0.622 \frac{p_v}{p_t - p_v} = 0.622 \times \frac{2.55 \times 10^3}{(101.3 - 2.55) \times 10^3} = 0.016$$

(3)焓 I　由式(9.8)得

$$I = (1.01 + 1.88H)(T - 273.15) + 2\,490\,H =$$
$$(1.01 + 1.88 \times 0.016) \times 30 + 2\,490 \times 0.016 = 71 \text{ kJ} \cdot \text{kg}^{-1}$$

(4)露点 T_d　露点是湿空气的湿含量 H 不变的情况下冷却达到饱和的温度，由 $p_v = 2.55 \times 10^3$ Pa，查水的饱和蒸气压表得，$T_d = 294.15$ K。

(5)加热速率

$$q = \frac{100}{3\,600} \times (1.01 + 1.88 \times 0.016)(373.15 - 303.15) = 2.20 \text{ kJ} \cdot \text{s}^{-1}$$

(6)体积流量

$$V = \frac{100}{3\,600} \times (0.773 + 1.244 \times 0.016) \times \frac{303.15}{273.15} = 0.024 \text{ m}^3 \cdot \text{s}^{-1}$$

9.2.3　湿空气的湿度图

依据相律，双组分、单相的湿空气在总压一定的情况下，独立变量应为 2。因此，只要知道湿空气的任意两个独立的性质参数，湿空气的状态即可确定。并可由这两个参数，计算求得其

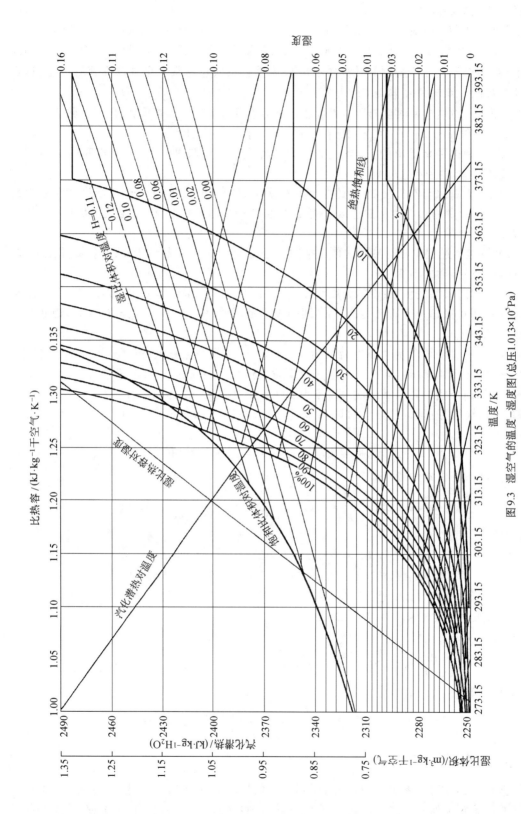

图 9.3 湿空气的温度-湿度图（总压 1.013×10^5 Pa）

他性质参数。通常为了便于计算,可将空气的各种性质标绘在湿度图中,由已知的两个参数直接读出其他参数。湿度图有多种形式,温湿图是常用的一种。如图9.3所示,该图以温度 T 为横坐标,以湿度 H 为纵坐标,并在总压 1.013×10^5 Pa 下绘制的。图内主要有以下曲线族和曲线。

(1)等温度线(等 T 线) 等温度线为一系列平行于纵轴的直线。

(2)等湿度线(等 H 线) 等湿度线为一系列平行于横轴的直线。

(3)等相对湿度线(等 φ 线) 由式(9.5)得

$$H = 0.622 \frac{\varphi p_s}{p_t - \varphi p_s}$$

可知,当总压一定时,如果 φ 为某一固定值,因 p_s 仅与温度有关,故此时,任取一 T 值,即可求得相应的 H 值,将若干个点 (T, H) 连接起来,即为一条等 φ 线。对不同的 φ 值,可以得出一系列 φ 曲线。$\varphi = 1$(或 100%)的等 φ 线,称为饱和空气线。在湿度图中,饱和线以下为不饱和空气区,区内任一点都表示为一定状态的不饱和空气,皆可作为干燥介质;饱和线上方为过饱和区,任一点都代表饱和空气和液体水的混合物,显然它不能作为干燥介质。

(4)绝热饱和(冷却)线 由式(9.9)得

$$\frac{H_{as} - H}{T_{as} - T} = -\frac{c_H}{r_{as}} \tag{9.17}$$

对于确定的 T_{as} 值,H_{as} 也为一已知数,而 $c_H = 1.01 + 1.88H$,于是式(9.17)变成了湿度与温度的关系式,任取一 H 值,可求得相应的 T 值,将若干个 (T, H) 点连接起来,可得到等 T_{as} 线,即为绝热饱和线(或称绝热冷却线)。对于空气-水系统,T_{as} 线也是等湿球温度线。由于在 H 很低时,c_H 随 H 的变化很小,绝热冷却线可近似地认为是一条斜率为 $-c_H/T_{as}$,并通过 (T, H) 和 (T_{as}, H_{as}) 的直线。因此对空气-水的系统,在绝热饱和过程中,空气状态大体上沿直线变化。

(5)湿比热容线 按定义 $c_H = 1.01 + 1.88H$,湿比热容 c_H 与湿度 H 的直线函数,在图9.3的左侧绘制出了 $c_H - H$ 线。

(6)比体积线 干空气比体积 $\left(v_a = 0.733 \times \dfrac{T}{273.15} \right)$ 为一直线,在图9.3中以 v_a 为纵坐标绘出了 $v_a - T$ 线,$v_{Hs} = (0.773 + 1.244 \times H_s) \times \dfrac{T}{273.15}$,式中的 $H_s = 0.622 \dfrac{p_s}{p_t - p_s}$,由温度 T 可求得对应的饱和蒸气压 p_s,代入上式可求得饱和比体积 v_{Hs},因此,$v_{Hs} - T$ 线为决定于 T 和 H_s 的一曲线。对不同湿度 H 下的比体积,又可绘出干比体积与饱和比体积线之间的一系列直线。

9.2.4 湿度图应用

(1)求湿空气的性质参数 湿度图中的任何一点都代表某一确定的湿空气性质和状态,只要依据任意两个独立性质参数,即可在 $T-H$ 图中找到代表该空气状态的相应点,于是其他性质参数便可由该点查得。

例9.2 以例9.1所示的数据说明温湿图的用法。

解 在图9.4中找出 $T = 303.15$ K 的等温线与 $\varphi = 0.6$ 的等 φ 线交点 A。

(1)湿度 由点 A 的纵坐标读出 $H = 0.016$。

(2)露点 由点 A 沿等湿线向左与 $\varphi = 1$ 的饱和线交于 B,其横坐标即为露点 $T_d = 294.15$ K。

(3)加热量 $q = 100 c_H (T_2 - T_1)$,由点 A 沿着等湿线向左交 $c_H - H$ 线于点 C,向上读出 c_H 的横坐标得 $c_H = 1.04$ kJ·kg^{-1}·K^{-1},于是得 $q = \dfrac{100}{3\,600} \times 1.04 \times 70 = 2.20$ kJ·s^{-1}。

(4)空气流量 由点 A 向上与 $H=0.016$ 的 $v_H - H$ 线交于点 D,由 D 向左侧的湿比体积纵坐标,读出 $v_H = 0.88$,于是 $V = \dfrac{100}{3\,600} \times 0.88 = 0.024 \ \mathrm{m^3 \cdot s^{-1}}$。

例 9.3 已测得湿空气的干球温度为 323.15 K,湿球温度为 303.15 K,求空气的湿度 H 及相对湿度 φ。

解 因 $T_w = T_{as} = 303.15$ K,找出 303.15 K 等温线与 $\varphi = 1$ 的饱和线的交点 A(参见图 9.5),过点 A 的绝热冷却线 AB 与 $T = 323.15$ K 的等温线交于 B,点 B 即为 $T = 323.15$ K,$T_w = 303.15$ K 的空气状态点。由其纵坐标读出 $H = 0.019$,由通过点 B 的等 φ 线可求得 $\varphi = 0.24$。

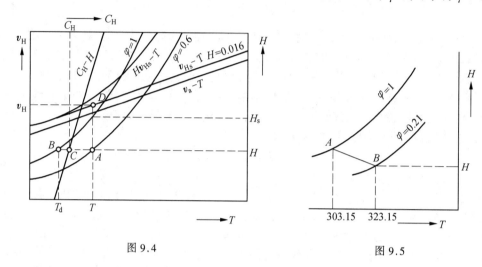

图 9.4 图 9.5

(2)湿空气变化过程的图示

① 加热和冷却。不饱和空气在间壁式换热器中的加热或冷却是一个湿度不变(等湿度)的过程。图 9.6(a)表示由 A 到 B 表示加热过程;图 9.6(b)表示冷却过程。冷却先是沿等 H 线降温,如果继续冷却,使温度下降至露点 T_d,则空气达到饱和。再继续降温,则有冷凝水析出,然后湿空气沿饱和线减湿降温。

② 绝热饱和过程。湿空气与水或湿物料的接触传递系统中,若为绝热过程,则如图 9.7 所示,空气将沿着绝热冷却线 AB 增湿降温。如前所求,若忽略蒸发水分在初始状态下的显热,绝热饱和过程可近似认为是一个等焓过程。

③ 非绝热的增湿过程。在实际干燥中,空气的增湿降温过程大多不是等焓的,如有热量补充,则焓值增加,如图 9.7 中 AB' 所示的过程;如有热损失,则焓值降低,如图 9.7 中 AB'' 所示的过程。

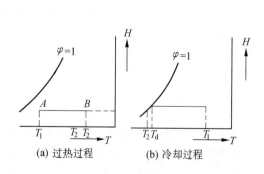

图 9.6 加热冷却过程

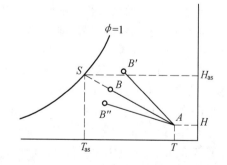

图 9.7 绝热、非绝热增湿过程

9.3 干燥过程的物料衡算与热量衡算

用热空气作为干燥介质的对流干燥器,主要由空气预热器和对流干燥器所组成,图9.8为其流程示意图。干燥器的计算包括两部分内容:其一是静力学部分,通过物料衡算和热量衡算,确定湿物料的水分蒸发量、空气用量及热消耗量;其二为动力学部分,通过传递速率计算,确定干燥时间和设备尺寸。本节先讨论静力学内容。

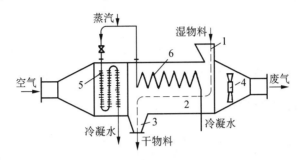

图 9.8 空气干燥器的操作情况

1—进料口;2—干燥室;3—卸料口;4—抽风机;

5—空气预热器;6—补充加热器

9.3.1 物料衡算

(1)湿物料的含水量   以 w 表示湿基含水量,其定义为

$$w = \frac{\text{湿物料中水分质量}}{\text{湿物料总质量}}$$

以 w' 表示干基含水量,其定义为

$$w' = \frac{\text{湿物料中水分质量}}{\text{湿物料中绝干物料质量}}$$

它们之间的换算关系为

$$w' = \frac{w}{1 - w} \tag{9.18}$$

或

$$w = \frac{w'}{1 + w'} \tag{9.19}$$

在计算中用干基比较方便,但习惯上常采用湿基表示。

(2)湿物料的水分蒸发量   若以 G_1、G_2 表示干燥前后湿物料的质量流量,以 G_0 表示绝干物料的质量流量,单位为 $kg \cdot s^{-1}$,则蒸发水量为

$$W = G_1 - G_2 \tag{9.20}$$

或

$$W = G_0(w_1 - w_2) = G_1 w_1 - G_2 w_2 \tag{9.21}$$

因为

$$G_0 = G_1(1 - w_1) = G_2(1 - w_2) \tag{9.22}$$

所以

$$W = G_1 \frac{w_1 - w_2}{1 - w_2} = G_2 \frac{w_1 - w_2}{1 - w_1} \tag{9.23}$$

(3)空气用量   对图9.9所示的连续干燥器作物料衡算

$$G_0 w'_1 + LH_1 = G_0 w'_2 + LH_2 \tag{9.24}$$

式中　L——干空气流量($\mathrm{kg \cdot s^{-1}}$)；

　　　H_1、H_2——空气进、出干燥器时的湿度。

由式(9.21)、(9.24)得

$$W = G_0(w'_1 - w'_2) = L(H_2 - H_1) \tag{9.25}$$

于是得到干空气的用量

$$L = \frac{W}{H_2 - H_1} \tag{9.26}$$

将上式两端除以 W，得

$$l = \frac{L}{W} = \frac{1}{H_2 - H_1} \tag{9.27}$$

式中　l——干空气消耗量，即每蒸发 1 kg 水分所消耗的干空气量。

9.3.2　干燥器热能消耗分析

(1)热量衡算　通过对干燥器的热衡算，可确定干燥过程的热能消耗量及热能在各种消耗项目中的分配情况，如图 9.9 所示的连续过程，温度为 T_0、湿度为 H_0、焓为 I_0 的新鲜空气，流量为 L $\mathrm{kg \cdot s^{-1}}$，经预热后的状态为 T_1、H_1(= H_0)、I_1，进入干燥器与湿物料接触，增湿降温，离开干燥器时的状态为 T_2、H_2、I_2。固体物料进、出口的流量为 G_1、G_2，单位为 $\mathrm{kg \cdot s^{-1}}$；温度为 θ_1、θ_2，含水量为 w'_1、w'_2。预热器加入热量的速率为 q_p，干燥器内补充加入热量为 q_D，热损失速率为 q_L。

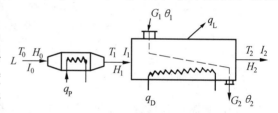

图 9.9　干燥器物料衡算与热量衡算

下面对预热器和干燥器分别予以衡算：

① 预热器的耗热量 q_p

$$q_p = L(I_1 - I_0) = L(1.01 + 1.88H)(T_1 - T_0) \tag{9.28}$$

② 干燥器热量衡算。干燥器的热量收支情况如表 9.1 所示。

表 9.1　干燥器热量收支情况

输　入　热　量	输　出　热　量
1.湿物料带入热量 　干产品带入：$G_2 c_m(\theta_1 - 273.15)$ 　蒸发水分带入：$W c_w(\theta_1 - 273.15)$	1.干产品带出热量 　$G_2 c_m(\theta_2 - 273.15)$
2.空气带入热量 　$L I_1 = L[(1.01 + 1.88H_1)(T_1 - 273.15) + r_0 H_1]$	2.空气带出 　$L I_2 = L[(1.01 + 1.88H_2)(T_2 - 273.15) + r_0 H_2]$
3.干燥器内补充加入热量：q_D	3.干燥器热损失：q_L

表中

$$c_m = (1 - w_2)c_s + w_2 c_w \tag{9.29}$$

式中　c_s——绝干物料比热容($\mathrm{kJ \cdot kg^{-1} \cdot K^{-1}}$)；

　　　c_w——水的比热容($\mathrm{kJ \cdot kg^{-1} \cdot K^{-1}}$)。

列衡算式

$$G_2 c_m(\theta_1 - 273.15) + W c_w(\theta_1 - 273.15) + L I_1 + q_D =$$
$$G_2 c_m(\theta_2 - 273.15) + L I_2 + q_L \tag{9.30a}$$

令
$$q_1 = G_2 c_m(\theta_2 - \theta_1) \tag{9.31}$$

则式(9.30a)可整理为

$$L(I_1 - I_2) = q_1 + q_L - q_D - W c_w(\theta_1 - 273.15) \tag{9.30b}$$

式(9.30b)表示了干燥器中气体进出口的焓差与各项热量收支的关系。

(2)理想干燥过程 在干燥器操作中,若:① 设备无损失,$q_L = 0$;② 不加入补充热量,$q_D = 0$;③ 物料足够润湿,温度保持为空气的湿球温度 T_w,即 $\theta_2 = \theta_1 = T_w$,则 $q_1 = 0$。于是,由式(9.30b)可得

$$L(I_2 - I_1) = W c_w(\theta_1 - 273.15) \tag{9.32}$$

由于显热 $W c_w(\theta_1 - 273.15)$ 与空气的焓值相比要小得多,常可以忽略,于是 $I_2 \approx I_1$。这表明,空气在干燥中经历的过程为等焓过程,亦即近似为一绝热饱和过程。这一干燥过程,常称为理想干燥过程。

对于理想干燥过程,由于空气的状态沿绝热冷却线变化,故可利用图解法在湿度图中迅速求得空气在干燥器出口处的状态参数(参看下例)。若已知 T_2,亦可利用 $I_2 \approx I_1$ 的表达式求 H_2。

例 9.4 用气流干燥器干燥聚氯乙烯树脂,要求含水量从 $w_1 = 0.05$ 下降至 $w_2 = 0.002\,5$,树脂产量 $G_2 = 0.278\ \mathrm{kg \cdot s^{-1}}$,空气入口温度 $T_0 = 293.15\ \mathrm{K}$,相对湿度 $\varphi_0 = 0.8$,经预热器升温到 $T_1 = 383.15\ \mathrm{K}$,干燥器出口温度 $353.15\ \mathrm{K}$,假定可按理想干燥过程计算,求:(1)空气用量;(2)热消耗量。

解 在 $T-H$ 图上(参见图9.10),空气入口状态可用 $T_0 = 293.15\ \mathrm{K}$ 及 $\varphi_0 = 0.8$ 的交点 $A(T_0, \varphi_0)$ 表示,预热过程中湿度不变,可用水平线 AB 表示。代表预热后空气状况的点 $B(T_1, H_1)$,由 $H_1 = H_0$ 的等湿线和 $T_1 = 383.15\ \mathrm{K}$ 的等温线的交点决定。因为是理想干燥过程,空气沿经过 B 点的绝热饱和线变化(图中的 BC 线),过程的终点由此线与等温线 $T_2 = 383.15\ \mathrm{K}$ 的交点 C 决定。

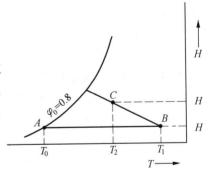

图 9.10

由附图可查到各点的湿度:

$$H_0 = H_1 = 0.012 \quad (\text{点 } A\text{、}B)$$
$$H_2 = 0.025 \quad (\text{点 } C)$$

由式(9.8)计算各点的焓值

$$I_0 = (1.01 + 1.88 H_0)(T_0 - 273.15) + 2\,490 H_0 =$$
$$(1.01 + 1.88 \times 0.012) \times 20 + 2\,490 \times 0.012 = 50.5\ \mathrm{kJ \cdot kg^{-1}}$$
$$I_1 = (1.01 + 1.88 \times 0.012) \times 110 + 2\,490 \times 0.012 = 143.5\ \mathrm{kJ \cdot kg^{-1}}$$
$$I_2 = (1.01 + 1.88 \times 0.025) \times 80 + 2\,490 \times 0.025 = 146.8\ \mathrm{kJ \cdot kg^{-1}}$$

(1)空气用量 L 由式(9.23)求蒸发水量 W

$$W = G_2 \frac{w_1 - w_2}{1 - w_1} = 0.278 \times \frac{0.05 - 0.002\,5}{1 - 0.05} = 0.014\ \mathrm{kg \cdot s^{-1}}$$

由式(9.26)得干空气用量 L

$$L = \frac{W}{H_2 - H_1} = \frac{0.014}{0.025 - 0.012} = 1.068 \ \text{kg} \cdot \text{s}^{-1}$$

实际空气用量 L' (即湿空气用量)

$$L' = L(1.01 + H_0) = 1.068 \times (1 + 0.012) = 1.081 \ \text{kg} \cdot \text{s}^{-1}$$

(2)热量消耗 q_p 由式(9.28)求得预热器耗热量

$$q_p = L(I_1 - I_0) = 1.068 \times (143.5 - 50.5) = 99.3 \ \text{kJ} \cdot \text{s}^{-1}$$

(3)非理想干燥过程 当干燥器有显著的热损失或有补充加热时,干燥过程是非理想的。在这种情况下,空气状态不是沿绝热饱和线变化的,其出口状态参数、空气用量及热耗量可由物料衡算和热量衡算关系式求得。

空气在干燥器出口处的焓,可写作

$$LI_2 = L[(1.01 + 1.88H_1)(T_2 - 273.15) + r_0 H_1] + W i_2 \tag{9.33}$$

并令

$$q_2 = W[i_2 - c_w(\theta_1 - 273.15)] \tag{9.34}$$

q_2 表示将温度为 θ_1 的水分蒸发,并升温到 T_2 所需的热量。i_2 为 T_2 时水蒸气的焓 $\text{kJ} \cdot \text{kg}^{-1}$。于是结合式(9.26)、(9.30b)、(9.33)及(9.34)可得

$$\frac{H_2 - H_1}{T_1 - T_2} = \frac{W(1.01 + 1.88H_1)}{q_1 + q_2 + q_L - q_D} \tag{9.35a}$$

或

$$\frac{H_2 - H_1}{T_1 - T_2} = \frac{W(1.01 + 1.88H_1)}{G_2 c_m(\theta_2 - \theta_1) + W[i_2 - c_w(\theta_1 - 273.15)] + q_L - q_D} \tag{9.35b}$$

上式中:$H_1 = H_0$ 决定于大气状态,T_1 由经验选定;W 为干燥任务,式(9.23)求得;G_2、c_m、c_w、θ_1 决定于原始物料与产品,皆为已知数;q_2 与 T_2 有关,由经验确定,参见式(9.61)及式(9.62)。热损失 q_L 可取经验值或按传热公式估算。所剩三个未知量 T_2、H_2 及 q_D,须先选定两个而后求得第三个。例如选定 T_2、H_2,可求得干燥所需补气热量 q_D。除厢式干燥器外,大多数干燥器不加补充热量 $q_D = 0$。这时,一般是依据工艺条件确定,然后由上式求得 H_2。当 H_2 确定后,可由式(9.26)、(9.28)求得空气用量 L 及预热器加热量 q_p。

例9.5 用连续式干燥器干燥含水质量分数 1.5% 的物料 9 200 $\text{kg} \cdot \text{h}^{-1}$,物料进口温度 298.15 K,产品出口温度 307.55 K,含水质量分数为 0.2%(均为湿基),其比热容为 1.84 $\text{kJ} \cdot \text{kg}^{-1} \cdot \text{K}^{-1}$,空气的干球温度 298.15 K,湿球温度为 296.15 K,在预热器加热到 368.15 K 后进入干燥器,空气离开干燥器的温度为 338.15 K,干燥器的热损失为 71 900 $\text{kJ} \cdot \text{h}^{-1}$。试求:(1)产品量;(2)空气用量;(3)预热器所需热量。

解 (1)产品量 由式(9.23)得

$$W = G_1 \frac{w_1 - w_2}{1 - w_1} = 9\ 200 \times \frac{0.015 - 0.002}{1 - 0.002} = 120 \ \text{kg} \cdot \text{h}^{-1}$$

$$G_2 = G_1 - W = 9\ 200 - 120 = 9\ 080 \ \text{kg} \cdot \text{h}^{-1}$$

(2)空气用量 由式(9.26)得

$$L = \frac{W}{H_2 - H_1}$$

求得 L,但需由下式先求出 H_2

$$\frac{H_2 - H_1}{T_1 - T_2} = \frac{W(1.01 + 1.88H_1)}{q_1 + q_2 + q_L - q_D}$$

产品升温热量

$$q_1 = G_2 c_m (\theta_2 - \theta_1) = 9\,080 \times 1.84 \times (307.55 - 298.15) = 1.57 \times 10^5 \text{ kJ} \cdot \text{h}^{-1}$$

查得 $T_2 = 338.15$ K 时水蒸气焓 $i_2 = 2\,615.6$ kJ$\cdot$kg^{-1};入口温度 $\theta_1 = 298.15$ K 时,水的比热容 $c_w = 4.18$ kJ$\cdot$kg$^{-1}\cdot$K^{-1},于是得汽化水分的热量为

$$q_2 = W(i_2 - c_w(\theta_1 - 273.15)) = 120 \times (261\,5.6 - 4.18 \times 25) = 3.01 \times 10^5 \text{ kJ} \cdot \text{h}^{-1}$$

已知:$q_L = 71\,900$ kJ$\cdot$h^{-1},$q_D = 0$;由 $T_0 = 298.15$ K,$T_w = 296.15$ K,查湿度图求得 $H_0 = H_1 = 0.017$,将以上数据代入式(9.35a)得

$$\frac{H_2 - 0.017}{368.15 - 338.15} = \frac{120 \times (1.01 + 1.88 \times 0.017)}{1.57 \times 10^5 + 3.01 \times 10^5 + 7.19 \times 10^4}$$

解之得
$$H_2 = 0.024$$

所以,空气用量
$$L = \frac{120}{0.024 - 0.027} = 17\,140 \text{ kg} \cdot \text{h}^{-1}$$

(3)预热器需要加入热量

$$q_p = L(I_1 - I_0) = L(1 + 1.88 H_0)(T_1 - T_0) = 17\,140 \times (1.01 + 1.88 \times$$
$$0.017)(368.15 - 298.15) = 1.232 \times 10^6 \text{ kJ} \cdot \text{h}^{-1} = 342 \text{ kJ} \cdot \text{s}^{-1}$$

9.4 干燥速率和干燥时间

如前述各章的传递过程一样,干燥设备的尺寸也必须由平衡和速率两方面的关系确定。在本节中,首先讨论湿空气和湿料的平衡关系,进而研究湿物料与干燥介质之间传热和传质的速率。据此,以确定干燥所需的时间及干燥设备的尺寸。

9.4.1 干燥推动力

当湿物料与一定温度、一定湿度的空气接触时,气、固相间将发生水分的传递。传递方向将视湿物料含水量大小而定,含水量高时湿物料将被干燥;含水量低时则将吸收水分。若气、固相间有足够长时间的接触,使水分的传递达到平衡,则固体物料的含水量最终保持某一定值。这个含水量称为该物料在这一空气状态下的平衡含水量。此时,湿物料表面的蒸气压称为该含水量下的平衡蒸气压。

(1)平衡曲线 湿物料平衡含水量的大小与两种因素有关。一种是物料本身的性质,即物料结构和水分在物料中的结合情况;另一种是空气的状态,亦即干燥介质的湿度、温度等条件。湿物料的平衡含水量通常都针对某种湿物料,通过实验来测定。

① $p_t - w'^*$(或 $p_t^* - w'$)线。图 9.11 所示的曲线,表示一定温度下水分在气、固相间达平衡时,湿空气中的水气分压与湿物料的平衡含水量 w'^* 之间的关系,亦即湿物料的含水量 w' 与平衡蒸气压 p_t^* 之间的关系,称为平衡曲线。它表明:对绝干物料,其平衡蒸气压为零,亦即与绝干物料相平衡的空气为干空气;湿物料含水量增加,与之相平衡的湿空气的水气分压也增加,如曲线 OS 所示。当湿物料含水量达到或超过某一定值(图中 $w'(S)$)后,湿润的物料将像纯水一

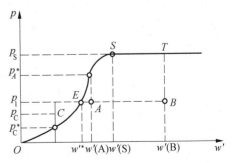

图 9.11 平衡含水量曲线

样,其平衡蒸气压为该温度下水的饱和蒸气压 p_s,与其相平衡的湿空气为该温度下的饱和湿空气。因而,曲线在点 S 以后为一水平线 ST。

② $\varphi - w'$ 线。同一种类物料的 $p_t - w'^*$ 平衡曲线和温度有关。然而,如果用相对湿度 $\varphi = p_t/p_s$ 对 w' 作图,则同种物料在不同温度下的平衡曲线变化不大,因而在工程计算中缺少数据时,常可忽略温度的影响,采用 $\varphi - w'$ 曲线。

（2）物料中所含水分的性质

① 自由水分与平衡水分。如图 9.11 所示,当含水量为 $w'(B)$ 的湿物料与一定温度、水气分压为 p_1 的湿空气接触时,由于 $w'(B)$ 大于与相平衡的平衡含水量 w'^*,故该湿物料将被干燥,所能干燥的极限含水量为 w'^*,湿物料中大于平衡含水量、有可能被该湿空气干燥的这部分水分就称为自由水分;而等于或小于平衡含水量,无法用相应空气干燥的那部分水分则为平衡水分。平衡含水量是区分自由水分和平衡水分的依据,也是计算干燥时间的重要参数,常通过实验求得。

② 结合水分与非结合水分。固体中存留的水分依据固、液间相互作用的强弱,又可简单地分为结合水和非结合水。结合水包括湿物料中存于细胞壁内的和毛细管内的水分,固、液间结合力较强;非结合水分包括湿物料表面上的附着水分和大孔隙中的水分,结合力较弱。因而,结合水所产生的蒸气压小于同温度下纯水的蒸气压,而非结合水则可产生同温度下与纯水相同的蒸气压。如图 9.11 所示,凡湿物料的含水量小于 $w'(S)$ 的那部水分为结合水,因为 $w' < w'(S)$ 时,其蒸气压都小于同温度下纯水的饱和蒸气压。含水量超过 $w'(S)$ 的那部分水分为非结合水,因为 $w' > w'(S)$ 时,湿物料中的水分产生饱和蒸气压。

综上所述,平衡水分与自由水分,结合水分与非结合水分是两种概念不同的区分方法,非结合水分是在干燥中容易除去的水分,而结合水较难除去。是结合水还是非结合水决定于固体物料的性质,与空气状态无关。自由水分是在干燥中可以除去的水分,而平衡水分是不能除去的,自由水分和平衡水分除与物性有关,还决定于空气的状态。

也可依据某一 φ 值下的平衡含水量 w'^*,在 $\varphi - w'$ 图中,将湿物料的水分表示为自由水分和平衡水分。

依据曲线 $\varphi = 100\%$ 的交点处的 $w'(S)$ 值,还可将湿物料的水分表示为结合水和非结合水。以某种腈纶纤维为例,其 $\varphi - w'$ 平衡曲线如图 9.12 所示,曲线在 $\varphi = 100\%$ 时的平衡含水量为 $w' = 0.057$。对于含水量为 $w' = 0.08$ 的样品来说,除含有 0.057 的结合水以外,还含有非结合水 0.023。如将此样品置于 $\varphi = 40\%$ 的空气干燥,则其平衡水分为 0.009,自由水分为 0.071。

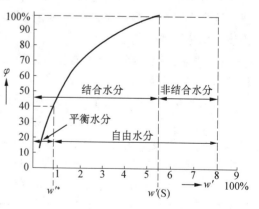

图 9.12　水分种类

（3）干燥推动力　只有当湿物料的平衡蒸气压 p^* 大于空气的水蒸气分压 p_v 时,才会发生湿物料的干燥过程。此时,气、固两相之间的传质推动力可由水气的分压差 $p^* - p_v$ 表示。如图 9.11 所示,设在一定的温度下用水气分压为 p_{v1} 的湿空气干燥含水量分别为 w_A 和 w_B 的湿物料,则其干燥推动力分别为 $p_A^* - p_{v1}$ 和 $p_B^* - p_{v1}$,式中 p_A^* 和 p_B^* 表示湿物料的含水量为 $w'(A)$、$w'(B)$ 时的平衡蒸气压（由于 $w'(B) > w'(S)$,$p_B^* > p_s$）。反之,当空气中水蒸气分压高于平衡值时,湿物料将发生"反潮"（吸湿）现象。如点

C 的情况即是如此，$p_{v1} - p_C^*$ 为吸湿推动力。

干燥推动力更为常用的是湿度差，以 $H^* - H$ 来表示，其中 H 为空气的湿度，H^* 为与湿物料含水量 w' 相应的平衡湿度，其值可利用式(9.2)由平衡分压 p^* 换算求得。特别是当物料足够润湿时，由于 p^* 等于湿物料温度下亦即湿空气的湿球温度 T_w 下水的饱和蒸气压 p_s，此时的 H^* 等于 T_w 下湿空气的饱和湿度 H_w，故推动力又常以 $H_w - H$ 表示之(见式(9.12))。

前已述及，干燥过程实质上是传热、传质同时存在的过程，除上述以分压差和湿度差表示推动力外，有时也以气、固间的温差 ΔT 来表示干燥推动力。

9.4.2 干燥速率

干燥生产过程的设计，通常需计算所需干燥器的尺寸及完成一定的干燥任务所需的干燥时间，这都决定于干燥速率。湿分由湿物料内部向干燥介质传递的过程是一个复杂的物理过程，它的快慢，亦即干燥速率，不仅决定于湿物料的性质：包括物料结构、与水分结合形式、块度、料层的薄厚等；而且也决定于干燥介质的条件：包括温度、湿度、速度及流动的状态。目前对干燥速率的机理了解得还很不充分，因而在大多数情况下，必须用实验的方法测定干燥速率。

(1)恒定干燥　目前，干燥速率的测定实验大多在恒定干燥条件下进行。所谓恒定干燥条件是指干燥过程中空气湿度、温度、速度以及与湿物料的接触状况都不变。因为在这种条件下进行干燥，才能直接地分析物料本身的干燥特性。这种条件可在实验室中以大量空气和少量湿物料接触的情况下完成。当然，在干燥过程中湿物料的含水量和其他参数是在变化之中。

(2)稳态与非稳态干燥　干燥生产可以是连续生产，也可以是间歇操作。连续操作为稳态干燥过程，湿物料的加入和干产品的排出是连续进行的，设备中各点的操作参数不随时间改变。间歇操作是非稳态的，湿物料一次成批加入，干燥完后一次排出，即使在恒定干燥条件下，干燥介质的性质参数维持不变，但湿物料的温度、湿含量、质量等参数是随时间改变的。在以下干燥速度的讨论中，以间歇操作为主，并在此基础上，进而解决连续操作的速率问题。

(3)干燥速率曲线　① 在恒定干燥条件下进行干燥试验，一般都是间歇操作。实验所得数据，以时间 τ 对干基含水量 w' 作图，可得如图 9.13 所示的干燥曲线。由此图通过计算得图 9.14 所示的干燥速率曲线，图中横坐标为干基含水量，纵坐标为干燥速率 R。

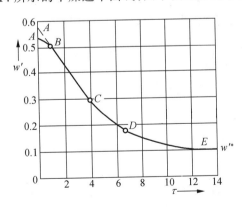

图 9.13　干燥曲线

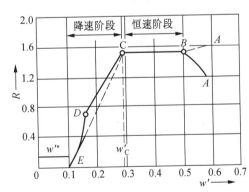

图 9.14　典型的干燥速率曲线

$$R = -\frac{G_C \mathrm{d}w}{A \mathrm{d}T} \tag{9.36}$$

式中　R——干燥速率（kg·m^{-2}·s^{-1}）;

　　　G_C——绝干物料质量（kg）;

　　　A——干燥面积（m²）。

在图 9.13、9.14 中，点 A 代表时间为零时的情况，AB 为湿物料不稳定的加热过程，一般该过程的时间很短，在分析干燥过程中常可忽略。从点 B 开始湿物料温度稳定到某一定值，即为空气的湿球温度，BC 段内干燥速率保持恒定，称为恒速干燥阶段。点 C 以后，随着物料含水量的减少，干燥速率下降，CDE 段称为降速干燥阶段，点 C 称为临界点。该点对应的含水量称为临界含水量，以 w'_C 表示。点 E 的干燥速率为零，w'^* 即为干燥条件下的平衡含水量。

① 恒速干燥阶段。在这一阶段，物料整个表面都有非结合水形成的水膜，因物料内部水分含量充足，水分由内部向表面转移的速率高，足以保持表面上的润湿，干燥过程类似于纯液态表面汽化。这一阶段的干燥速度主要决定于干燥介质的性质和流动情况，与物料性质和水分在物料内部存在形式及运动情况无关，由水分在固体表面的汽化速率所控制。在这一阶段，干燥过程与湿球温度计的机理是相同的，因而物料表面温度保持为空气的湿球温度 T_w，物料表面气膜的空气湿度为 T_w 下的饱和湿度 H_w。

② 临界含水量。由恒速转为降速时，湿物料的含水量为临界含水量。由临界点开始，水分由内部向表面迁移的速率开始小于表面蒸发速率，湿物料表面上的水不足以保持表面的润湿，表面上开始出现干点。如果湿物料最初的含水量低于临界含水量，则干燥过程不存在恒速阶段。

临界含水量与湿物料的性质及干燥条件有关，不同的湿物料，由于其结构和块度不同而具有不同的临界含水量。表 9.2 给出了不同物料临界含水量的范围。同时，由于干燥介质的相对湿度、温度及流速的不同，也极大地影响了临界含水量。一般，当物料的块度增大、干燥速率增大时，临界含水量将会增大。在干燥设备的计算中，其值由实验确定，当缺少数据时，也可参考表 9.2 和表 9.3 中的数据。

③ 降速干燥阶段。物料含水量降至临界含水量之后，便转入降速干燥阶段。这时，水分由物料内部向表面迁移的速率低于物料表面的汽化速率，润湿表面开始出现白点，并逐渐变干，随着温度逐渐上升，物料含水量的逐渐减少，水分在内部的迁移速率逐渐下降，干燥速率越来越低。这时，干燥速率主要取决于水分在物料内部的迁移速率。不同类型物料结构不同，水分在内部迁移的机理也不同，降速阶段速率曲线形状也不同。某些湿物料干燥时，干燥曲线的降速段中有一转折点 D，把降速段分为第一降速阶段和第二降速阶段。点 D 称为第二临界点，如图 9.15 所示。但另一些湿物料在干燥时则不出现转折点，整个降速段形成了一个平滑曲线，如图 9.16 所示。

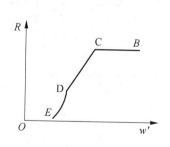　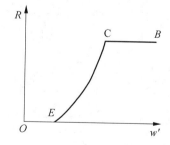

图 9.15　多孔性陶制平板干　　　图 9.16　非多孔性粘土板的
　　　　　燥速率曲线　　　　　　　　　干燥速率曲线

9.4.3　湿分在湿物料中的传递机理

（1）湿物料分类　依据湿物料在干燥时所显示的不同的特性，可将湿物料分为两种类型：

① 多孔性物料,如催化剂颗粒,沙子等;② 非多孔性物料,如肥皂、浆糊、骨胶等。在多孔性物料中,水分存在于物料内部大小不同的细孔和通道中,湿分移动主要靠毛细管作用力。这类物料的临界含水量较低,降速段一般分为两个阶段。非多孔性物料中的结合水与固相形成了单相溶液,湿分靠物料内部存在的湿分差以扩散的方式进行迁移。这种物料的干燥曲线的特点是:恒速阶段短、临界含水量较高,降速段为一平滑曲线。大多数固体的干燥是介于多孔性和非孔性物料之间的,如木材、纸张、织物等,在降速阶段的前期,水分的移动靠毛细管作用力,而后期,水分移动是以扩散方式进行的,故降速段的干燥曲线也分为两段。

(2)液相扩散理论 液体扩散理论认为在降速干燥阶段中,湿物料内部的水分分布不均,形成了浓度梯度,使水分由含水量较高的物料内部向含水量较低的表面扩散,然后水分在表面蒸发,再进入干燥介质。扩散过程是很慢的,相比之下,表面蒸发速率要快得多,在物料表面上气膜的扩散阻力可忽略不计,所以表面的含水量趋近于空气的平衡湿度,干燥速率完全决定于物料内部的扩散速率。此时,除了空气的湿度影响表面上的平衡值外,干燥介质的条件对干燥速率已无影响。非多孔性湿物料的降速干燥过程较符合扩散理论,如粘土的干燥,图 9.16 所示为粘土平板的干燥速度曲线。

(3)毛细管理论 毛细管理论认为水分在多孔性物料中的移动主要依靠毛细管力。多孔性物料具有复杂的网状结构和孔道,这是由被固体包围的空穴相互沟通而形成的。孔道截面变化很大,物料表面有大小不同的孔道开口,当湿料表面水分被蒸发后,在每个开口处形成了液面。由于表面张力,在较细的孔道中产生了毛细管力,与湿物料表面垂直的分力就成为水分由内部向表面移动的推动力。毛细管力的大小决定于液面的曲率,曲率是管内径的函数。管径越小,毛细管力越大,于是可通过小孔抽吸出大空穴中的水分,空气则进入排液后的空穴。只要由物料内部向表面补充足够的水分以保持表面润湿,干燥速率是恒定的。到达临界点时,大空穴中的水已被逐渐耗干,表层液体水开始退入固体内,湿物料表面上的凸出点暴露了,虽然表面上润湿处的蒸发强度仍保持不变,但有效传质面积减少了,于是基于总表面积的干燥速率下降。随着干表面分率的增加,干燥速率继续下降,这就是多孔性物料的第一降速阶段:在第一降速阶段中,水分蒸发的机理与恒速段是相同的,蒸发区仍处在湿物料表面上,或者在表面临近处,水在孔隙中是连续相,进入的空气在物料中为分散相,影响蒸发的因素与恒速阶段基本相同,只是有效面积随含水量比例而下降,因而在第一降速干燥阶段中,干燥曲线一般为一直线(参见图 9.15 中的 CD 段)。

当水分进一步被蒸干,空穴被空气占据的分率增加,使得气相变为连续相。水分只存在于孤立的小缝隙内形成分散相,于是达到了第二临界点,干燥速率突然下降,曲线形成了第二转折点。此时,蒸发区在物料内部,水蒸气向外传递和热量向内传递,都需通过固体层,以扩散和传导的方式进行,物料表面温度上升到干燥介质的干球温度,形成了向内传导的温度梯度。这一阶段的干燥过程又符合扩散模型,使第二降速阶段的干燥曲线形成了上凹的曲线。

9.4.4 干燥时间

(1)恒定条件下的干燥时间

① 恒速干燥阶段对式(9.36)积分

$$\tau_1 = \int_0^{\tau_1} \mathrm{d}\tau = -\frac{G_\mathrm{C}}{A}\int_{w'_1}^{w'_\mathrm{C}} \frac{\mathrm{d}w'}{R} = \frac{G_\mathrm{C}}{AR}(w'_1 - w'_\mathrm{C}) \qquad (9.37)$$

式中 τ_1——恒速阶段所需的干燥时间(s);

w'_1——干燥开始的干基含水量。

在恒速干燥阶段中,固体物料的表面非常润湿,物料表面的状况与湿球温度计湿纱布表面的状况相似,因此当物料在恒定的干燥条件下进行干燥时,物料表面的温度 θ 等于该空气的湿球温度 T_w(假设湿物料受辐射传热的影响可忽略不计),而当 T_w 为定值时,物料表面湿空气的湿度也为定值。由于物料表面和空气间的传热、传质过程与湿球温度计的湿纱布和空气间的热、质的传递过程基本相同,于是当以温度差为推动力时干燥速率可表示为

$$R = k_H(H_w - H) \tag{9.38}$$

式中　k_H——传质系数($kg \cdot m^{-2} \cdot s^{-1}$)。

当以温度差为推动力时,则为

$$R = \frac{\alpha}{r_w}(T - T_w) \tag{9.39}$$

式中　α——传热膜系数($kJ \cdot m^{-2} \cdot s^{-1} \cdot K^{-1}$);

r_w——水分在温度 T_w 下的汽化潜热($kJ \cdot kg^{-1}$)。

传质系数 k_H 和传热膜系数 α 可由试验求得,下述经验式可作为参考。

在常用的温度和流速条件下,对于静止的物料层,当空气平行流过物料表面时,传热膜系数可按下式计算

$$\alpha = 0.024(u\rho)^{0.8} \tag{9.40a}$$

α 的单位为 $J \cdot m^{-2} \cdot s^{-1} \cdot K^{-1}$,上式适用的范围是:空气的质量流速 $u\rho$ 在 $0.68 \sim 8.14$ $kg \cdot m^{-2} \cdot s^{-1}$ 之间,温度在 $318 \sim 423$ K 之间。

当空气垂直流过固体表面时,可采用下式

$$\alpha = 1.17(u\rho)^{0.37} \tag{9.40b}$$

上式适用于 $u\rho$ 为 $1.08 \sim 5.42$ $kg \cdot m^{-2} \cdot s^{-1}$。

将式(9.38)或式(9.39)代入式(9.37),可得

$$\tau_1 = \frac{G_C(w'_1 - w'_C)}{A k_H(H_w - H)} \tag{9.41a}$$

或

$$\tau_1 = \frac{G_C(w'_1 - w'_C) r_w}{A\alpha(T - T_w)} \tag{9.41b}$$

② 降速阶段干燥时间。

ⅰ 积分法。利用式(9.36)在临界含水量 w'_C 与干产品含水量 w'_2 之间积分,可得降速段的干燥时间 τ_2

$$\tau_2 = \frac{G_C}{A} \int_{w'_2}^{w'_C} \frac{dw}{R} \tag{9.42}$$

此时,积分式中的 R 为变量,若干燥曲线已知,可用图解积分法求解:将 $1/R$ 对应的 w' 值进行标绘,求得 $w'_2 \sim w'_C$ 之间的面积,再由式(9.42)求得时间 τ_2。

ⅱ 近似法。当降速段的速率曲线近似地以临界 C 点与平衡含水量 E 点的连线替代降速段曲线时,则 R 与 $w' - w'^*$ 成正比,计算可简化为

$$R = -\frac{G_C dw}{A d\tau} = K_x(w - w^*) \tag{9.43}$$

式中　K_x——近似直线的斜率,于是

$$K_x = \frac{R}{w' - w'^*} = \frac{R_C}{w'_C - w'^*} \tag{9.44}$$

式中　R_C——临界点速率,亦即恒速阶段的速率,将 K_x 代入式(9.43)中,得

$$- \frac{G_C \mathrm{d}w'}{A \mathrm{d}\tau} = R_C \frac{w' - w'^{\ *}}{w'_C - w'^{\ *}} \tag{9.45}$$

积分并整理,降速干燥时间为

$$\tau_2 = \frac{G_C(w'_C - w'^{\ *})}{R_C A} \ln \frac{w'_C - w'^{\ *}}{w'_2 - w'^{\ *}} \tag{9.46}$$

对多孔性物料,符合毛细管理论的干燥过程适宜采用此法。

ⅲ 扩散理论法。对非多孔性湿物料的降速干燥时间,可按扩散理论求解。干燥时,水分在湿物料中的扩散为一非稳态过程,对于厚度为 l 的平板,当侧面和底面绝热,干燥只在表面上进行时,可得如下积分解

$$\frac{w'_\tau - w'^{\ *}}{w'_C - w'^{\ *}} = \frac{8}{\pi^2}\left[\mathrm{e}^{-D_L\tau\left(\frac{\pi}{2l}\right)^2} + \frac{1}{9}\mathrm{e}^{-9D_L\tau\left(\frac{\pi}{2l}\right)^2} + \frac{1}{25}\mathrm{e}^{-25D_L\tau\left(\frac{\pi}{2l}\right)^2} + \cdots\right] \tag{9.47}$$

式中　D_L——液体扩散系数($\mathrm{m}^2 \cdot \mathrm{s}^{-1}$);

　　τ——干燥时间(s);

　　w'_τ——干燥 τ 时间后的平均含水量;

　　w'_C——临界含水量(或第二降速段开始时的含水量);

　　$w'^{\ *}$——平衡含水量;

　　l——单面干燥时湿物料的厚度,如平板两面同时干燥,l 应为板厚的 1/2(即单向扩散距离)。

在干燥时间较长的情况下,式(9.47)中第一项后即可忽略,于是得

$$\frac{w'_\tau - w'^{\ *}}{w'_C - w'^{\ *}} = \frac{8}{\pi^2}\mathrm{e}^{D_L\tau\left(\frac{\pi}{2l}\right)^2} \tag{9.48}$$

由此式可解出最终含水量为 w'_2 所需的降速干燥时间为

$$\tau_2 = \frac{4l^2}{\pi^2 D_L} \ln \frac{8(w'_C - w'^{\ *})}{\pi^2(w'_2 - w'^{\ *})} \tag{9.49}$$

以上积分中假定 D_L 为常数,但 D_L 是随含水量和温度而变化的,含水量越大,温度越高,D_L 越大,计算时应采用实验所得的平均值。

③ 总干燥时间。总干燥时间 $\tau = \tau_1 + \tau_2$。

(2)干燥条件变动情况下的干燥时间　在实际操作中,干燥条件并不是恒定的。随着干燥过程的进行,气体温度逐渐降低,湿度增加。但在大型的连续生产的干燥作业中,就设备中的某一截面而论,干燥情况是恒定的,而沿流动方向的各垂直截面之间则互不相同,于是对整个干燥过程,可先列微分方程求解。用图 9.17 表示连续逆流干燥器中物料与空气的温度沿流程分布情况。干燥器中可划分为三个区:Ⅰ区为预热区,在该区中物料被加热至湿球温度,但实际蒸发水分量很少,在温度不是很高的干燥器中,可忽略不计。Ⅱ区为干燥的第一阶段,气体温度由 T_C 降至 T'_2,若干燥器是绝热的,则空气在Ⅱ区内经历绝热饱和过程,湿物料则保持

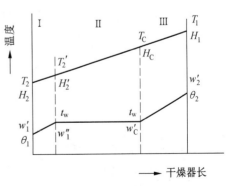

图 9.17　连续逆流干燥器温度分布曲线

空气的湿球温度 T_w 不变,物料在恒温下进行表面蒸发,气体的质量流速不变,因而传质系数和传热系数皆为常数。但因空气状态的变化,推动力 $H_w - H$ 和 $T - T_w$ 是变量,干燥速率是逐渐改变的。Ⅲ区为干燥的第二阶段,相当于恒定干燥条件下的降速阶段,进行不饱和表面干燥和结合水的汽化。在此段中,气体的温度由 T_1 降至 T_C,湿度由 H_1 升至 H_C,各段的干燥时间可分别计算如下:

① 第一阶段。在这一阶段中,任一截面都可写出传递速率关系

$$R = k_H(H_w - H) = \frac{\alpha}{r_w}(T - T_w)$$

设干燥器内的任一微元距离内,空气与湿物料逆流接触的时间为 $d\tau$,相应湿度和水分含量的变化为 dH 和 dw,则

$$G_C dw = L dH \tag{9.51}$$

将上两式代入干燥速率定义式(9.36),并以湿度差表示水分传递的推动力时,可得

$$d\tau = -\frac{L dH}{A k_H(H_w - H)} \tag{9.52}$$

若干燥第一阶段为绝热冷却过程,则 k_H 和 H_w 均为常数,则式(9.52)积分得

$$\tau_1 = \frac{L}{A k_H} \ln \frac{H_w - H_C}{H_w - H_2} \tag{9.53}$$

式中,H_C 可由物料衡算求得

$$H_C = H_1 + \frac{G_C}{L}(w_C - w_2) \tag{9.54}$$

② 第二阶段。在此阶段内物料的含水量皆在临界水量以下,设干燥速率与自由水分的关系仍可用式(9.43)表示,则

$$R = \frac{-G_0 dw'}{A u_\tau} R = R_C \frac{(w' - w'^*)}{(w'_C - w'^*)} = k_H(H_w - H)\frac{w' - w'^*}{w'_C - w'^*} \tag{9.55}$$

将上式代入式(9.36),积分可得

$$\tau_2 = \int_0^{\tau_2} d\tau = \frac{G_C(w'_C - w'^*)}{A k_H}\int_{w'_2}^{w'_C} \frac{dw'}{(H_w - H)(w' - w'^*)} \tag{9.56}$$

由式(9.51)可得

$$dw' = \frac{L}{G_C} dH \tag{9.57}$$

在干燥器中,第二阶段的任一截面和物料出口之间作水分衡算,可得

$$w' = w'_2 + \frac{L}{G}(H - H_1) \tag{9.58}$$

将式(9.57)、(9.58)代入式(9.56),得

$$\tau_2 = \frac{L(w'_C - w'^*)}{A k_H}\int_{H_1}^{H_C} \frac{dH}{(H_w - H)\left[\frac{L}{G_C}(H - H_1) + w'_2 - w'^*\right]} \tag{9.59}$$

如空气的状态变化可视为绝热冷却过程,则 H_w 为常数,上式积分整理后,可得

$$\tau_2 = \frac{L(w'_C - w'^*)}{A k_H} \frac{1}{\frac{L}{G_C}(H_w - H_1) + (w'_2 - w'^*)} \ln \frac{(H_w - H_1)(w'_C - w'^*)}{(H_w - H_C)(w'_2 - w'^*)} \tag{9.60}$$

若将式(9.36)的干燥速率以式(9.39) $R = \frac{\alpha}{r_w}(T - T_w)$ 表示,通过类似的推导,可得出以温度差作为推动力计算 τ_1 和 τ_2 的关系式。

总干燥时间 τ 为 τ_1 和 τ_2 之和。

9.5 干燥器

为适应物料的多样性和产品规格的不同要求,就需各种类型的干燥器。要处理的湿物料的形态和性能是多种多样的。例如,从形态上,可能是块、颗粒、粉末、纤维状,也可能是溶液、悬浮液或膏状物料。从物性上,由于物料内部结构以及与水分结合强度的不同,其性能差异也很大(机械强度、粘结性、热敏性以及减湿过程中的变形和收缩性能等)。此外,各种产品对最终含水量、堆积密度等质量的要求也各不相同。为满足生产中多种多样的要求,工业用的干燥器有数百种之多,本节主要介绍化工生产中最常用的几种对流干燥器。

9.5.1 常用干燥器

(1)厢式干燥器 厢式干燥器的结构如图9.18所示,多层长方形浅盘叠置在框架上,湿物料在浅盘中的厚度约 10~30 mm,一般浅盘面积约为0.3~1 m^2,新鲜空气由风机抽入。经加热后沿挡板均匀地进入各层之间,平行流过湿物料表面。气速应使物料不被气流带走。气流常用的范围为 1~10 m·s^{-1}。盘内湿物料的干燥强度决定于物料结构和厚度以及介质条件。染料在空气介质为 50~90℃时,蒸发强度为 $31 \times 0^{-5} \sim 3 \times 10^{-4}$ kg·m^{-2}·s^{-1}。

厢式干燥器的优点是:构造简单、设备投资少、多种湿物料均适用,尤其是小批量的膏状或颗粒状珍贵物料,如染料、药品等的干燥。缺点是:热利用率低、劳动强度大、产品质量不均匀。厢式干燥器为典型的间歇式常压干燥设备。如将浅盘框架置

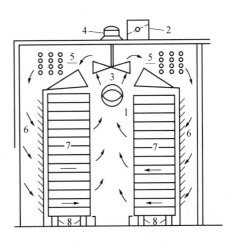

图9.18 厢式干燥器
1—空气入口;2—空气出口;3—风扇;
4—电动机;5—加热器;6—挡板;
7—盘架;8—移动轮

于轨道小车上,便成为洞道式干燥器,可进行连续或半连续操作,如图9.19所示。洞道内容积大,湿物料停留时间长,适用于处理量大、干燥时间长的物料,如木材、肥皂、陶瓷等的干燥。如采用帆布、橡胶或金属丝制成的传送带来运输物料,又称为带式干燥器。

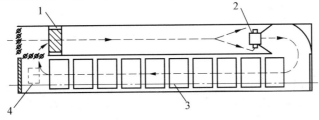

图9.19 洞道式干燥器
1—加热器;2—风扇;3—装料车;4—排气口

厢式干燥器也可在减压下操作,成为厢式真空干燥器。将加热蒸气通入浅盘底夹套层进行间接加热,湿物料蒸发出的水蒸气由真空泵抽出。在高真空下,如果将干燥箱冷却到0℃以下,水在固体冰的形态下升华后除去即为冷冻干燥。真空干燥和冷冻干燥用于处理热敏性和易氧化燃烧的物料,如药品、食品、维生素等。

厢式干燥器中加热器的安排有两种方法,图9.20(a)为单级加热,图9.20(b)为多级加热。空气在干燥器中的变化过程可表示在湿度图中,图9.21折线 ABC 表示单级加热过程,在这种情况下,进入干燥器的气体温度很高,这不仅影响物料的质量,而且要用压力很高的蒸气来预热空气。折线 $AB_1C_1B_2C_2B_3C$ 表示三级加热过程。显然,多级加热的方法干燥速度比较均匀。如果在两种方法下空气的初、终状态相同(A、C 两点重合),则所需空气量相同。

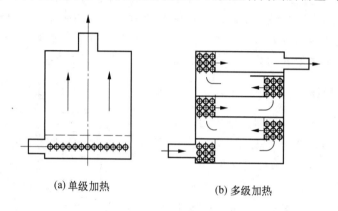

(a)单级加热   (b)多级加热

图9.20 干燥中加热管的安排法

在厢式干燥器中,也常采用废气循环法,将部分废气返回到预热器入口,以调节干燥器入口处空气的湿度,降低温度,增加气流速度。它的优点是:① 可灵活准确地控制干燥剂的温度、湿度;② 干燥推动力比较均匀;③ 增加气流速度,使得传热(传质)系数增大;④ 减少热损失,但干燥速率常有所减小。

采用部分废气循环时,空气状态变化如图9.22所示,点 A 表示新鲜空气,点 C 表示废气,AC 连线上的点 M 表示混合后的气体,点 M 的位置可由物料和热量衡算或由杠杆定理确定,点 M 愈靠近点 C,则表示混合气中的废气量愈大。混合气沿等湿线加热到点 B',即为进入干燥器的空气状态。在相同的初、终状态下,废气循环时的新鲜干空气用量仍不变。

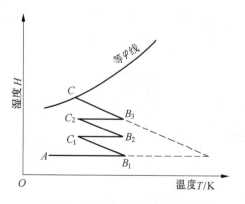

图9.21 具有中间加热的干燥过程

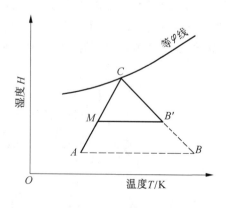

图9.22 具有废气循环的干燥过程

(2)转筒式干燥器　转筒式干燥器的主要部件为一个与水平略呈倾斜的旋转圆筒。图 9.23 所示为一个逆流操作的转筒干燥器。湿物料从转筒较高的一端加入,热空气由较低端进入与物料进行逆流接触。筒内焊有抄板,用来升举和分散物料。图 9.24 所示为几种常用的抄板形式。当转筒旋转时,物料被抄板升举到转筒上方,均匀地向下洒落,与筒内流过的干燥介质接触。圆筒旋转一周,物料被升举洒落一次,靠这种反复升落和自身质量,湿物料沿圆筒长度方向流动,干燥后在圆筒较低一端导出。

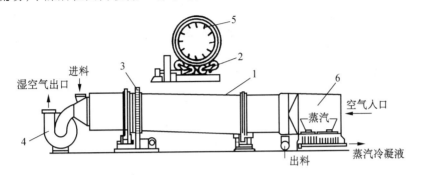

图 9.23　热空气直接加热的逆流操作转筒干燥器
1—圆筒;2—支架;3—驱动齿轮;4—风机;5—抄板;6—蒸气加热

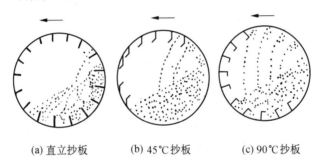

(a) 直立抄板　　　(b) 45℃抄板　　　(c) 90℃抄板

图 9.24　常用的抄板型式

干燥介质可采用热空气、烟道气或其他可利用的热气体。转筒干燥器的加热方式有直接加热和间接加热两种。前者介质与湿物料直接接触。对于耐高温以及对少量污染无甚影响的产品,也可采用烟道气直接加热。采用间接加热时,在靠近转筒内壁装有单排或双排加热蒸汽列管,通过管壁加热湿物料,筒内通过少量空气带出水蒸气,空气在出口处接近于饱和。加热列管也起抄板的作用,升扬物料。间接加热干燥器常用于食盐、食糖食品的干燥,可保持食品的洁净。

干燥介质在转筒内可与湿物料逆流或并流流动。在逆流操作中,产品含水量降到较低值。在物料进口处,湿的固体还可起到降低气体粉尘携带量的作用。但逆流时,产品在卸料处的温度过高,在湿物料的加料处传热推动力太小,使湿物料的预热段增大。在并流操作中,气体在入口处降温快,对热敏性物料的干燥有利,物料升温快,不易粘壁,产品卸料温度较低,易于贮藏和包装。

在直接加热干燥器中,气体的质量流速决定于固体粉尘形成的情况。对于粒径 1 mm 左右的物料,一般取气速 0.3 ~ 1 m·s^{-1}、粒径 5 mm 左右的物料,气速应在 3 m·s^{-1}以下;当用空气作为介质时,入口气温一般在 120 ~ 175℃,利用炉内烟道气时,一般取 540 ~ 800℃。

转筒干燥器是处理物料量较大的一种干燥器,工业上采用的转筒直径约为 1～3 m,长度与直径比通常为 4～10,转筒长度有时可达 30 m。倾斜度与长度有关,可从 0.5°～6°,转速一般为 1～8 $r \cdot min^{-1}$,湿物料在筒内的填充系数可达 0.1～0.2,转筒干燥器的体积蒸发强度约在 0.001 5～0.01 $kg \cdot m^{-3} \cdot s^{-1}$。

转筒干燥器对物料的适应性强、操作稳定可靠、机械化程度较高。但设备笨重、结构复杂、钢材消耗量多、投资大、制造安装和检修麻烦。

(3)气流式干燥器 图 9.25 所示为气流干燥器的简单操作流程。它的主要设备是直立圆筒形的干燥管,热空气(或烟道气)进入干燥管底部,将加料器连续送入的湿物料吹散,并悬浮在其中。介质速度应大于湿物料最大颗粒的沉降速度,于是在干燥器内形成了一个气、固间进行传热、传质的气力输送床。一般物料在干燥管中的停留时间约 0.5～3 s,干燥后的物料随气流进入旋风分离器。产品由下部收集,湿空气经袋式过滤器(或湿法、电除尘等)收回粉尘后排出。

气流干燥器适宜于处理含非结合水及结块不严重又不怕磨损的粒状物料。对粘性和膏状物料,采用干料返混方法和适宜的加料装置(如螺旋式加料器等)也可正常操作。

气流式干燥器的优点是:① 气固间传递表面积大、体积传递系数高、干燥速率大。一般体积蒸发强度可达 0.003～0.06 $kg \cdot m^{-3} \cdot s^{-1}$;② 接触时间短,气、固并流操作,可以采用高温介质,对热敏性物料的干燥尤为适宜;③ 由于干燥伴随着气力输送,减少

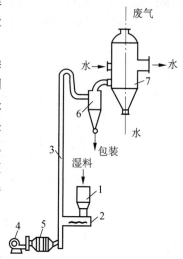

图 9.25 气流干燥器流程
1—加料斗;2—螺旋加料器;
3—干燥管;4—风机;
5—预热器;6—旋风分离器;
7—湿式除尘器

了产品的输送装置;④ 装备相对简单、占地面积小、运动部件少、易于维修、成本费用低。但这种干燥器必须配有高效能的粉尘收集装置,否则尾气携带的粉尘将造成很大的浪费和对环境的污染。尤其对有毒物质,不宜采用这种干燥方法。

为了适应较宽粒度范围湿物料的干燥和增大干燥强度,气流管的结构有多种变形,如图 9.26 为两段式,第一段扩大部分可对颗粒分级,大颗粒物料通过侧线星形加料器再进入第二段,以免将第二段的底部堵塞。图 9.27 为变径管式或称脉冲式,可使物料在气流中不断地改变相对运动速度,以增大传递系数,提高干燥速率。

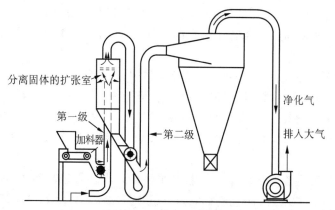

图 9.26 两段式气流干燥器

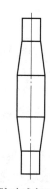

图 9.27 脉冲式气流干燥管一段

（4）流化床干燥器　流化床干燥器是流态化原理在干燥中的应用,干燥时,颗粒在热气流中上下翻动,彼此碰撞和混合,气、固间进行传热、传质,以达到干燥的目的。图 9.28 所示为一简单的流化床干燥器。湿物料由床层的一侧加入,由另一侧导出。热气流由下方通过多孔分布板均匀地吹入床层,进行干燥后,由顶部导出,经旋风器回收其中夹带的粉尘后排出。流化干燥,大多数是连续操作过程。连续操作时,颗粒在床层内的平均停留时间为

$$\tau = \frac{\text{床内固体量}}{\text{加料速率}} \tag{9.61}$$

一般,只蒸发表面水分时,τ 约为 0.5 ~ 2 min,如果水分干燥包括内部扩散时,τ 约为 15 ~ 30 min。由于床层中颗粒的不规则运动,引起返混合"短路"现象。每个颗粒的停留时间是不相同的,这会使产品质量不均匀,为此可采用如图 9.29、9.30 所示的多层流化床干燥器和卧式多室流化床干燥

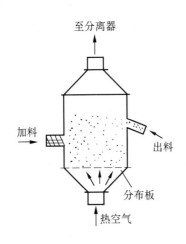

图 9.28　单层圆筒沸腾床干燥器

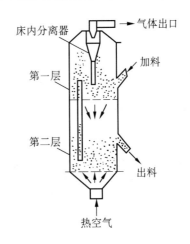

图 9.29　多层流化床干燥器

器。在多层流化床中,湿物料逐层下落自最下层连续排出。在卧式多室流化床中设有若干块纵向挡板,挡板与分布板之间有间距,物料逐室通过,不致完全混合。各室的气体温度和流量也可以分别调节,以利于热量的充分利用,适应湿物料对气温的要求。一般在最后一室吹入冷风,使产品冷却后便于包装和贮藏。

流化床干燥器与其他干燥器相比:单位体积内的传递表面积大,颗粒间充分搅

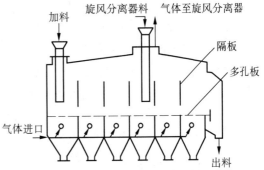

图 9.30　卧式多室流化床干燥器

混几乎消除了表面上静止的气膜,使两相间密切接触,因此传质、传热效率高;由于气体可迅速降温,可采用更高的气体入口温度;物料停留时间短,特别有利于热敏性物料;设备简单,无运动部件,费用低;操作控制容易。

但这种干燥器对要求降速段干燥时间长的物料,虽可采用多级式或多室式,但仍可因"短路"和返混现象的存在,影响产品的质量;对某些泥浆状的湿粉粒物料,尾气带走的粉尘损失大;气体通过分布板及旋风器的压力降操作费用高。

（5）喷雾干燥器　在喷雾干燥器中,将液态物料通过喷雾器分散成细小的液滴,在热气流

中自由沉降并迅速蒸发,最后被干燥为固体颗粒与气流分离。喷雾干燥流程中的主要设备包括:直立圆筒式干燥室、雾化器、介质加热器、输送设备及气、固分离设备。热气流与液滴可以并流、逆流或混合流的方式进行接触。图 9.31 为常用的喷雾干燥流程图。热空气与喷雾液滴都由干燥器顶部加入,气流作螺旋形流动旋转下降,液滴在接触干燥室内壁前已完成干燥过程,大颗粒收集到干燥器底部后排出,细粉随气体进入旋转器分出。废气在排空前经湿法洗涤塔(或其他除尘器),以提高回收率,并防止污染。

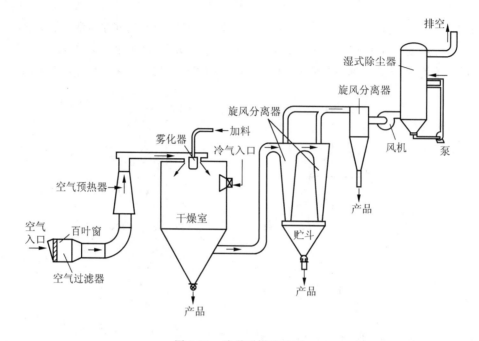

图 9.31　喷雾干燥流程图

喷雾干燥广泛应用于化工、轻工、医药、染料、塑料及食品等工业生产中,特别适用于高级颗粒产品,如奶粉、医药等。它具有下列优点:① 在高温介质中,干燥过程极快,而且颗粒表面温度仍接近于湿球温度,非常适宜于处理热敏性物料;② 处理物料种类广泛,如溶液、悬浮液、浆状物料(粘度达到 10 Pa 的矿物或颜料的浓浆);③ 喷雾干燥可直接获得干燥成品,可省去蒸发、结晶、过滤、粉碎等多种工序;④ 能得到速溶的粉末和空心细颗粒;⑤ 过程易于连续化、自动化。

这种干燥器的缺点是占用空间多,成本及能耗皆很高。

9.5.2　其他干燥方法

(1)红外线干燥器　利用红外线辐射源发出波长为$(0.72 \sim 1\,000) \times 10^{-6}$ m 的红外线投射于被干燥的物体上,物体吸收而转变为热,使湿分汽化。因红外线穿透到物料深层内部比较困难,所以它主要用于薄层物料的干燥,如油漆、油墨等。目前常用的红外线辐射源有两种:一种是红外线灯,钨丝通电后,在 2 200℃下工作,可辐射$(0.6 \sim 3) \times 10^{-6}$ m 的红外线;另外一种辐射源,是利用煤气和空气的混合气体在薄金属板或多孔陶瓷板的板面上进行无焰燃烧,板面温度达到 400～500℃时放射红外线。这种干燥器设备简单、操作方便、干燥速率快、无污染,但能耗大,只限于薄层物料的干燥。

(2)冷冻干燥　某些食品、药物和生物制品不能在中等温度下干燥,就需要采用冷冻干燥,冷冻的湿物料置于真空室中,水分从固态直接升华为水蒸气,用真空泵抽走。它的突出特点是:水分升华时仍保持物料的结构,不会破坏干燥后留下的多孔结构。这就使得重新水化的产品仍可保持它原来的结构形式和香味。一般冷冻干燥是在压力低于 27 Pa 和低于 −10℃温度下进行。冷冻干燥的特点是干燥速率慢、费用高。

(3)介电干燥 将湿物料(应为绝缘体或不良导体)置于交变电场中,由于电介质分子的交替变形,吸收电能并转化为热能,使物料升温,水分子汽化。水气向外转移,与其他干燥过程的原理一样。水的介电常数比其他物质都高,因而物料内部含水量高的部分,吸收的能量也高。即使对于大块物料,水含量高,具有很长的降速阶段,也可使含水量降到最低值,得到质量均匀的产品。此法的缺点是设备成本和操作费用较高。

习 题

9.1 空气温度为 28℃,压力为 101.3 kPa,所含水蒸气的分压 $p_v = 2.76$ kPa。试求:(1)湿度;(2)饱和湿度;(3)相对湿度;(4)比热容;(5)焓;(6)湿空气比体积;(7)绝热饱和温度。

9.2 已知 101.3 kPa 下空气的干球温度为 50℃,湿球温度为 30℃。求:(1)湿度;(2)相对湿度;(3)比热容;(4)焓;(5)湿比体积;(6)露点。

9.3 用湿空气的温-湿图重作题 9.1。

9.4 用湿空气的温-湿图重作题 9.2。

9.5 用温-湿图确定湿空气的湿度、比热容、饱和湿度、露点、绝热饱和温度及湿球温度。已知湿空气温度为 322 K,相对湿度为 30%,总压强为 101.3 kPa。

9.6 空气的干球温度为 20℃,湿球温度为 16℃。经预热后升温到 70℃,送干燥器,绝热冷却到 47℃。试求:(1)干燥器出口处空气的湿度、焓和相对湿度;(2)100 m³ 的新鲜湿空气预热到 70℃时所需热量及通过干燥器时移走的水量。

9.7 含水质量分数为 40%的木材,干燥后降至含水质量分数为 20%(以上均为湿基),求从 100 kg 原湿木材中蒸发出的水分。

9.8 温度为 303 K、湿度为 0.01 的常压湿空气,在预热器内被加热到 377 K 后,进入干燥器。若为理想干燥过程,干燥器出口温度为 343 K,试在温-湿图上画出空气状态变化的示意图。并求:(1)单位空气消耗量;(2)蒸发每千克水分时,预热器所需的热量。

9.9 某干燥器每天(24 h)处理盐类结晶 10 t,从初含水质量分数为 10%干燥至 1%(以上均为湿基)。热空气的温度为 90℃,相对湿度为 5%,假定为理想干燥过程,空气离开干燥器的温度为 65℃。求:(1)除去的水分量;(2)干产品量;(3)空气消耗量。

9.10 将干球温度 16℃、湿球温度 14℃的空气预热到 80℃,然后进入干燥器,出口气体的温度为 45℃,干燥器把 2 t·h⁻¹的湿物料从含水质量分数为 50%干燥到 5%(均为湿基)。问:(1)理想干燥过程所需的空气量和热量;(2)如果热损失为 116 kW,忽略物料中水分带入热量及物料升温所需热量,空气及热消耗量有何变化。

9.11 连续干燥器干燥含水质量分数为 1.5%(湿基,下同)的物料 9 200 kg·h⁻¹,物料进口的温度为 25℃,产品出口温度为 34.4℃,含水质量分数为 0.2%,比热容为 1.842 kJ·kg⁻¹·K⁻¹,空气的干球温度为 26℃,湿球温度为 23℃,在预热器内加热到 95℃后进入干燥器,空气离开干燥器时的温度为 65℃,每汽化 1 kg 水分,干燥器热损失为 600 kJ·kg⁻¹水。试求:(1)产品量;(2)空气消耗量;(3)预热器所需热量。

9.12 下列三种空气用来作为干燥介质,问恒速干燥阶段用哪一种空气的干燥速率较大?

为什么?

（1）$T = 333.15$ K, $H = 0.01$；（2）$T = 343.15$ K, $H = 0.036$；（3）$T = 353.15$ K, $H = 0.045$。

9.13 在恒定干燥条件下,在间歇干燥器中干燥某种湿物料,当其含水质量分数由 0.33（干基,下同）降至 0.09 时,共用了 0.252×10^5 s。物料的临界含水质量分数为 0.16,平衡含水质量分数为 0.05,降速阶段的干燥速率曲线近似为一直线。求在同样情况下,该种湿物料的含水质量分数从 0.37 降至 0.07 所需的时间(预热段所用的时间可忽略)。

9.14 厚度为 25 mm 的木板,在恒定条件下进行干燥,空气的湿度可忽略不计。在操作条件下水分在木材中的扩散系数为 $D_L = 3 \times 10^{-6}$ m$^2 \cdot$ h^{-1},求木材含水质量分数由 0.25 干燥至 0.05(以上皆为干基)所需的时间?

第十章 膜分离技术

10.1 概　述

10.1.1 膜的分类

用天然或人工合成的高分子薄膜,以外界能量或化学位差为推动力,对双组分或多组分的溶质和溶剂进行分离、分级、提纯和富集的方法,统称为膜分离法。膜分离法可用于液相和气相分离。对于液相分离,可用于水溶液、非水溶液、水溶胶以及含有其他微粒的水溶液体系。

如果用膜将一个容器隔成两部分,膜的一侧是溶液,另一侧是水,或者膜的两侧是浓度不同的溶液,则通常把小分子溶质透过膜向纯水侧移动,而纯水透过膜向溶液侧移动的分离称为渗析(或透析)。如果仅溶液中的溶剂透过膜向纯水侧移动,而溶质不透过膜,这种分离称为渗透。对于只能使溶剂或溶质透过的膜称为半透膜。如果半透膜只能使某些溶质或溶剂透过,而不能使另一些溶质或溶剂透过,这种特性称为膜的选择透过性。

根据膜分离时所施外界能量的形式,可将渗析和渗透的膜分离方法加以分类,如表 10.1 所示。

表 10.1　膜法分离的推动力与膜分离技术名称

能量形式	推 动 力	渗　　析	渗　　透	能量形式	推 动 力	渗　　析	渗　　透
力学能	压力差	压渗析	反渗透、超过滤、微孔过滤	化学能	浓度差	自然渗析	渗透
电　能	电位差	电渗析	电渗透	热　能	温度差	热渗析	热渗透、膜蒸馏

图 10.1 给出了膜分离法与其他分离方法的原理和适用范围。由图可以看出,反渗透、超过滤和微孔过滤虽然都有适当的分离范围,但它们并没有明显的分界线。

膜法分离中膜的作用是,一种流体相内或是两种流体相之间的一层薄的凝聚相物质,把流体相分隔为互不相通的两部分,并能使这两部分之间产生传质作用。此膜可以是固体的,也可以是液体的。被膜分隔的流体相可以是液态,也可以是气态。膜应具有的两个特性是:膜必须有两个界面,通过两个界面分别与两侧的流体相接触;膜应有选择透过性。

膜的种类可按膜材料的化学组成、物理形态和制备方法来划分。

按膜的化学组成,可将膜分为纤维素酯类膜、非纤维素酯类膜。后者又可分为无机物膜(玻璃中空纤维膜、氢氧化铁动态膜等)和合成高分子膜。

按膜的形状,可将膜分为平板膜、管式膜和中空纤维膜。其中平板膜可用于板式及螺旋卷式分离装置中。

按膜断面的物理形态,可将膜分为非对称膜和对称膜。非对称膜指膜的断面不对称,它是用同一种膜材料经流涎、纺丝等方法成型,再经相转变而制成的。这种膜具有极薄的表面活性层(或致密层)和下部的多孔支撑层。复合膜通常是用两种不同的膜材料分别制成表面活性层和多孔支撑层,它是非对称膜的一种。图 10.2 列出了膜的分类情况。

(1)非对称膜　工业上实用的分离膜都是非对称膜,此种膜通常是由起分离作用的致密薄层和多孔支撑层构成的。20 世纪 60 年代初,Loed – Sourirajan 在研究反渗透时发明了将高分子

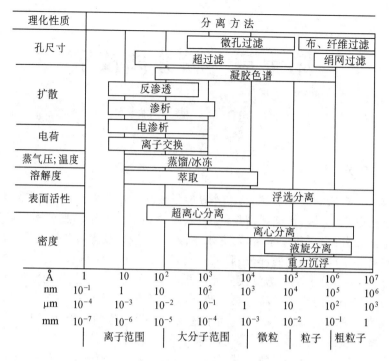

图 10.1　各种分离法及适用范围

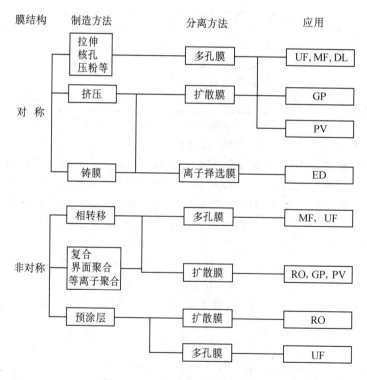

图 10.2　膜的分类

溶液浸入非溶剂浴中形成非对称膜的方法。高分子溶液和非溶剂(例如水)一接触,聚合物快速析出形成了极薄的致密分离层,致密层阻碍了水的进入,因而在致密层下面就形成了多孔层。L－S 技术制成的膜,分离层的厚度仅有 $0.1\sim1\ \mu m$,使透过膜的通量比最小的均质膜增大

1～2个量级,是制膜技术发展的里程碑。迄今,反渗透、超滤、气体分离等重要膜分离过程用的膜大都是此法制造的。

非对称膜的另一类型是复合膜。复合膜是将一多孔膜(支撑层)和另一层更薄而致密的膜(分离层)合在一起制成的。最通用的复合技术是溶液浇铸技术,即将高分子溶液直接浇铸在支撑多孔膜上,由 $50～200~\mu m$ 的液层挥发后生成 $0.5～2~\mu m$ 的分离层。

(2)对称膜　对称膜又称均质膜,是指各向均质的致密或多孔膜,物质在膜中各处的渗透率是相同的。均质膜很少实用。根据制造方法不同,这些膜或具有不规则的孔结构,或所有的孔具有确定的直径。不规则孔结构的聚合物膜是由聚合物溶液经沉淀制成的,采用热凝胶方法可制成孔径在 $5\times10^{-9}～1\times10^{-7}~m$ 的膜,如 Nucleoproe 膜,它是用高能射线照射薄聚合物膜(如聚碳酸酯),最后进行腐蚀而制成的,孔径为 $0.1～1~\mu m$。多孔微孔玻璃膜也是均质的,多孔对称膜可用于过滤。

金属膜、陶瓷膜、多孔玻璃膜、分子筛膜等属无机膜。无机膜耐高温、耐溶剂、耐生物降解,有较宽的 pH 适用范围。但其制法完全不同于常用的有机膜,制造困难、价格昂贵。目前膜市场中无机膜只占 2%～3%,但年增长率速度预计近期达 30%～35%。

膜研究的任务在于寻找同时具有高渗透率和高选择性的膜。其他指标包括:坚固性、温度稳定性、耐化学和细菌侵蚀性、成本低廉性。这些要求有些是相互对立的,这正体现了膜研究的难度。

表 10.2 列举了一些膜的制造材料。目前醋酸纤维素膜和聚酰胺膜在反渗透和超滤中应用极为广泛。

表 10.2　不同膜的化学组成

膜　　类		典型膜的化学组成	已制成膜的类型
纤维素酯类膜		二醋酸纤维素	RO UF MF*
		三醋酸纤维素	RO MF
		混合醋酸纤维素	RO UF MF
		硝酸纤维素	MF
		醋酸硝酸纤维素	MF
		醋酸丁酸纤维素	RO
		醋酸磷酸纤维素	RO
		氰乙基纤维素	RO UF
非纤维素酯类膜	无机物膜	玻璃中空纤维膜	RO UF
		氢氧化铁、水合氧化锆等动态膜	UF
		金属多孔膜	MF
	合成高分子膜	聚酰胺系	
		脂肪族聚酰胺(尼龙-66等)	RO UF MF
		芳香族聚酰胺	RO UF MF
		芳香族聚酰胺酰肼	RO
		聚砜酰胺	RO UF MF
		芳香-杂环聚合物系	
		聚吡嗪酰胺	RO
		聚苯并咪唑	RO
		聚苯并咪唑酮	RO
		聚酰亚胺	RO UF

10.1.2 膜组件和膜制备

膜分离装置的核心部分是膜组件,即膜的规则排列部分。对于膜组件的研制,除了保证没有死角的良好通道外,还必须考虑其他一些要求。如清洗的可能性、膜面积与压力室体积之比、制造成本等等。

(1)管式膜组件 在这种膜组件中,膜呈软管形式置于耐压管的内侧,管的直径在 12~24 mm,如果支撑管材料不能让滤液通过,则在支撑管和膜之间安装一个薄的多孔管(如多孔聚乙烯)。多孔膜不会阻碍滤液横向流向附近支撑管上的孔道,同时也在打孔区域为膜提供了必要的支撑。为了提高填充密度,往往在一个壳管内装有许多管式膜组件。

(2)平板式膜组件 平板式滤器是历史上最早将平面膜直接加以使用的一种滤器,类似前面讲述的化工单元操作设备——板框式过滤机,它们的区别在于板框式过滤机的过滤介质是帆布、棉饼等,而这里所用的是膜(RO、UF)。平板式反渗透膜组件的结构设计要求耐高压。平板式膜组件最大的优点是:制造组装简单,膜的更换、清洗、维护比较容易。

平板式膜组件在性能方面与管式相同,流道截面积大,压力损失较小。原液的流速可达 1~5 m·s^{-1}。同时,由于流道的截面积比较大,因此原液即使含有一些杂质也不易堵塞流道,对处理对象适应面广,预处理要求低,并且可以将原液流道隔板设计成各种形状的凹凸波纹,以使流体易于实现湍流。

(3)卷绕式膜组件 卷绕式膜组件的突出特点是填充密度大、结构简单。在这种膜组件中,两个所谓的膜袋以一个特殊网作隔板卷绕在滤液收集管上。"膜袋"由两个膜片组成,中间有一层高孔隙率的支撑材料,让它们的三个侧面彼此粘结。把这样卷起的膜束置于压力管中,在压力管内可将许多膜束彼此衔接起来。卷绕式膜组件高填充密度这一优点带来的缺点是无法进行机械清洗。

(4)中空纤维膜和毛细管式膜组件 由耐压小膜软管组成的膜组件可分为两种基本结构形式:空心纤维膜组件和毛细管膜组件。

空心纤维膜组件由外部有活性分离层的不对称细膜纤维(外径 < 100 μm)组成。原液在纤维外面环流,而滤液则在纤维的内部流动。这种类型的膜组件特别适合于反渗透,因为纤细的纤维能够承受较高的压力。毛细管膜组件则相反,是由较大而不耐压的膜软管(内径 1.5 mm)组成。它虽然也是非对称结构,但活性分离层却在里边。毛细管膜组件主要适用于超滤(和透析)领域。表 10.3 列出了各种膜组件的特点和适用范围。

10.1.3 膜分离技术特点

膜法分离技术有如下特点:

① 膜分离过程中不发生相变化,也没有相变化的化学反应,因而不消耗相变能,所以耗能少,尤其是反渗透技术更为突出。

② 膜分离工艺不损坏热敏感和热不稳定的物质,可以使其在常温下得到分离,对药制剂、酶制剂、果汁等分离浓缩非常适用。

③ 膜分离技术不仅适用于有机物和无机物分离,而且还适用于许多特殊溶液体系的分离,如溶液中大分子与无机盐的分离、一些共沸物或近沸点物系的分离。

④ 膜分离工艺适应性强,处理规模可大可小,操作和维护方便,易于实现自动化控制。

表 10.3　各种膜组件的特点和适用范围

组件类型	主　要　优　点	主　要　缺　点	适　用　范　围
板框式	结构紧凑、密封牢固、能承受高压,成膜工艺简单、膜更换方便,较易清洗,有一张膜损坏不影响整个组件使用	装置成本高、水流状态不好、易堵塞、支撑体结构复杂	适用于中小处理规模,要求进水水质较好
管　式	膜的更换方便、预处理要求低,内压管式水流条件好、很容易清洗,可用于悬浮液和粘度较高的溶液	膜装填密度小、装置成本高、占地面积大,外压管式不易清洗	适用于中小规模的水处理,尤其适用于废水处理
螺旋卷式	膜的装填密度大、单位体积产水量高,结构紧凑、运行稳定、价格低廉	制造膜组件工艺较复杂,组件易堵塞,不易清洗,预处理要求高	适用于大规模的水处理,要求进水水质较高
中空纤维式	膜的装填密度最大、单位体积产水量高,不需要支撑体,浓差极化可以忽略,价格低廉	要求成膜工艺复杂,预处理高、易堵塞,且难清洗	适用于大规模水处理,要求进水水质好

10.2　膜分离机理

10.2.1　反渗透膜透过机理

反渗透是以压力差为推动力截留溶质而仅透过溶剂的一种分离操作。设有一仅能透过溶剂而不能透过溶质的半透膜,将纯水和溶液各置于膜的一侧,因施加在溶液上方的压力不同,表现出三种情况:

① 渗透。无外界压力作用下自发产生水透过膜的迁移,方向是从纯水迁移到溶液。若膜两侧是不同浓度的溶液时,水从稀溶液向浓溶液迁移,产生渗透现象。渗透是溶剂在化学位差推动下的物质迁移。

② 渗透平衡。对溶液施加压力,提高其化学位,减小膜两侧溶剂的化学位差,从而降低了溶剂的透过速率。当施加在溶液上的压力使它的化学位与纯溶剂的化学位相等,系统达到渗透平衡,此时溶液承受的压力称为渗透压 π。

③ 反渗透。对溶液施加的压力超过渗透压时,溶液中溶剂的化学位高于纯溶剂,于是水以两种压力的差值为推动力透过膜向纯水侧迁移,从溶液分离出溶剂。由于此时溶剂的迁移方向与渗透方向相反,故称为反渗透。反渗透不是渗透的逆过程,两者同样是在等温条件下溶剂从高化学位侧透过膜向低化学位侧的迁移。

反渗透操作将料液分成两部分。透过膜的是含溶质很少的溶剂,称为渗透液,未透过的液体,浓度增高,称为浓缩液。反渗透膜上的微孔孔径为 2 nm,比超过滤膜的微孔小。然而一般无机离子的直径仅为 0.1 ~ 0.3 nm,水合离子的直径为 0.3 ~ 0.6 nm,仍明显小于反渗透膜上的微孔孔径。因此,筛分作用无法解释反渗透膜截留无机离子的机理。

自 20 世纪 50 年代以来,人们先后提出几种反渗透膜的透过机理和模型,不同程度地解释了膜的各种透过现象,主要有氢键理论、扩散-毛细孔流动理论、优先吸附-毛细孔理论和溶解扩散理论。

（1）氢键理论　氢键理论认为醋酸纤维素膜中存在着两个区域,即结晶区和无定形的非结晶区。膜的表皮层是结晶区,在该区内只有结合水。依靠氢键缔合与膜保持紧密结合的结合水称为一级结合水,而与膜保持较疏松结合的结合水称为二级结合水。由于一级结合水的介电常数很低($\varepsilon=2\sim6$),没有溶剂化作用,所以溶质不能溶解在一级结合水中。二级结合水中的介电常数和水相同,溶质可以溶解其中,随水透过膜。理想的醋酸纤维素表皮层中应当只有一级结合水,因此对离子有极高的分离率。但实际表皮层中仍含有少量二级结合水,因此会有少许溶质透过膜。在醋酸纤维素的支撑层(多孔层)中除少量结合水外,大量的是毛细管水。

膜面上的溶液在外界压力作用下,其中的水分子和醋酸纤维羰基上的氧原子形成氢键,而原来与该羰基缔结的"结合水"随之解离下来(氢键断开),再与下一个羰基上的氧原子进行氢键缔合,于是水分子一连串的氢键缔合与解离过程,依次从一个活化点移向另一个活化点,直至离开膜的表皮层,进入膜的多孔层。由于多孔层含有大量的毛细管水,水分子能顺利地流出膜外。

氢键理论解释了许多溶质的分离现象,指出作为反渗透膜的膜材料必须是亲水性的并能与水形成氢键,水在膜中的迁移主要是扩散。但是氢键理论把水和溶质在膜中的迁移归结于氢键的作用,忽略了溶质－溶剂－膜材料之间存在的其他各种相互作用力。

（2）优先吸附-毛细孔理论　由醋酸纤维素等高度有序的亲水性高分子材料制成的膜,与稀的无机盐水溶液接触时,水被优先吸附于膜的表面,形成纯水层。无机离子受到排斥,不能进入纯水层,离子的价数越高,受到的排斥力越强。醋酸纤维素膜表面吸附的纯水层,厚度约为 1 nm。反渗透膜上的等于 2 倍纯水层厚度的微孔孔径,称之为临界孔径。膜上微孔孔径小于临界孔径时,优先吸附现象会使微孔孔道(毛细管)内充满水,离子就不会渗入,此毛细管内的纯水在压力差的推动下流动,并从孔道口流出。膜上的微孔大于临界孔径时,离子就会渗入孔道。孔径越大,离子渗透量越多,于是出现离子的泄漏。因此,膜表面的物理化学性质和合适的微孔孔径,是反渗透膜的必要条件。

优先吸附-毛细孔流理论,确定了膜材料选择和反渗透膜制备的指导原则,即膜材料对水要优先吸附,对溶质要选择排斥,膜表面层应当具有尽可能多的有效直径为临界孔径的微孔,这样,膜材料才能获得最佳的分离率和最高的透水速度。在该理论指导下,人们已研究出了以醋酸纤维素为膜材料,制备高脱盐率、高透水速度的实用反渗透膜方法,奠定了实用反渗透膜发展的基础。

（3）溶解扩散理论　溶解扩散理论把膜当做溶解扩散场来考虑,认为水分子、溶质都可以在膜内溶解,并在膜内进行扩散,而透过膜的推动力为化学位差,水和溶质在膜内的扩散系数随醋酸纤维素膜的乙酰化程度的不同而不同。当膜中乙酰基质量分数在33.6%～43.2%之间,水分子的扩散系数为 $5.7\times10^{-5}\sim1.3\times10^{-6}$ cm$^2\cdot$s^{-1},而溶质的透过系数为 $2.9\times10^{-8}\sim3.9\times10^{-11}$ cm$^2\cdot$s^{-1},溶质的扩散系数要比水的扩散系数小得多。随着乙酰基含量的增加,它们的差别就越大,透过水质就越好。溶解扩散理论认为均质膜、非均质多孔膜的表面致密活化层、超薄膜为"完整的膜",它忽略了膜结构对膜性能的重要影响。实际上膜性能和膜材料的化学性质与膜精细的物理结构是密切相关的,因此,用该理论来指导膜的研究存在一定的缺陷。

10.2.2　超过滤膜透过机理

超过滤简称超滤,其分离物质的基本原理是:被分离的溶液借助外界压力作用,以一定的流速在具有一定孔径的超过滤膜面上流动,溶液中的无机离子、相对低分子质量物质透过膜表面,把溶液中高分子、大分子物质等截留下来,从而实现分离与浓缩的目的。超过滤的原理如图10.3所示。

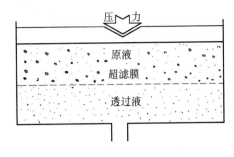

图10.3　超滤原理示意图

超过滤法与反渗透法相比,其分离的物理因素要比物化因素更为重要。超过滤介于反渗透与微孔过滤之间,超滤膜在小孔径范围内与反渗透膜相重叠,在大孔径范围内与微孔过滤膜相重叠,其孔径范围大致在 $5 \times 10^{-9} \sim 1 \times 10^{-6}$ m。在阐明超过滤透过机理时,既应考虑到溶液中溶质粒子的大小、形状和膜孔径之间的关系,同时还应考虑到膜和溶质粒子间的相互作用。综合起来,超滤之所以能截留大分子和微粒,在于膜表面孔径机械筛分、膜孔阻塞和膜面及膜孔对粒子一次吸附的综合作用。由于理想的分离是筛分,因此要尽量避免一次吸附和阻塞的发生。

当膜组件进行溶液分离时,在膜的高压侧,由于溶剂(或低分子物)不断透过膜面,使得膜的表面附近溶质(或大分子物)的浓度不断上升,产生了膜表面浓度与主体浓度的梯度差,这种现象称为膜的浓差极化。位于膜面附近的高浓度地区称之浓度极化层。减缓浓差极化现象可从两个方面入手:其一是提高料液的流速,控制料液的流动状态,使其处于紊流状态下,让膜面的高浓度与主流浓度更好地混合;其二是对膜面不断进行清洗,消除已经形成的凝胶层。

10.3　膜分离技术应用

(1)反渗透膜分离　反渗透膜组件有板式、管式、卷绕式和中空纤维式膜组件。反渗透膜分离技术已应用于海水和苦咸水脱盐、锅炉给水净化、纯水制备、电镀废水、照相洗印废水和生活污水的处理,以及糖液汁、果、菜汁的浓缩和药剂的提纯等食品及医药工业方面等。

采用反渗透分离技术可实现废水的闭路循环,典型的反渗透分离处理电镀废水工艺如图10.4所示。金属工件电镀后,对附着在工件表面上的电镀液必须用水加以清洗,在清洗废水中含有 Cr^{6+}、Ni^{2+}、Cd^{2+}、Cu^{2+}、Zn^{2+}、Sn^{2+} 等,对它们应该回收利用,做到化害为利,保护环境。

(2)超过滤膜分离及酶的提取　超过滤膜组件也可分为板式、管式、卷绕式和中空纤维膜。超过滤膜分离技术广泛应用于各种领域中,如处理电泳、造纸、染料等的工业废水,食品加工业

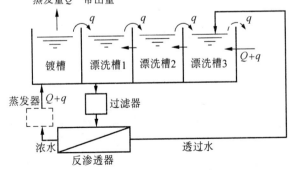

图10.4　典型的反渗透处理电镀废水工艺

中的精制与提纯,医药卫生中的人工肾等等。

下面简要介绍电泳漆废水的回收。电泳涂漆后的物件从电泳槽内取出后,必须把物件上附着的多余漆料用水洗掉,这部分漆占所有漆料的 15% ~ 50% ,随水排放既浪费漆料又造成环境污染,采用超过滤法几乎可以将全部漆料从废水中回收。超过滤处理电泳漆废水的工艺如图 10.5 所示。

酶是由生物体产生的具有特殊催化功能的蛋白质,对工业生产的液体酶制剂(如微生物酶制剂、α-淀粉酶、蛋白酶、果胶酶、糖化酶和葡萄糖氧化酶等)必须进行浓缩提纯。20 世纪 60 年代中期开始采用超过滤技术对酶进行浓缩提纯,它具有以下优

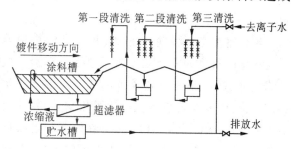

图 10.5 超过滤处理电泳漆废水工艺

点:① 能在常温下浓缩提纯,减少了热对发酵产品质量的影响,产品纯度、收率高;② 能对低浓度的酶产品进行有效的浓缩;③ 能耗低,与真空蒸发能耗比为 1:8.83;④ 操作工艺简单;⑤ 与盐析沉淀和溶剂萃取法相比,可节省无机盐和有机溶剂,如硫酸铵、乙醇、丙酮等。

采用 HFA－200 醋酸纤维素超过滤膜浓缩淀粉酶和蛋白酶的性能指标如表 10.4 所示。

表 10.4 工业酶溶液的超过滤指标

项 目	淀粉酶、蛋白酶 混合液总固形物(质量分数为 1%)	蛋白酶总固形物 (质量分数为 10%)
膜	HFA－200	HFA－200
压力/MPa	0.1	0.14
酶截留率/%	97(淀粉酶)	99
透过率/(L·m^{-2}·d)	444	315
总固形物截留率/%	96(蛋白酶)	15 ~ 30

超过滤技术浓缩工业酶制剂工艺流程已有报道。由于酶制剂粘性较大,膜组件形式以管式和板式为多数。酶发酵液先经过预处理及过滤,常规过滤设备是板框压滤机、转筒式真空吸滤机和离心沉降分离机。酶发酵液经过滤,除去培养基和菌丝体等杂质,得到澄清滤液,但进入超过滤器前还要进行前过滤,或用超速离心去除少量残余杂质。经过预处理的酶清液进入料液储槽,然后开始进行超滤循环浓缩,透过液由超过滤器一端引出排放。图 10.6 给出的是管式膜组件分离装置的工艺流程简图。

(3)微孔过滤 微孔过滤是膜分离技术中开发最早、应用最广的一种膜过滤分离技术。微孔过滤用于分离 0.02 ~ 10 μm 的颗粒,过程所需压力范围为 0.07 ~ 0.2 MPa。微孔过滤可用来

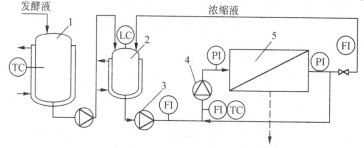

图 10.6 管式膜分离工艺流程图

1—料液储槽;2—进料槽;3—进料泵;4—循环泵;5—管式膜装置

从气相和液相中截留微粒、细菌、污染物等,是现代工业中确保产品质量的必要手段。

微孔滤膜的孔径十分均匀,孔隙率在 80% 左右,孔数可达 $10^7 \sim 10^{11}$ 个·cm^{-2}。早期的微孔过滤膜材料是硝化纤维素,目前主要有混合纤维素酯、再生纤维素、聚氯乙烯、聚酰胺、聚四氟乙烯、聚丙烯和聚碳酸酯。微孔过滤装置除有板框式、管式、中空纤维式、螺旋卷式外,还有折叠筒式和针头过滤式。

根据料流的流体动力学,可以把微孔过滤过程分为死端过滤和错流过滤两大类。死端过滤仅用于流动相内含有极少量的悬浮固体粒子,如在饮料和医药工业中的无菌过滤。错流过滤宜用于流动相中含有较高浓度固体粒子的过滤。沉积在膜上的粒子被与膜平行的流动相带走,以避免堵塞。因此,膜上的滤饼是缓慢增加且保持一定厚度后不再增加,同样,渗透量在过滤过程稳定后也保持恒定。

微孔滤膜主要通过筛分作用截留溶质中的胶体颗粒和悬浮微粒。常用的微孔过滤膜有两种类型,即曲孔膜和直孔膜,因膜结构上的差异,截留方式有机械截留、架桥截留和网络内部截留。此外,吸附和电性能等因素对截留也有影响。随着膜技术的研究和发展,微滤也逐渐由小规模和实验室的应用转化到工业生产,尤其是在制药发酵工业中得到了广泛应用。如:① 除去血清中引起混浊的粒子;② 酶的分级分离;③ 药物和酶的微生物生产中酵母或细菌的浓缩与富集;④ 从液态糖液中除去酵母。

(4)气体渗透分离　可用于气体分离的膜有两类:第一类是多孔膜,这类膜的分离机制是基于气体分子大于通过膜的小孔。由于分离系数较低,目前没有商业使用。第二类是无机膜,这种膜的分离机制是依靠气体在固体聚合物中的溶解和扩散。由于不同气体通过聚合物膜有不同的速率,因此,气体混合物的分离是可能的。

Henis 和 Tripodi 型膜是用一薄的渗透密封层来涂覆 Loeb – Sourirajan 型的非对称膜,这层密封层的材料是硅橡胶,它不是作为选择分离层,而是用来堵塞渗透分离膜的缺陷,从而减少通过缺陷的气体流量。这种类型的膜的选择层比 Loeb – Sourirajan 型膜容易做薄。另一种复合膜是将选择渗透层直接涂覆在高渗透性的多孔支撑膜上。这类膜的强度功能和选择渗透功能要分别考虑。多孔支撑膜的结构形态要求依赖于选择渗透层材料。用聚酯无纺布作底层,聚砜为膜材料,制备成聚砜多孔支撑膜,膜的平均孔径为 8×10^{-9} m,孔隙率为 80%。将硅橡胶选择渗透层涂覆在上述多孔支撑膜上,此复合膜适于制造富氧空气。

在实际的气体分离工程中,为了增加气体的透过量,通常不是采用增加膜两侧的气体分压差 Δp,而是尽量增加膜面积和膜的选择透过性,前者可采用中空纤维膜和微小的球面膜,后者可采用超薄膜和促进输送膜。

富氧膜系统是 20 世纪 80 年代初开发的一种膜分离技术,具体是在一定压力下让空气通过膜,在膜的另一侧得到比空气中氧浓度高的透过气体,即富氧空气,这是利用膜对氧与氮气的渗透性不同而实现分离的一种分离技术。富氧膜的研制与应用对于医疗、发酵工业、化学工业中的部分氧化工艺以及富氧燃烧系统的节能等具有重大的经济价值。图 10.7 所示的是典型的富氧燃烧系统。图中富氧膜装置是平面膜堆,系统设有自控装置,通过微处理计算机计算所需的氧气量,然后控制抽风机与鼓风机的转速,以达到调节的目的。此外系统还包括预处理系统,以除去空气中灰尘等杂质。

(5)渗透蒸发分离　渗透蒸发法又称渗透汽化法,是利用液体混合物中各组分在膜中溶解度与扩散系数的差别,通过渗透与蒸发实现分离的过程。在渗透汽化过程(图 10.8)中,液体

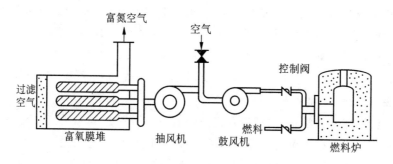

图 10.7 富氧燃烧系统

混合物在膜的一侧与膜接触,其中易渗透的组分较多地溶解在膜上,并扩散通过膜,在膜的另一侧汽化而被抽出,从而得到分离。

(6)电渗析分离 通常说的电渗析是指使用具有选择透过性能的离子交换膜,在直流电场作用下,溶液中的离子有选择地透过离子交换膜所进行的定向迁移过程,如图 10.9 所示。

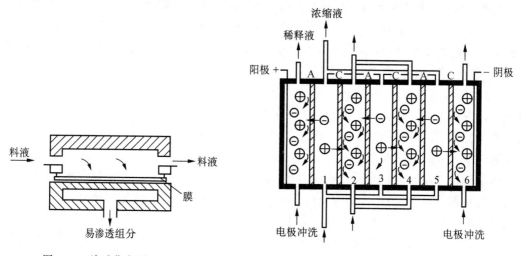

图 10.8 渗透蒸发原理图

图 10.9 电渗析基本原理图

离子交换膜是由功能高分子物质构成的薄膜,可以把离子交换膜理解为薄膜状的离子交换树脂。离子交换膜按解离离子的电荷性质,可分成阳离子交换膜(简称阳膜)和阴离子交换膜(简称阴膜)两种。电解质溶液中,阳膜允许阳离子透过而排斥阻挡阴离子,阴膜允许阴离子透过而排斥阻挡阳离子,这就是离子交换膜的选择透过性。

电渗析操作单元中,在阳电极和阴电极间阳膜和阴膜交替排列,相邻的阳膜和阴膜之间形成隔室。通直流电后,水溶液中离子定向迁移。溶液中阴离子可以在小隔室穿过阴膜,向阴极移动;阳离子穿过阳膜,向阳极移动,在相邻的两个隔室里分别进行浓缩和稀释。其间,分别冲洗电极可避免产生气体。如果膜是致密的,电中性物质仍然留在小隔室的溶液中。由于已研制出多价离子与单价离子的选择透过膜,因此,电渗析还可分离单价离子与多价离子物质。目前电渗析主要用于咸水淡化。

(7)液膜分离 大多数天然和人造合成膜都是由多聚物构成的固态膜。从某种意义上讲,以固态膜为基础的分离技术,其效率并不是最高的,因为固体多聚物中的扩散系数比较低,膜不可能具有太高的选择性。液膜是一种悬浮在液体中的一层很薄的乳状液,这一层液体可以是水溶液,也可以是有机溶液。如一些水溶液的小滴被一薄油层包封,形成乳状液,然后将此乳状液悬浮在另外的水溶液中;或是小油滴被乳状液悬浮在另外的油箱中。前者油相是液膜,称为油膜;后者水相是液膜,称为水膜。液膜分乳化型液膜和支撑型液膜,也叫固定型液膜。图 10.10 为乳化型液膜示意图。乳化液中微滴直径约为 $100 \mu m$,这些微滴聚成平均直径为 1 mm 的聚集体。液膜本身的厚度约为 $1 \sim 10 \mu m$,比大多数固体膜薄 9/10。

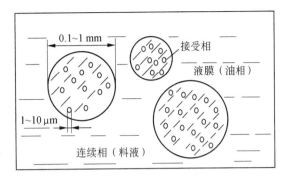

图 10.10　乳化型液膜示意图

驱动物质从连续相到接受相的动力是膜两侧的浓度差。选择性是因为各组分在膜内的溶解性不同而造成的。液膜上发生的扩散形式主要有三种,即在浓度或活度梯度作用下的简单透过扩散、推动转移和偶合转移。推动转移是在膜中溶解一种添加剂作为载体,与渗透物质相结合,从而加快渗透速率。偶合转移过程中,载体能和两种或两种以上的物质相结合,当其中一种物质的浓度梯度相当大时,就可以带动另一种微量物质移动。

乳化型膜即液体表面活性剂膜是指悬浮于液体的乳化液滴所形成的可以自由流动的膜。实际的分离操作如图 10.11 所示。扩散柱的操作由下面几步组成:① 在扩散柱底部,被分离的料液以液滴形式分散在表面活性剂水溶液中。② 在碳氢化合物液滴的表面几乎立即形成由表面活性剂和水组成的液膜,然后液滴通过有机溶剂相。在分散相上升过程中发生料液组分透过液膜的选择性渗透。③ 富集了非渗透组分的液滴,逐渐从溶剂相上升,并聚结成分离相。经过分离后,在尾中非渗透物得到富集,而所有各段得到的渗透物总产率增加。液膜可以分离两种混合液体并能控制这些液体之间的物质传递。由此可见,分离完全是由于膜的选择性渗透所致。

乳化型液膜的特点是制备容易、膜极薄、表面积大、传质速度快、处理效率高。当加入某些载体物质时,选择性也可

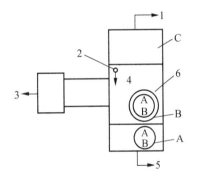

图 10.11　扩散柱操作示意图
1—产物;2—表面活性剂水滴;
3—渗透物;4—溶剂/渗透物分离器;
5—料液;6—液膜;A—表面活性剂水溶液;
B—溶剂相;C—被聚集的液滴相

得到提高。但乳化型液膜强度低,在搅拌过程中,有些液膜被打碎,从而降低了膜分离效率。在液膜分离的一般工艺流程中,最后要分离液膜。破乳(为了将使用过的乳状液膜重新使用)需要将乳液打破,分出膜相用于循环制乳,分出内相以便加工获得其他产品,从而降低工艺成本。破乳的好坏直接影响到整个液膜工艺的经济价值,所以破乳是十分重要的工序。破乳方法有加破乳剂的化学破乳和离心、加热、施加静电场的物理破乳。破乳过程中,常有成膜液的损失,尤其是载体。

为解决液膜强度问题,人们采用了支撑型液膜。支撑型液膜是将液体充注于支撑体的微孔中形成液膜的形式。支撑体一般是聚合物微孔膜,如聚四氟乙烯、聚丙烯、聚砜等的微孔膜。支撑型液膜(图 10.12)通常在真空下注入溶剂,这种情况下无需稳定的乳化剂。

支撑型液膜被认为是很有前途的液膜技术,它稳定性好,且不需破乳工序。但如何解决液膜在多孔支撑体内的流失和大规模生产等方面的问题,尚需进一步研究。

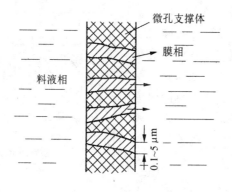

图 10.12　支撑型液膜

附　录

附录Ⅰ　课程设计

Ⅰ.1　实例讨论

《精细化工过程与设备》课程设计一般包括如下内容：① 设计方案简介，对给定或选定的工艺流程、主要设备的型式进行简要的论述；② 主要设备的工艺设计计算，包括工艺参数的选定、物料衡算、热量衡算、设备的工艺尺寸计算及结构设计；③ 典型辅助设备的选型和计算，包括典型辅助设备的主要工艺尺寸计算和设备型号规格的选定；④ 工艺流程简图，以单线图的形式绘制，标出主体设备和辅助设备的物料流向、物流量、能流量和主要化工参数测量点；⑤ 主体设备工艺条件图，图面上应包括设备的主要工艺尺寸、技术特性表和接管表。完整的课程设计报告由说明书和图纸两部分组成。设计说明书中应包括所有论述、原始数据、计算、表格等，编排顺序如下：ⅰ 标题页；ⅱ 设计任务书；ⅲ 目录；ⅳ 设计方案简介；ⅴ 工艺流程草图及说明；ⅵ 工艺计算及主体设备设计；ⅶ 辅助设备的计算及选型；ⅷ 设计结果概要或设计一览表；ⅸ 对本设计的评述；ⅹ 附图(工艺流程简图、主体设备工艺条件图)；ⅺ 参考文献。

课程设计不同于平时的作业，在设计中需要学生自己作出决策，即自己确定方案、选择流程、查取资料、进行过程和设备的计算，并要对自己的选择作出论证和核算，经过反复的分析比较，择优选定最理想的方案和合理的设计。

(1)化工生产工艺流程设计　化工生产工艺流程设计是所有化工装置设计中最先着手的工作。工艺流程设计的目的是在确定生产方法之后，以流程图的形式表示出由原料到成品的整个生产过程中物料被加工的顺序以及各股物料的流向，同时表示出生产中所采用的化学反应、化工单元操作及设备之间的联系，据此可进一步制定化工管道流程和计量-控制流程。它是化工过程技术经济评价的依据。生产工艺流程设计一般分为三个阶段。

① 生产工艺流程图。为便于进行物料衡算、能量衡算及有关设备的工艺计算，在设计的最初阶段，首先要绘制生产工艺流程草图，定性地标出物料由原料转化为产品的过程、流向和所采用的各种化工过程及设备。

② 工艺物料流程图。在完成物料计算后便可绘制工艺物料流程图，它是以图形与表格相结合的形式来表达物料计算结果的，其作用是：作为下一步设计的依据；为接受审查提供资料；可供日后操作参考。

③ 带控制点的工艺流程图。在设备设计结束、控制方案确定之后，便可绘制带控制点的工艺流程图(此后，在进行车间布置的设计过程中，可能会对流程图作一些修改)。图中应包括如下内容：ⅰ 物料流程。物料流程包括设备示意图，示意图大致依设备外形尺寸比例画出，标明设备的主要接口，适当考虑设备合理的相对位置；设备流程号；物料、动力(水、汽、真空、压缩机、冷冻盐水等)管线及流向箭头；管线上的主要阀门、设备及管道的必要附件(如冷凝水排除器、管道过滤器、阻火器等)；必要的计量、控制仪表(如流量计、液位计、压强表、真空表及其他测量仪表等)；简要的文字注释(如冷却水、加热蒸汽来源、热水及半成品去向等)。ⅱ 图例。

图例是将物料流程图中画出的有关管线、阀门、设备附件、计量-控制仪表等图形用文字予以说明。ⅲ 图签。图签是写出图名、设计单位、设计人员、制图人员、审核人员（签名）、图纸比例尺、图号等项内容的一份表格，其位置在流程图右下角。

带控制点的工艺流程图一般是由工艺专业人员和自控专业人员合作绘制的。课程设计只要求能标绘出测量点位置。

（2）主体设备工艺条件图　主体设备是指在每个单元操作中处于核心地位的关键设备。一般，主体设备在不同单元操作中是不相同的，即使同一设备在不同单元操作中的作用也不相同，如某一设备在某个单元操作中为主体设备，而在另一单元操作中则可变为辅助设备。例如，换热器在传热中为主体设备，而在精馏或干燥操作中就变为辅助设备。泵、压缩机等也有类似情况。

主体设备工艺条件图是将设备的结构设计和工艺尺寸的计算结果用一张总图表示出来。图面上应包括如下内容：① 设备图形。指主要尺寸（外形尺寸、结构尺寸、连接尺寸）、接管、人孔等。② 技术特性。指装置的用途、生产能力、最大允许压强、最高介质温度、介质的毒性和爆炸危险性等。③ 设备组成一览表。

以上设计的全过程统称为设备的工艺设计。完整的设备设计，应在上述工艺设计的基础上再进行机械强度设计，最后提供可供加工制造的施工图。这一环节在高等院校的教学中，属于化工机械专业中的专业课程，在设计部门则属于机械设计组的职责。

例　设计热引发的苯乙烯单体聚合用的搅拌反应釜。给定的条件如下：

聚苯乙烯年产量　　　　10 000 t

每年生产时间　　　　　7 800 h（325 d）

稀释剂　　　　　　　　甲苯，在反应液中质量分数为 12%

最终聚合率　　　　　　设反应液中最终含聚合物的质量分数为 70%，则聚合率 $x_A = 0.70/$
　　　　　　　　　　　$(1 - 0.12) = 0.795$

解　基于以上条件可算出：

聚合物的生产速率　　　$G_p = 10 \times 10^6/7\ 800 = 1\ 282\ \text{kg·h}^{-1}$

反应液流量　　　　　　$G = 1\ 282/0.70 = 1\ 832\ \text{kg·h}^{-1}$

其中稀释剂流量　　　　$G_s = (1\ 832)(0.12) = 220\ \text{kg·h}^{-1}$

（1）基本设计条件的选定

① 反应温度的选定。选定反应温度要考虑温度对聚合产物的相对分子质量及聚合反应速率的影响，还要注意到温度对反应器热稳定性及反应液粘度的影响。

热引发的苯乙烯单体聚合，聚合物的平均相对分子质量与聚合温度和稀释剂用量有关，如附图 1 所示。为了获得相对分子质量分布较窄的产物，确定各釜采用相同的聚合温度。

从反应速率考虑，提高温度可减小反应器的容积，但反应器操作的稳定性也要下降，特别是第一台反应釜，其中单体浓度高，反应速率较快，温度高，容易发生爆聚，但后面各釜随着聚合转化率的提高，物料的粘度愈来愈大，提高温度可以降低

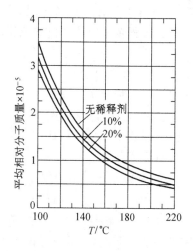

附图 1　聚苯乙烯的平均相对分子质量与聚合温度和稀释剂用量的关系

粘度。统筹考虑,选定各釜的聚合温度均为140℃。

② 搅拌器型式的选择。多级串联的各级搅拌釜对搅拌的要求是不相同的。各釜反应物料的粘度随聚合转化率的提高而增大,第一釜中反应物的粘度小于 1 Pa·s,可采用涡轮式搅拌器,以后各釜的粘度为 2～200 Pa·s,需选用适用于高粘度流体的搅拌器,可选用带导流筒的螺带式搅拌器,此种搅拌聚合釜称为克劳福-鲁塞尔(Crawford – Russel)型聚合釜(简称 C – R 型)。导流筒可制成套筒,内通冷却介质,因此这种搅拌釜对于高粘度流体具有良好的传热性。

③ 反应热的导出及聚合釜级数的选定。从导出反应热控制聚合温度以调节相对分子质量分布的角度考虑,增加级数是有利的,这样可以增加聚合釜单位容积的传热面积,但级数增多,势必增加设备费用。这不仅是一个经济平衡问题,还涉及生产操作和产品质量问题。根据经验,一般采用4至5级。本设计采用4级。各级的容积主要从传热要求来考虑。

第一釜聚合转化率较高,单位容积的发热量大,仅仅依靠夹套冷却还不够,可将原料液预冷作为降温的辅助手段。

第二釜以下物料的粘度增高,冷却面上的薄膜给热系数很小,搅拌轴上安装刮板,可经常将冷却面上的物料更新,以获得较大的给热系数。采用 C – R 型粘聚合釜,导流筒内外壁面皆作为冷却面,增大传热面积,从而增大了总传热速率。由于物料粘度高,需要相当大的搅拌功率,搅拌功在釜内转变为热,因此除了聚合热之外,这一部分搅拌热也需要导出。提高搅拌器的转速可以增大给热系数,但搅拌热增大,因而搅拌器的转速要适当,这样才能获得最佳的效果。

为了对各釜进行精确的温度控制,每一釜各自设有载热体循环泵和冷却器,可以独立控制。载热体的温度应当限制在一定温度以上,使反应热一侧的冷却面上不致发生聚合物固化的现象。本设计第一釜取反应液与载热体的温度差为 20℃,第二釜以后因有刮板的表面更新作用,反应液与载热体的温度差取为 40℃。温差适当小一些,可避免冷却壁面上因反应物料温度低、粘度增大,而使传热恶化的问题。

(2)聚合釜的设计

① 基本假设及基本算式:

ⅰ 设备釜中反应液的流动模型为全混流。

ⅱ 设反应的动力学模型为一级反应。据报导,苯乙烯热引发本体聚合,转化率在70%以下,近似于一级反应。本设计虽然最终转化率约达80%,由于有甲苯存在,故仍假定在设计转化率的范围内,近似于一级反应。

ⅲ 除了向载热体传热外没有热损失。

基于上述假设,可写出反应速度方程式和聚合釜中的物料及热量衡算式

$$r_A = kC_A \tag{1}$$

$$V_i C_{Ai} - VC_A + r_A V_R = 0 \tag{2}$$

$$G \overline{C_p}(t - t_i) + r_A V_R (\Delta_r H)_A + KA(t - t_c) - Q_a = 0 \tag{3}$$

式中　r_A ——单体转化速率;

　　　k ——反应速率常数;

　　　C_A ——单体浓度;

　　　V ——反应液体积流量;

　　　V_R ——反应器体积;

G ——反应液质量流量；

t ——反应温度；

t_c ——载热体温度；

$\overline{C_p}$ ——反应液平均热容；

$(\Delta_r H)_A$ ——聚合反应热；

K ——总传热系数；

A ——聚合釜传热面积；

Q_a ——搅拌产生的热量。

下角标 i 表示聚合釜入口，第二釜以后即为前一釜的出口数值。

随着反应的进行，反应液的密度 ρ 会发生变化，将 C_A 为聚合率 x_A 的函数，即

$$C_A = \rho C_{A0}(1 - x_A)/\rho_0 \tag{4}$$

式中　C_{A0}、ρ_0 ——原料液中的单体浓度和密度。

将式(1)及(4)代入(2)，得

$$V_R = G(x_A - x_{Ai})/k\rho(1 - x_A) \tag{5}$$

$$Q_c = kA(t - t_c) = Q_r + Q_a - Q_f \tag{6}$$

$$Q_r = GC_A(-\Delta_r H)_A(x_A - x_{Ai})/\rho_0 \tag{7}$$

$$Q_a = 3.6 \times 10^3 P \tag{8}$$

$$Q_f = G\overline{C_p}(t - t_i) \tag{9}$$

式中　Q_c ——由载热体传走的热量；

Q_r ——反应放热量；

Q_a ——由搅拌产生的热量；

Q_f ——原料液温度上升到反应温度所需的热量；

t_i —进口原料液的温度，3.6×10^3 是 1 kW 功可转换为热量的(kJ)。

② 设计的计算步骤及有关数据：

ⅰ 选定反应温度 t。

ⅱ 设定反应液与载热体之间的容许温度差 Δt。

ⅲ 设定聚合转化率 x_A。

ⅳ 计算在指定 t 值和 x 值时的聚合釜容积 V_R，并算出该釜的传热面积 A。

ⅴ 计算搅拌器转速 N、功率 P 和总传热系数 K。

ⅵ 通过计算由聚合釜导出的热量 Q_c。

ⅶ 计算欲导出热量 Q_c 和反应物料与载热体之间应有的温度差 Δt，若计算超过设定的容许值，则重新假设聚合转化率 x_A，并返回到ⅲ步。

ⅷ 当算出的各釜之间的 Δt 差别较大时，可以调整各釜的聚合率 x_A，使之大体相同。

附图 2~4 分别表示上述计算中所需要的各种温度和聚合转化率 x_A 下的反应液的密度、比热容以及在 140℃下反应液的粘度。密度和比热容数据是由苯乙烯单体及其聚合物溶液的数值与稀释剂甲苯的数值在假定具有可加和性的前提下推算而得的。粘度的数据是由单体与聚合物混合液的数值(假设甲苯为单体而算得的。附图 5、6 为将聚合反应作为一级反应时的速度常数 k 和聚合反应热 $(\Delta_r H)_A$ 与温度的关系。由图可知，在 140℃时，$k = 0.26$ h^{-1}，$(\Delta_r H)_A = -74.34 \times 10^3$ kJ·kmol^{-1}。

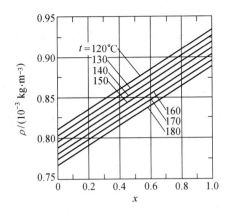

附图 2　反应液的密度

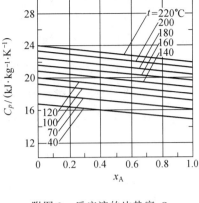

附图 3　反应液的比热容 C_p

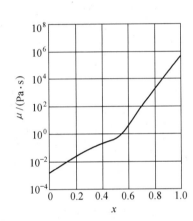

附图 4　反应液的粘度

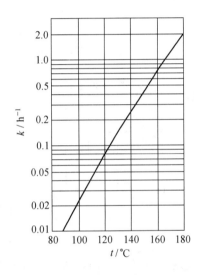

附图 5　反应速度常数 k 与温度的关系

③ 第 1 釜的设计计算。

ⅰ 计算釜的容积和传热面积。设第一聚合釜的聚合转化率 $x_A = 0.45$，由附图 2 查得 $\rho = 850\ \mathrm{kg \cdot m^{-3}}$，利用式(5)可计算釜的有效容积

$$V_R = \frac{G(x_A - x_{A1})}{k\rho(1 - x_A)} = \frac{1\,832(0.45 - 0)}{(0.26)(850)(1 - 0.45)} = 6.78\ \mathrm{m^3}$$

选定筒体的长径比为 1.5，根据 JB 1153—73 规定，选取筒体的公称直径 D 为 1.80 m，高 H 为 2.7 m，则筒体部分的容积为 6.872 $\mathrm{m^3}$。根据 JB 1154—73 选取椭圆形封头 $D_g =$ 1 800，曲面高度 $h_1 = 0.450$ m，直边高度 $h_2 = 0.025$ m，封头容积 0.826 $\mathrm{m^3}$，所以总容积为 7.698 $\mathrm{m^3}$，装料系数为 0.88，料层深度为 2.815 m。传热面积按直筒部分有效夹套高度 2.5 m 计算。

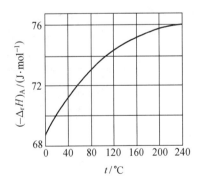

附图 6　聚合反应热 $(-\Delta_r H)_A$ 与温度的关系

$$A = (1.8)(2.5)\pi = 14.1 \text{ m}^2$$

ⅱ 计算搅拌器转速和功率。选定桨叶直径与釜径的比值 $d/D = \dfrac{1}{3}$，初步求出桨叶直径 $d = 0.60$ m。聚合釜搅拌级别为 7 级，总体流速为 12.8 m·min^{-1}，因此泵送量

$$Q = uA_s = 12.8\left(\frac{\pi}{4}\right)(1.8)^2 = 32.5 \text{ m}^3 \cdot \text{min}^{-1}$$

式中　A_s——釜体截面积。设搅拌体系的流型属湍流区，当 $d/D = 0.33$ 时，查泵送准数 N_Q 与叶轮雷诺数关系图（附图 7），$N_Q = 0.78$，搅拌器转速为

$$N = \frac{Q}{N_Q d^3} = \frac{32.5}{(0.78)(0.6)^3} = 193 \text{ r} \cdot \text{min}^{-1}$$

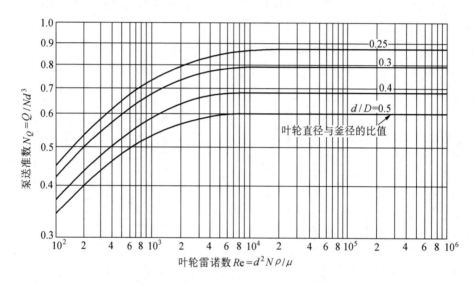

附图 7　泵送准数和叶轮雷诺数的函数关系

根据减速机系列 SB5 - 44 - 65，选 $N = 220$ r·min^{-1}，折算为 3.33 r·s^{-1}。

由例附图 4 查得 $\mu = 0.3P = 0.03$ kg·m^{-1}·s^{-1}，雷诺数为

$$Re = \frac{d^2 N\rho}{\mu} = \frac{(0.6)^2(3.33)(850)}{0.03} = 3.38 \times 10^4$$

搅拌体系确属湍流流型。

根据液层深度与釜径比，安装 1 个叶轮，$n = 1$ 搅拌器功率可按下式计算

$$P = 6n\rho N^3 d^5 = 6(850)(3.33)^3(0.6)^5 = 16.63 \text{ kW}$$

因反应液粘度不高，为防止搅拌产生漩涡，在釜壁安装 4 块挡板，宽度为釜径的 1/10，即 0.18 m。叶轮距釜底距离为液层深度的 1/3，约为 0.93 m。

ⅲ 计算总传热系数。在有挡板采用涡轮式搅拌器的情况下，夹套给热系数可通过式（10）计算

$$\frac{a_i D}{\lambda} = 0.46(Re)^{\frac{2}{3}}(Pr)^{\frac{1}{3}}\left(\frac{\omega\sin\delta}{H_i}z\right)^{\Omega}\left(\frac{d}{H_i}\right)^{-\frac{2}{9}}\left(\frac{\mu_w}{\mu}\right)^{-0.14} \tag{10}$$

式中　λ ——流体导热系数；

　　　ω ——桨叶宽度；

　　　δ ——桨叶倾斜角度；

　　　z ——桨叶数；

H_i——夹套高度；

μ——流体粘度；

μ_w——壁面温度下流体粘度；

Ω——指数。

$$Re^{\frac{2}{3}} = (3.38 \times 10^4)^{\frac{2}{3}} = 1\,100$$

由附图查得 $C_p = 2.06 \text{ kJ·kg}^{-1} \cdot \text{K}^{-1}$，$\lambda = 0.42 \text{ kJ·m}^{-1} \cdot \text{h}^{-1} \cdot \text{K}^{-1}$，$\mu = 0.03 \text{ Pa·s} = 108 \text{ kg·}$ $\text{m}^{-1} \cdot \text{h}^{-1}$，$\mu_w$ 的估算值为 $0.212\,9 \text{ Pa·s}$，即

$$Pr^{\frac{1}{3}} = (C_p \mu / \lambda)^{\frac{1}{3}} = [(2.06)(108)/0.42]^{\frac{1}{3}} = 8.09$$

根据 HG 5‐221‐65 选定搅拌器尺寸，$d = 0.6 \text{ m}$，叶长 $l = 0.15 \text{ m}$，叶宽 $\omega = 0.12 \text{ m}$，平叶 $\delta = 90°$，叶片数 $z = 6$，夹套高 $H_i = 2.5 \text{ m}$，挡板数 $n_B = 4$，即

$$(w \sin \delta / H_i)z = (0.120)(1.0)(6)/2.5 = 0.288$$

$$0.33 n_B^{\frac{1}{2}} = (0.33)(4)^{\frac{1}{2}} = 0.66$$

$$\Omega = 0.15 + 0.02 n_B^{\frac{1}{2}} = 0.19$$

$$[(w \sin \delta / H_i)z]^\Omega = (0.288)^{0.19} = 0.789$$

$$(d/H_i)^{-\frac{2}{9}} = (0.60/2.5)^{-\frac{2}{9}} = 1.37$$

$$(\mu_w / \mu)^{-0.14} = 0.76$$

$$\alpha_i = 0.46(1\,100)(8.09)(0.789)(1.37)(0.76)(0.42/1.80) = 791.7 \text{ kJ·m}^{-2} \cdot \text{h}^{-1} \cdot \text{K}^{-1}$$

设载热体一侧给热系数 $\alpha_0 = 4.2 \times 10^3 \text{ kJ·m}^{-2} \cdot \text{h}^{-1} \cdot \text{K}^{-1}$，釜壁两侧污垢系数 $f_c = 0.000\,2$ $\text{m}^2 \cdot \text{h} \cdot \text{K} \cdot \text{kJ}^{-1}$，釜壁厚 $\Delta r = 10 \text{ mm}$，釜壁导热系数 $\lambda_s = 58.8 \text{ kJ·m}^{-1} \cdot \text{K}^{-1}$，则

$$1/K = 1/\alpha_i + 1/\alpha_0 + \Delta r/\lambda_s + f_c =$$

$$1/791.7 + 1/4.2 \times 10^3 + 0.010/58.8 + 0.000\,2 = 0.001\,87$$

$$K = 534.4 \text{ kJ·m}^{-2} \cdot \text{h}^{-1} \cdot \text{K}^{-1}$$

ⅳ 热量衡算及温差校核。计算苯乙烯的聚合反应热，苯乙烯的相对分子质量 $M_m = 104.2$，则

$$Q_r = \frac{G C_{A0}(-\Delta_r H)_A (x_A - x_{Ai})}{\rho_0 M_m} =$$

$$\frac{1\,832 \times 0.88 \times (74.34 \times 10^3)(0.45)}{104.2} = 517.6 \times 10^3 \text{ kJ·h}^{-1}$$

将原料液预冷至 10℃再供入釜中，入口和出口热容的算术平均值 $\overline{C_p} = 1.88 \text{ kJ·kg}^{-1} \cdot \text{K}^{-1}$，由此物料放出的热量为

$$Q_f = G \overline{C_p}(t - t_i) = 1\,832(1.88)(140 - 10) = 447.7 \times 10^3 \text{ kJ·h}^{-1}$$

计算由搅拌产生的热量，可由搅拌功率算出，即

$$Q_a = 16.63 \text{ kW} \cong 16.63 \times 3.6 \times 10^3 = 59.9 \times 10^3 \text{ kJ·h}^{-1}$$

需要由夹套导出的热量为

$$Q_c = Q_r + Q_a - Q_f =$$

$$(517.6 + 59.9 - 447.7) \times 10^3 = 129.8 \times 10^3 \text{ kJ·h}^{-1}$$

计算反应液与载热体之间的温度差 Δt

$$\Delta t = Q_c/KA = 129.8 \times 10^3/(534.4)(14.1) = 17.2℃$$

小于 20℃。

Ⅴ 校核混合时间。$Re < 10^4$,装有挡板的涡轮式搅拌器,有下式成立

$$\frac{N}{K_m}\left(\frac{d}{D}\right)^{2.3} = \frac{1}{K_m}(3.33)(0.6/1.80)^{2.3} = 0.5 \quad (K_m = 3.33(0.101)/0.5 = 0.673)$$

式中 K_m——衰减常数。

令浓度不均匀幅度距理论平均浓度的偏差 A 不大于 0.1%,可求出混合时间

$$\tau = \frac{\ln(A/2)}{-K_m} = \frac{\ln(0.001/2)}{-0.673} = 11.3 \text{ s}$$

平均停留时间 $\bar{\tau} = (6.78)(850)/183\,2 = 3.24 \text{ h}$,$\tau$ 与 $\bar{\tau}$ 相比要小得多,因此假定流动模型为全混流是适当的。

④ 第 2~4 釜的计算。

ⅰ 釜的容积和传热面积。运用与第一釜同样的方法可算出第 2~4 釜的容积,但传热面积应加入导流筒两侧的面积,计算结果及结构尺寸列于附表 1、2 中。

附表 1　1~4 釜设计计算结果

项　　目	第 1 釜	第 2 釜	第 3 釜	第 4 釜
反应温度 $T/℃$	140	140	140	140
聚合转化率 x	0.450	0.646	0.732	0.796
密度 ρ	850	874	884	893
釜的容积 V/m^3	6.78	4.46	2.56	2.48
粘度 $\mu/(Pa \cdot s)$	0.3	2	32	200
釜径 D/m	1.80	1.40	1.20	1.20
筒体高度 H/m	2.70	2.60	2.30	2.30
传热面积 A/m^2	14.1	27.2	20.6	20.6
搅拌器转速 $N/(r \cdot min^{-1})$	200	50	20	10
总传热系数 $K/(kJ \cdot m^{-2} \cdot h^{-1} \cdot K^{-1})$	534.4	65.8	43.6	31.6
$Q_r/(10^{-3} kJ \cdot h^{-1})$	517.6	53.7	23.6	17.5
$Q_a/(10^{-3} kJ \cdot h^{-1})$	55.0	8.2	7.1	8.1
$Q_f/(10^{-3} kJ \cdot h^{-1})$	447.7	—	—	—
$Q_c/(10^{-3} kJ \cdot h^{-1})$	124.9	61.9	30.7	25.6
$\Delta T/℃$	17.2	33.4	34.1	39.3

附表 2　2~4 釜的构造及传热面积

第 2 釜	$H = 2.6$ m;$H_i = 2.50$ m;$D = 1.40$ m;$D_{dl} = 0.98$ m;$D_{d0} = 1.08$ m。(D_{dl} 为导流筒内径,D_{d0} 为导流筒外径) 夹套传热面($1.40\,\pi \times 2.5$) = 11.00 m² 导流筒内侧传热面($0.98\,\pi \times 2.5$) = 7.70 m² 导流筒外侧传热面($1.08\,\pi \times 2.5$) = 8.48 m²
	合　　计　　27.18 m²
第 3~4 釜	$H = 2.3$ m;$H_i = 2.20$ m;$D = 1.20$ m;$D_{dl} = 0.84$ m;$D_{d0} = 0.94$ m 夹套传热面($1.20\,\pi \times 2.2$) = 8.29 m² 导流筒内侧传热面($0.84\,\pi \times 2.2$) = 5.81 m² 导流筒外侧传热面($0.94\,\pi \times 2.2$) = 6.50 m²
	合　　计　　20.60 m²

ⅱ 搅拌器的转速及功率。从第二釜到第四釜反应液的粘度逐釜增大,对于高粘度流体的搅拌,搅拌器的转速由混合时间决定。以第二釜为例,平均停留时间

$$\bar{\tau} = (4.46)(874)/183\ 2 = 2.13\ \text{h}$$

取混合时间 $\tau = 40$ s,查附图 8,选定 $N = 50$ r·min^{-1}。第四釜中物料粘度高达 2 00 Pa·s,超出附图 8 的范围,可用下面的经验式 $C = N\tau$ 计算。式中 C 为常数。对于双螺带搅拌器,$C = 33$;对于带导流筒的螺带式搅拌器,$C = 45$。取 $\tau = 270$ s,则转速

$$N = 45/270 = 0.166 = 10\ \text{r·min}^{-1}$$

C-R 型聚合釜除螺轴外还带有刮板,搅拌功率应分两部分计算。以第二釜为例,先求螺轴部分的功率 P_H。取搅拌器直径 $d = 0.65D = (0.65)(1.4) = 0.91$ m,则有

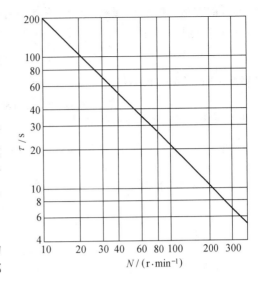

$$Re = d^2\rho/\tau\mu = (0.91)^2(874)/(40)(2.0) = 9.1$$

由附图 9 查得

$$N_P = 7.5 \times 10^5$$

$$P_H = N_P\mu d^3/\tau = \frac{(7.5 \times 10^5)(2.0)(0.91)^3}{(40)^2} = 708\ \text{W}$$

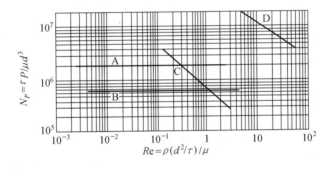

附图 9　层流区域几种搅拌器的功率准数和雷诺数的关系
A—螺带式;B—螺轴式带导流筒;C—螺轴式;D—锚式

刮板部分的功率 P_A 可利用 C-R 公司的资料图(附图 10)来计算。此图的 N 为 20 r·min^{-1},利用转数与 P_A 的关系 $P_A \propto N^{1.47}$,可推算其他转速时的功率。

$$\delta = (D - d)/2 = (1.4 - 0.91)/2 = 0.2\ \text{m}$$
$$D/\delta = 7,\ \mu = 2\ \text{Pa·s}$$

自附图 10 读得 $P_A/V_R = 0.51$ kW·m^{-3},进行转速修正

$$P_A/V_R = (0.51)(50/20)^{1.47} = 1.98\ \text{kW·m}^{-3}$$
$$P_A = 1.98V_R = (1.98)(4.46) = 8.81\ \text{kW}$$

合计需功率

$$P = P_H + P_A = 0.708 + 8.81 = 9.52\ \text{kW}$$

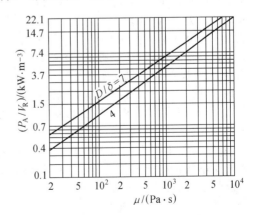

附图 10　C-R 聚合釜刮板部分功率 P_A 的计算

用同样的方法,算得三、四两釜的功率分别为 8.24 kW 及 10.2 kW。

ⅲ 总传热系数的计算。C-R 型聚合釜,反应液一侧的给热系数 α_i 的计算可用下式

$$\alpha_i = 1.051(\lambda \rho C_p z N)^{0.515}$$

聚合物溶液的导热系数缺乏精确的数据,取 $\lambda = 0.42 \text{ kJ} \cdot \text{m}^{-1} \cdot \text{h}^{-1} \cdot \text{K}^{-1}$,$C_p = 2.06 \text{ kJ} \cdot \text{kg}^{-1} \cdot \text{K}^{-1}$,则

$$\alpha_i = 1.051[(0.42)(874)(2.06)(2)(50)]^{0.515} =$$
$$342.1 \text{ kJ} \cdot \text{m}^{-2} \cdot \text{h}^{-1} \cdot \text{K}^{-1}$$

设 α_0、f_c 及 λ_s 与第一釜相同,$\Delta r = 8 \text{ mm}$,即

$$\frac{1}{K} = \frac{1}{\alpha_i} + \frac{1}{\alpha_0} + \frac{\Delta r}{\lambda_s} + f_c =$$
$$\frac{1}{342.1} + \frac{1}{4.2 \times 10^3} + \frac{0.008}{58.8} + 0.000\,2 = 0.003\,5 \text{ m}^2 \cdot \text{h} \cdot \text{k} \cdot \text{kJ}^{-1}$$
$$K = 285.9 \text{ kJ} \cdot \text{m}^{-2} \cdot \text{h}^{-1} \cdot \text{K}^{-1}$$

同样可算得第三、四两釜的 K 值分别为 183.1、132.7 $\text{kJ} \cdot \text{m}^{-2} \cdot \text{h}^{-1} \cdot \text{K}^{-1}$。

ⅳ 热量衡算及温差校核。

第二釜反应热

$$Q_r = GC_{A0}(-\Delta_r H)_A(x_A - x_{Ai})/M_m \rho_0 =$$
$$(1\,612)(74.34 \times 10^3)(0.646 - 0.45)/104.2 = 225.5 \times 10^3 \text{ kJ} \cdot \text{h}^{-1}$$

搅拌热

$$Q_a = (9.52)(3.6 \times 10^3) = 34.3 \times 10^3 \text{ kJ} \cdot \text{h}^{-1}$$
$$Q_c = Q_r + Q_a = (225.5 + 34.3) \times 10^3 = 259.8 \times 10^3 \text{ kJ} \cdot \text{h}^{-1}$$
$$\Delta t = Q_c/KA = 259.8 \times 10^3/(285.9)(27.2) = 33.4 ℃$$

小于 40℃。

同样可算得三、四两釜的这些数值,均列于附表 1 中。

Ⅰ.2 典型精细化工生产流程

(1)2-萘酚 2-萘酚又称 β-萘酚,沸点为 286℃,熔点为 123℃,不溶于水,但能溶于乙醇及氢氧化钠溶液(实际上已变成可溶性的 2-萘酚钠盐中)。商品为浅黄色薄片,其含量:一级品的质量分数为 98.5% 以上,二级品的质量分数为 95.5% 以上;1-萘酚含量:一级品的质量分数不大于 0.2%,二级品的质量分数不大于 0.5%。2-萘酚的蒸气或粉尘均可能由呼吸或皮肤的透入而引起中毒,主要症状为痉挛、呕吐、昏迷及血液变化,长期吸入 2-萘酚,可能引起膀胱病变。2-萘酚在染料工业中用来生产中间体(如吐氏酸,2-萘胺等)及染料(如酸性金黄);在助剂工业用来生产橡胶防老剂丁;在医药工业中用来生产 1-溴-2-萘酚;在有机颜料工业中用来生产颜料红 R;在印染工业中当作打底剂。煤焦油中含有少量的 2-萘酚,但商品均是采用萘磺化碱熔法生产的。萘先与硫酸反应,生成 2-萘磺酸及少量 1-萘磺酸。加入少量水,在 160℃使 1-萘磺酸发生水解反应(2-萘磺酸此时很少发生水解反应)。用直接蒸汽吹去萘,加入亚硫酸溶液中和磺化物,经过冷却,得到 2-萘磺酸钠。将 2-萘磺酸钠与熔融的氢氧化钠进行碱熔反应,最后经过酸化、洗涤、干燥、蒸馏,得到 2-萘酚。其反应式如下:

磺化

$$2\,(萘) + 2H_2SO_4 \longrightarrow (2-萘磺酸) + (1-萘磺酸) + 2H_2O$$

（2-萘磺酸）（质量分数为 85% ~ 90%）

（1-萘磺酸）（质量分数为 10% ~ 15%）

水解

$$(1-萘磺酸) + H_2O \xrightarrow{H_2SO_4} (萘) + H_2SO_4$$

中和

$$2\,(2-萘磺酸) + Na_2SO_3 \longrightarrow 2\,(2-萘磺酸钠) + SO_2\uparrow + H_2O$$

碱熔

$$(2-萘磺酸钠) + 2NaOH \longrightarrow (2-萘酚钠) + Na_2SO_3 + H_2O$$

酸化

$$2\,(2-萘酚) + SO_2 + H_2O \longrightarrow 2\,(2-萘酚) + Na_2SO_3$$

2-萘酚的生产工艺流程为（参见附图 11）：

① 磺化。熔融的萘从计量槽加入到磺化釜，升温到 120℃，加入硫酸，慢慢升温，维持在 160 ~ 165℃，进行磺化反应。

② 水解。用压缩氮气将磺化物压到水解釜，加入少量水，维持 160℃，搅拌 1 h，进行水解反应。水解完毕后，将物料压到吹萘釜，加水稀释，并加入少量硫酸钠（作为 2-萘酸钠结晶用的晶核），通入水蒸气吹萘。吹出萘进入喷淋塔，用冷水喷淋并回收萘。

③ 中和。吹萘完毕后的物料放到中和釜，从计量槽加入亚硫酸钠溶液，进行中和反应。中和过程中发生的二氧化硫气体送到酸化釜，中和后的物料放到结晶器，冷却下进行结晶，用吸滤器过滤，得 2-萘磺酸钠。

④ 碱熔。在碱熔釜中加固体氢氧化钠，加热熔化。在 300 ~ 310℃温度下，加入 2-萘磺酸钠膏状物，加完料后，在 320 ~ 330℃温度下搅拌 3 h。碱熔完毕后，碱熔物放到盛有热水的稀释釜，进行稀释。

⑤ 酸化。将稀释物料放到酸化釜，用来自中和釜的二氧化硫气体进行酸化反应。

⑥ 精制。将酸化完毕后的物料放到煮沸釜静置分层。从下部放出亚硫酸钠溶液入贮槽，以备中和用；再用热水洗涤，洗涤后的粗 2-萘酚放入干燥釜，从夹套通入蒸汽，加热脱水。

干燥后的粗 2-萘酚在蒸馏釜中进行真空蒸馏，得 2-萘酚成品，在切片机上制成薄片。

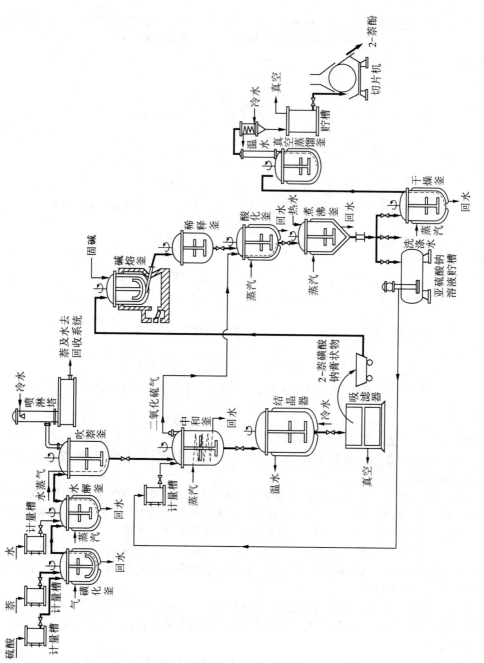

附图11 2-萘酚生产流程图

(2)酸性嫩黄 2G　酸性嫩黄 2G 是酸性单偶氮染料。可将羊毛、聚酰胺纤维或真丝染为艳丽的嫩黄色。除染单色外,还可以拼成柠檬色、苹果绿色及其他带黄光的颜色,是染毛线及呢绒中的主要黄色染料。另外还可用于皮革、纸张和铝表面的着色。

酸性嫩黄 2G 反应过程为:

重氮化

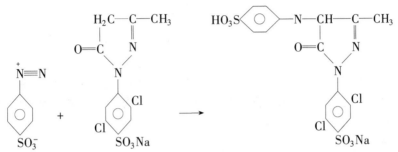

$$+ H_2SO_4 + NaNO_2 \longrightarrow$$

(对氨基苯磺酸钠)　　　　　　　　(1,4-重氮苯磺酸)　　+ Na_2SO_4 + 2H_2O

偶合

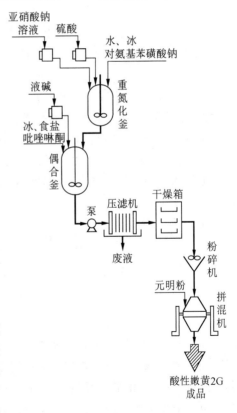

(1,4-重氮苯磺酸)　1-(2′,5′-二氯-4′-磺酸苯基吡唑啉酮)　　　　(酸性嫩黄 2G)

其生产工艺流程为:(参见附图 12)

① 重氮化。在重氮化釜内加入水和对氨基苯磺酸钠,搅拌溶解。加冰降温至 5℃,加入硫酸物料则成为浅灰色的悬浮体(对氨基苯磺酸钠析出为对氨基苯磺酸)。迅速从计量槽加入亚硝酸钠溶液进行重氮化反应,维持此温度,继续搅拌至反应完全。

② 偶合。在偶合釜内加入水、1-(2′,5′-二氯-4′-磺酸)苯基-3-甲基吡唑啉酮,在搅拌下加入液碱使其溶解。加冰降温至 8℃,将重氮液和液碱同时加入,加完后 pH 应为 6.5～7,温度在 10℃以下,搅拌至反应完全。

③ 后处理。在搅拌下加入食盐进行盐析,再经压滤机过滤,滤饼在干燥箱中于 100～105℃烘干。再经粉碎,在拼混机中加元明粉(无水硫酸钠粉末)拼混成商品。

(3)葡萄糖酸钙　葡萄糖酸钠为白色结晶性或颗粒性粉末,无臭、无味。在沸水中易溶,在水中缓缓溶解,在无水乙醇、乙醚或氯仿中不溶。它能降低毛细管渗透性,增加致密度,维持神经与肌肉的正常兴奋性,加强心肌收缩力,并有助于骨质形成。用于

附图 12　酸性嫩黄 2G 生产工艺流程图

· 249 ·

预防和治疗缺钙及过敏症等。其结构式为

$$\left(\begin{array}{c} \text{HOCH}_2-\overset{\overset{\displaystyle H}{|}}{\underset{\underset{\displaystyle OH}{|}}{C}}-\overset{\overset{\displaystyle H}{|}}{\underset{\underset{\displaystyle OH}{|}}{C}}-\overset{\overset{\displaystyle OH}{|}}{\underset{\underset{\displaystyle H}{|}}{C}}-\overset{\overset{\displaystyle H}{|}}{\underset{\underset{\displaystyle OH}{|}}{C}} \quad COO^- \end{array}\right)_2 Ca \cdot H_2O$$

$$C_{12}H_{22}O_{14}Ca \cdot H_2O = 448.4$$

以淀粉为原料在催化剂(硫酸)的作用下,加水分解制得糖化液,用石灰乳中和后,利用黑霉菌产生的氧化酶把葡萄糖氧化成葡萄糖酸,再与碳酸钙作用即得葡萄糖酸钙。其制备及生产流程如下(参见附图 13)。

① 糖化液的制备(水解反应)

$$(C_6H_{10}O_6)_n + nH_2O \xrightarrow[\text{H}_2\text{SO}_4]{\text{水解}} n\left(\begin{array}{c} CHO \\ | \\ (CHOH)_4 \\ | \\ CH_2OH \end{array}\right)$$

（淀粉）　　　（水）　　　　　（葡萄糖）

在乳化釜中将淀粉及水配成乳浆,搅拌均匀后,用泵输入已盛有一定量稀硫酸的糖化釜内。在加热下进行糖化反应,达到糖化终点后,加入经过处理的无菌石灰乳,使 pH 在 5 左右,即可出料,料液冷却后送至贮罐保存。

② 发酵过程

$$\left(\begin{array}{c} CHO \\ | \\ (CHOH)_4 \\ | \\ CH_2OH \end{array}\right) \xrightarrow{\text{黑霉菌氧化}} \left(\begin{array}{c} COOH \\ | \\ (CHOH)_4 \\ | \\ CH_2OH \end{array}\right)$$

（葡萄糖）　　　　　　　　（葡萄糖酸）

ⅰ 培养。将糖化液及适量的营养成分(营养成分可由磷酸二氢钾、碳酸镁、硫酸铵等组成)加到培养釜中,夹层通蒸汽加热灭菌后降温至 20~31℃,接种黑霉菌菌种,在搅拌下不断通入无菌压缩空气进行培养。当糖液的质量分数降至 2%~3.5% 时,即可转入发酵釜。

ⅱ 发酵。在发酵釜内加入糖化液及适量的营养成分。再接入上述制得的培养液,在搅拌下不断通入无菌压缩空气,保持温度 30℃ 进行发酵。当发酵液中糖的质量分数低于 1% 时,发酵即告完毕。

ⅲ 中和及精制

$$\left(\begin{array}{c} COOH \\ | \\ (CHOH)_4 \\ | \\ CH_2OH \end{array}\right) + CaCO_3 \longrightarrow \left(\begin{array}{c} COOH \\ | \\ (CHOH)_4 \\ | \\ CH_2OH \end{array}\right)_2 Ca + CO_2\uparrow$$

（葡萄糖酸）　　　　　　　（葡萄糖酸钙）

将上述发酵液送至中和釜加热至 80℃,以石灰乳中和至中性。经板框过滤机压滤,滤液经高位槽流入减压蒸发器浓缩。然后送至结晶槽静置结晶,用离心机滤取晶体,晶体移至溶解釜加蒸馏水溶解,用活性炭脱色,过滤。滤液冷却结晶。滤出的结晶置造粒机上制成颗粒,干燥后即得口服葡萄糖酸钙。如为湿精品,重结晶一次,即可制得注射用葡萄糖酸钙。

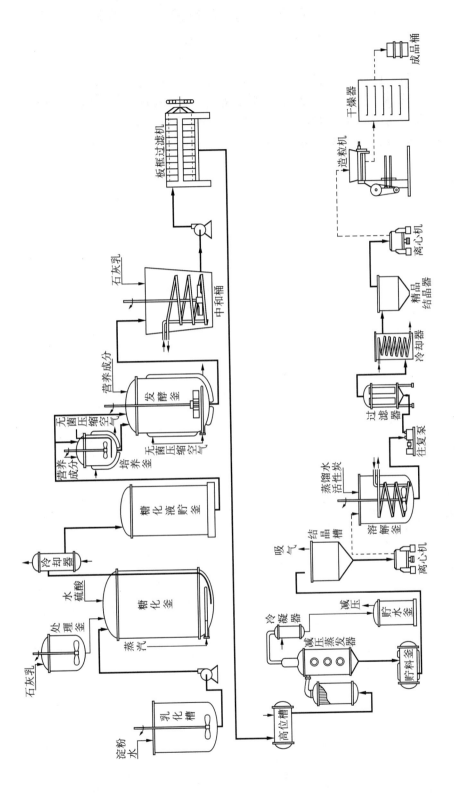

附图 13 葡萄糖酸钙生产工艺流程图

附录Ⅱ 《精细化工过程与设备》计算机 多媒体辅助教学课件使用说明

《精细化工过程与设备》计算机多媒体辅助教学课件是与该书配套的辅助教学软件。课件采用三维图片和动画形式,形象、直观、真实地再现了各类反应设备,包括釜式、塔式、管式、固定床反应器,以及分离设备,包括过滤机、干燥器等的内外结构、主要零部件、工作原理及课程作业。除可用于本课程的辅助教学外,部分内容还可用于《化工原理》、《反应工程》及《分离工程》的课堂教学。

课件使用环境为硬件 586 及以上多媒体微机,24 位真彩显示卡;软件 Windows 95。

参 考 文 献

1　李绍芬主编．反应工程．北京:化学工业出版社,1990

2　陈甘棠主编．化学反应工程．北京:化学工业出版社,1990

3　裘元焘主编．基本有机化工过程与设备．北京:化学工业出版社,1981

4　濮存恬编．精细化工过程与设备．北京:化学工业出版社,1996

5　计其达主编．聚合过程与设备．北京:化学工业出版社,1981

6　大连理工大学化工原理教研室编．化工原理．大连:大连理工大学出版社,1993

7　天津大学化工原理教研室编．化工原理．天津:天津科技出版社,1987

8　化学工业出版社组织编写．化工生产流程图解．北京:化学工业出版社,1984

9　李春燕．陆辟疆主编．精细化工装备．北京:化学工业出版社,1996